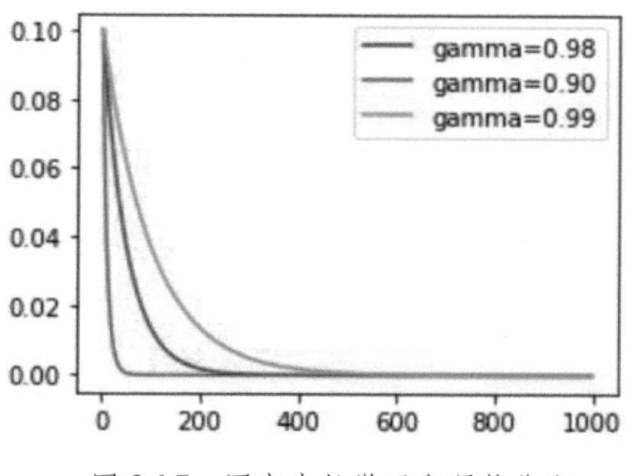

图 2.17　固定步长学习率调整曲线

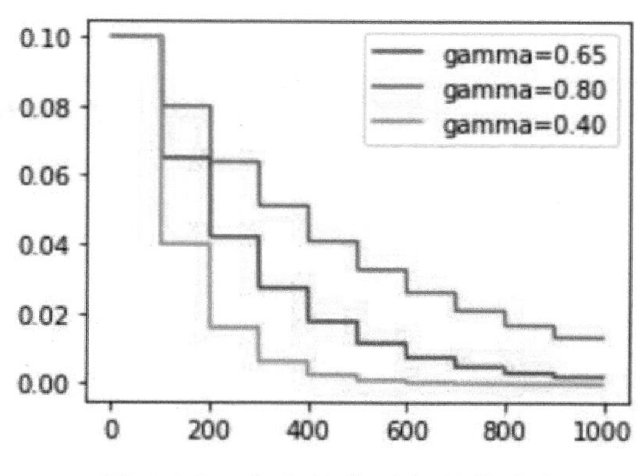

图 2.18　多步长学习率调整曲线

图 5.1　蓝色背景人像图片

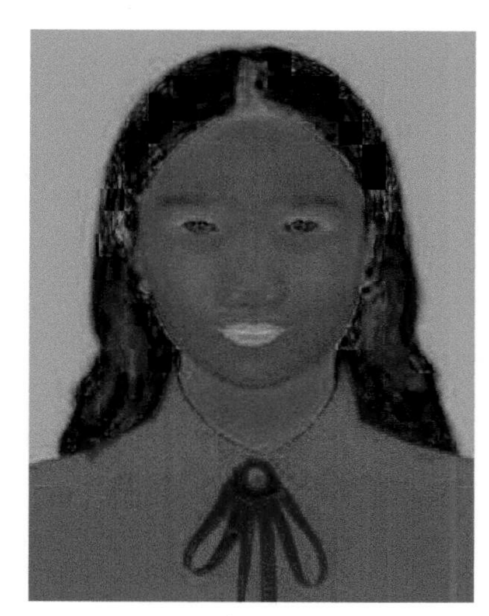

图 5.2　HSV 颜色空间的图像

图 5.4　根据 mask 替换背景后的人像

图 6.1　低光照图像和正常光照图像

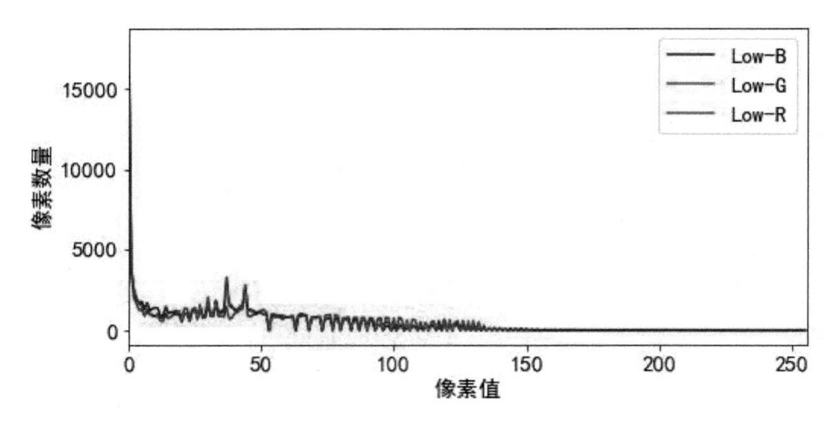

图 6.4　低光照图像的像素分布直方图

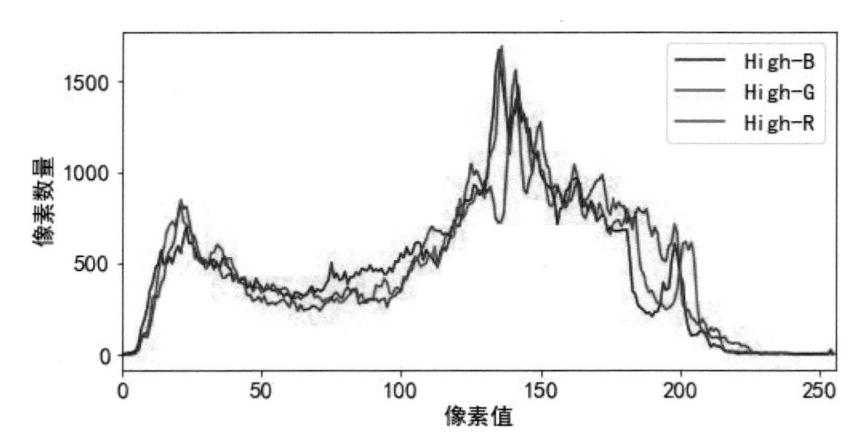

图 6.5　高光照图像的像素分布直方图

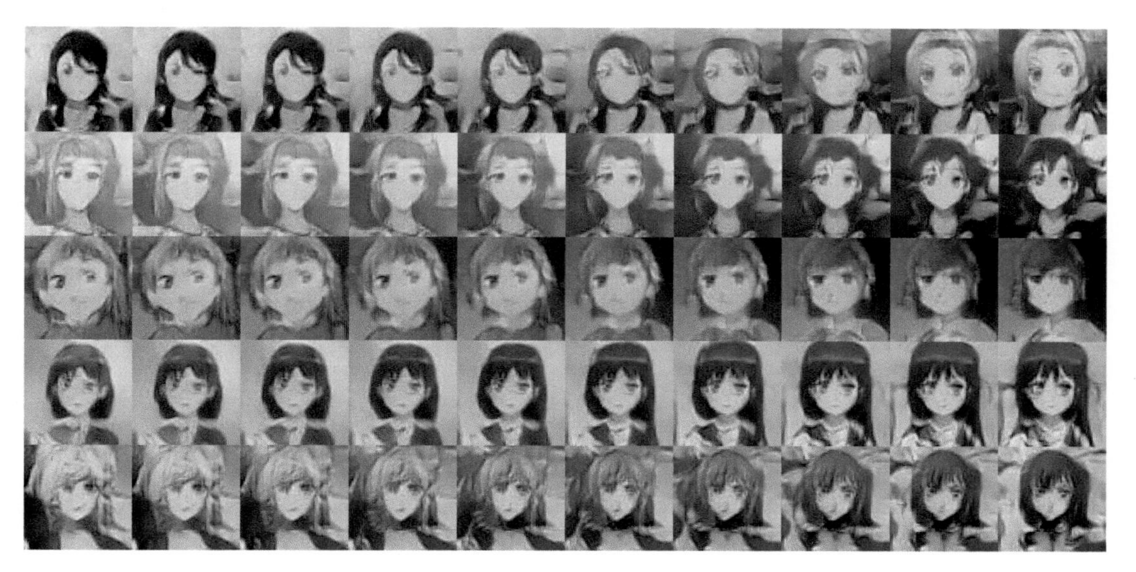

图 7.6　随机向量插值效果图

图 7.16　动漫人物眼睛颜色变化

图 7.17　动漫人物头发颜色变化

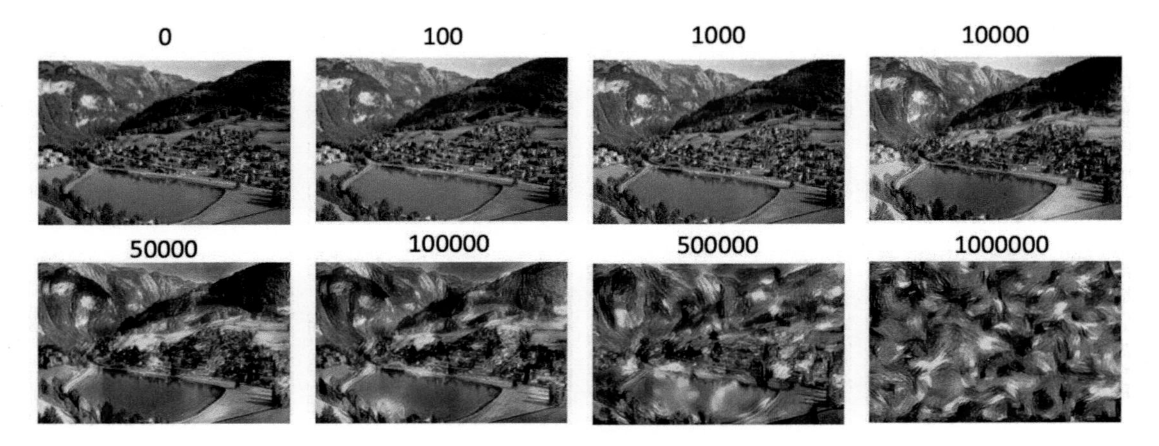

图 8.6 α/β 在不同比例下的生成效果

图 8.9 快速风格迁移效果

图 9.9 水果风格转换 App

CMP BOOKS
机工IT
人工智能科学与技术丛书
ARTIFICIAL INTELLIGENCE SCIENCE AND TECHNOLOGY SERIES

PyTorch神经网络实战

移动端图像处理

丛晓峰　彭程威　章军 / 编著

PYTORCH NEURAL NETWORK APPLICATON

IMAGE PROCESSING IN MOBILE EDGE COMPUTING

本书主要介绍人工智能研究领域中神经网络的 PyTorch 架构，对其在多个领域的应用进行系统性的归纳和梳理。书中的案例有风景图分类、人像前景背景分割、低光照图像增强、动漫头像生成、画风迁移、风格转换等，对每项视觉任务的研究背景、应用价值、算法原理、代码实现和移动端部署流程进行了详细描述，并提供相应的源码，适合读者从 0 到 1 构建移动端智能应用。

本书适合对人工智能实际应用感兴趣的本科生、研究生、深度学习算法工程师、计算机视觉从业人员和人工智能爱好者阅读，书中介绍的各项视觉任务均含有相应的安卓平台部署案例，不仅对学生参加比赛、课程设计具有参考意义，对相关从业人员的软件架构和研发也具有启发价值。

图书在版编目（CIP）数据

PyTorch 神经网络实战：移动端图像处理/丛晓峰，彭程威，章军编著．—北京：机械工业出版社，2022.5（2025.1 重印）

（人工智能科学与技术丛书）

ISBN 978-7-111-70528-4

Ⅰ．①P…　Ⅱ．①丛…　②彭…　③章…　Ⅲ．①机器学习　Ⅳ．①TP181

中国版本图书馆 CIP 数据核字（2022）第 062948 号

机械工业出版社（北京市百万庄大街 22 号　邮政编码 100037）
策划编辑：李晓波　责任编辑：李晓波
责任校对：徐红语　责任印制：李　昂
北京捷迅佳彩印刷有限公司印刷
2025 年 1 月第 1 版第 4 次印刷
184mm×240mm · 18.5 印张 · 2 插页 · 395 千字
标准书号：ISBN 978-7-111-70528-4
定价：99.00 元

电话服务　网络服务
客服电话：010-88361066　机　工　官　网：www.cmpbook.com
010-88379833　机　工　官　博：weibo.com/cmp1952
010-68326294　金　书　网：www.golden-book.com
封底无防伪标均为盗版　机工教育服务网：www.cmpedu.com

前　　言

PREFACE

蒸汽机、电动机和计算机的发明与应用极大地推动了人类文明的发展。现在，一项新的技术浪潮正在掀起——人工智能（Artificial Intelligence）。

在人工智能领域包含的诸多技术中，深度学习是当前最受瞩目的技术之一。自 2012 年 AlexNet 模型在 ImageNet 分类任务上获得惊人的准确率开始，深度学习技术就被广泛应用于多项计算机科学研究任务之中，包括计算机视觉、自然语言处理及强化学习等。

学术界和工业界的前沿深度学习模型通常依赖海量的数据和强大的计算设备来设计出高质量的应用模型。然而对于普通开发者的入门学习，通常只需要一台计算机就能动手编写众多的深度学习算法，并训练出可用的模型。

深度学习技术具有如此强大的魅力，开发者要如何开展具体的学习、研究与应用呢？这时就需要一款高质量的辅助工具来完成算法的设计、实现、训练与部署了，这款工具就是本书将要介绍的深度学习框架——PyTorch。

本书将带领读者实现多种有趣的 AI 算法，比如风景图分类、人像前景背景分割、低光照图像增强、动漫头像生成、画风迁移、风格转换等。不仅如此，书中还提供了移动端的应用案例，手把手地教读者如何将模型部署到 Android 手机上。

本书适合的读者

本书面向的读者群体主要包括：

1) 人工智能相关专业的高校师生。

2) 从事软件开发、数据库设计、编译器设计、自然语言处理、计算机视觉等领域工作的技术人员。

当然，即使读者并非上述群体，只要具有强烈的兴趣和学习意愿，仍然能够充分地学习并利用本书所讲的知识内容，成为人工智能研究领域中的一员。

如何使用本书

在编写此书前，笔者对网络上大量的深度学习入门资料进行了梳理总结，发现它们大都存在以下三个问题。

1）所介绍的任务同质化严重，都集中于手写字识别等简单场景，难以引起初学者的兴趣。因此本书精选了众多具有实际价值的场景任务，由浅入深地进行编排，方便读者学习。

2）由于深度学习框架在前几年发展太过迅速，众多早期资料已经因为 API 不兼容而无法运行，这非常考验初学者的代码调试能力。而现阶段深度学习框架已经基本稳定，API 的兼容性也能得到很好的保证。本书准备了大量代码，它们都适合最新版本的框架，很大程度地规避了不兼容问题。

3）目前虽然有较多优质的开源代码，甚至已经成功地应用于实际商业场景。但这些开源代码并不适合初学者学习，它们往往出于工程角度设计，封装得过于复杂，初学者难以在短时间内厘清关系，容易把精力浪费在非核心的逻辑上。而本书针对每个任务给出了最为核心的代码，降低了学习成本，使读者能够专注在重要的内容上。

学习本书最好的方式是理论结合实践，不仅要掌握书中的各类知识点，还要能够独立编写出对应的代码。本书涉及大量的 PyTorch 基础知识和常用代码，建议读者按照书中的例子动手敲出这些代码。

本书的代码托管在 GitHub 仓库中，读者可以下载本书所有源码。此外，本书的代码仓库将会不断更新，希望读者能够在 GitHub 平台上提出意见或者建议，仓库地址为 https://github.com/cwpeng-cn/PyTorch-neural-network-practice。

本书主要内容

本书共 9 章，鉴于本书前后各章具有一定的关联，希望读者能够按照章节顺序进行阅读，以达到最佳的学习效果。各章主要内容如下。

第 1 章介绍了人工智能的研究起源与发展历程，并指出了人工智能与深度学习之间的关系。同时讲解了深度学习的入门知识，以及神经网络的基本原理与概念。

第 2 章对 PyTorch 的基础知识和使用方法进行了归纳和梳理。如果读者在阅读本书之前不具备深度学习框架的使用经验，或者所用的不是 PyTorch 框架，建议仔细阅读并实现本章的示例。

第 3 章包含了 Android Studio 开发基础和 PyTorch 移动端部署两方面内容，第 4~9 章的部署案例都能够通过本章的代码逻辑完成。

第 4 章讲解了图像分类网络，以及适合在移动端部署的轻量级分类模型，并向读者展示了如何构建一个风景图归档器。

第 5 章以人像的前景和背景分割为例，介绍了图像分割任务的研究目标和经典算法，阅读本章后读者可以学会制作一款简易的智能抠图工具。

第 6 章针对黄昏和傍晚时拍照所获图像亮度较低的问题，介绍了低光照图像增强算法，并设计了一款低光照图像增强应用。

第 7 章的案例是动漫人脸生成，使用了基于生成对抗网络的图像生成技术。 如果读者能够搜集真实人脸的数据，或者其他类型的具有明显类别特征的数据，也可以扩展为其他图像的生成应用。

第 8 章讲述了图像风格迁移任务，即用户可以将某种风格的图像改为其他风格。

第 9 章可以看作是第 8 章知识的扩展，从图像风格转换的角度设计并实现了苹果风格和橘子风格互相转换的应用，背后的技术是学术界公认为经典的循环一致性对抗网络。

致谢

本书介绍了人工智能、深度学习、PyTorch 框架、Android 开发等理论与实践知识，这些知识是各领域科研人员和软件工程师共同创造的，感谢你们的辛苦付出。

在本书的写作过程中，机械工业出版社的编辑团队提出了众多有价值的建议和意见，他们的丰富经验与耐心指导是本书能够顺利完成的重要基础。

CONTENTS 目录

第6章 低光照图像质量增强 / 186

第7章 GAN 动漫人脸生成 / 206

第8章 图像风格迁移 / 245

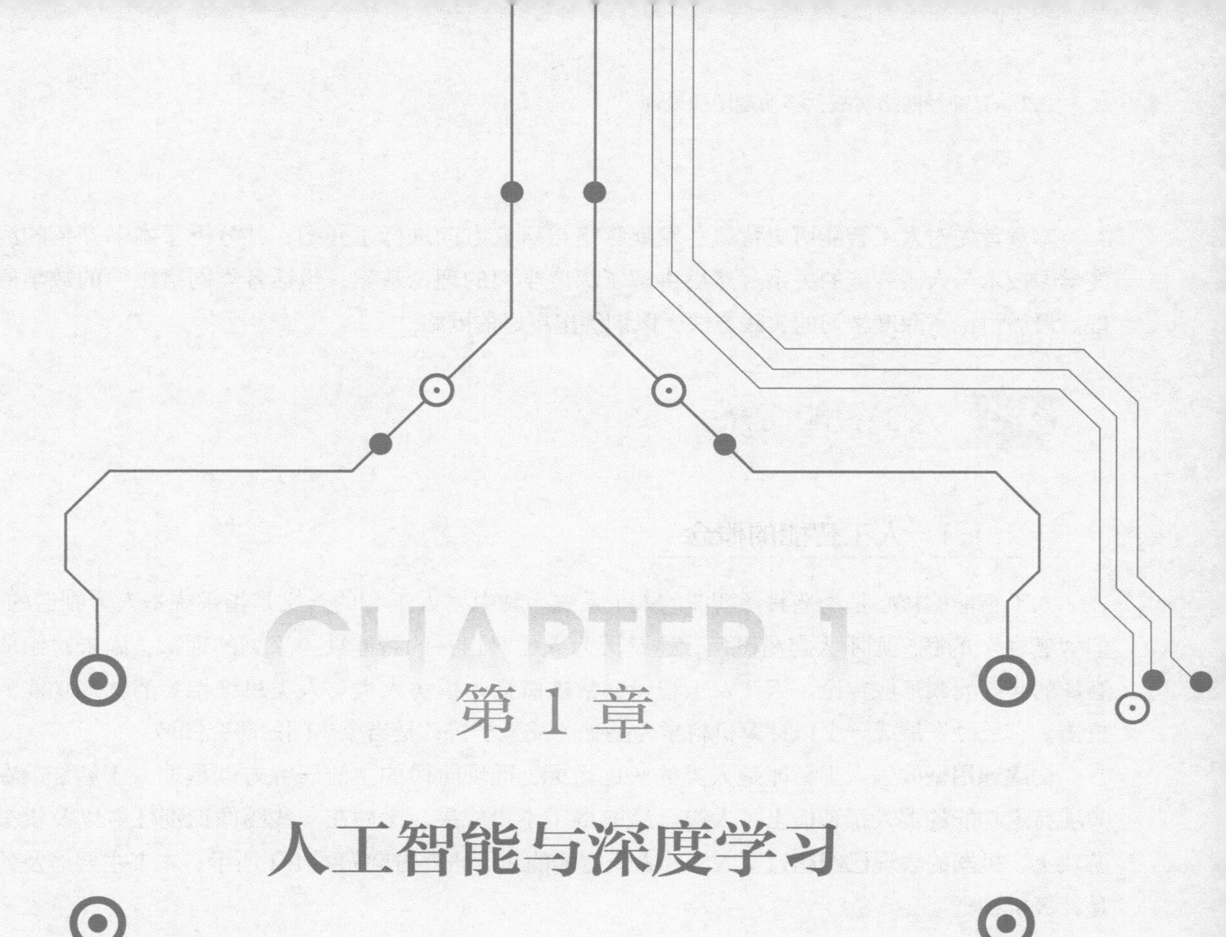

CHAPTER 1

第 1 章

人工智能与深度学习

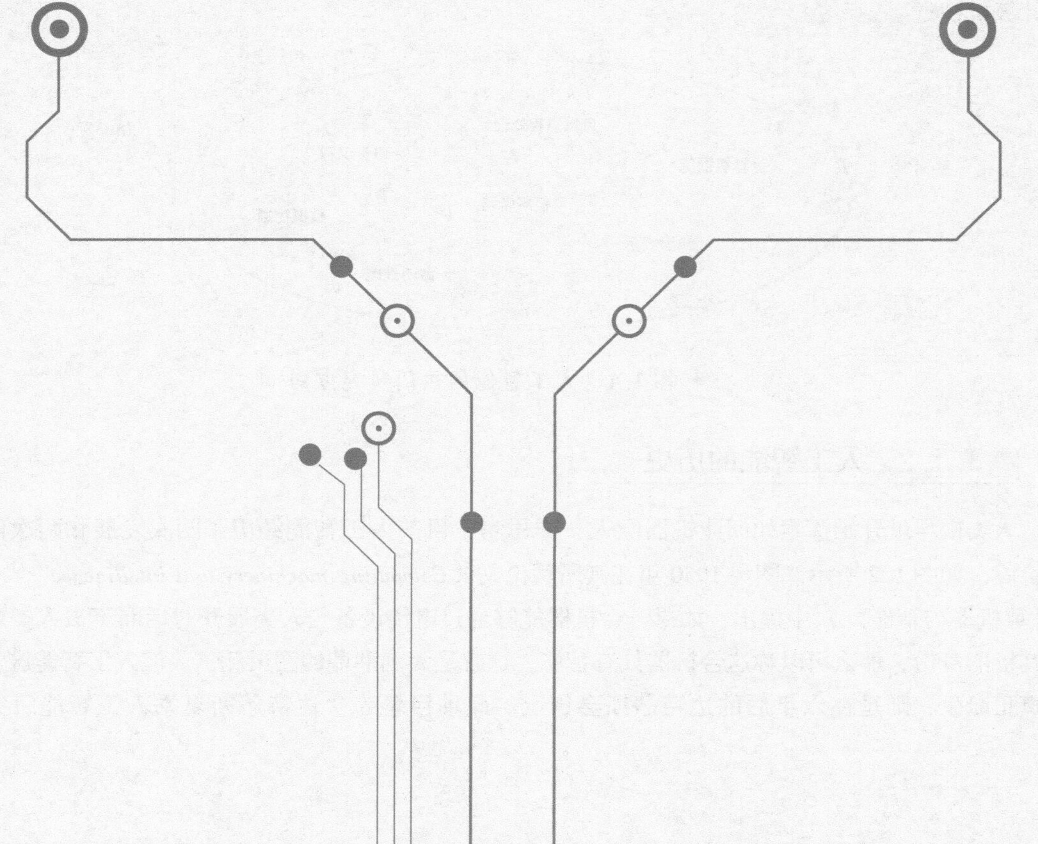

本章首先对人工智能历史背景、发展脉络与研究方向进行了介绍，并分析了本书介绍的深度学习技术与人工智能的关系。然后讲解了深度学习的理论基础，包括各类网络组件的数学原理。最后讨论了深度学习的实践方法，以训练出更好的网络。

1.1 人工智能简介

1.1.1 人工智能的概念

人工智能的核心是构造具备智能的人工系统。其中“人工”的含义是指系统是人为制造的，但“智能”的概念则不太容易概括，这是因为人类对自身的智能缺少深刻的理解，尚未对组成智能的必要元素形成定论。因此人工智能通常被概括为模仿人类与人类思维相关的认知功能的机器。它已经发展成一个以计算机科学为基础的交叉学科，是当今热门的研究领域。

构建通用型的强人工智能是人类的长远目标，而现阶段的主流研究方向是弱人工智能。在实现特定功能的弱人工智能上，人类已经取得了不少成果，比如在一些图像识别任务以及棋类游戏上，机器的表现已经超过了人类。人工智能的热门研究方向如图 1.1 所示，本书主要涉及的是计算机视觉。

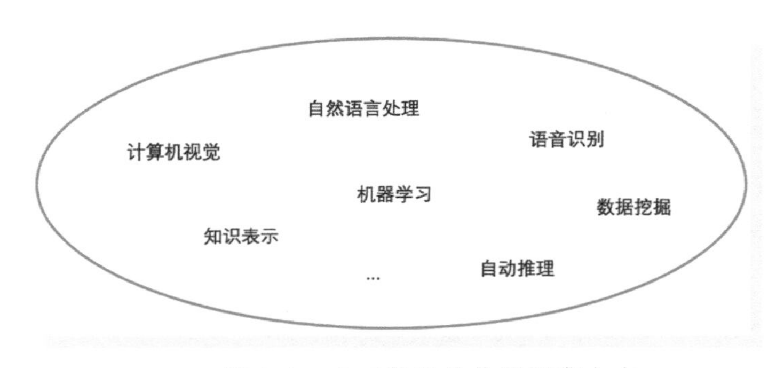

● 图 1.1　人工智能的热门研究方向

1.1.2 人工智能的历史

人类很早就开始探索如何让机器像人一样思考，目前人工智能经历了四次发展和两次低谷的阶段，如图 1.2 所示。图灵 1950 年在其所写论文 “*Computing machinery and intelligence*”[1]（即《计算机器与智能》）中提出，如果一台机器能够通过电传设备与人类展开对话而不被人类辨别出其机器身份，那么可以称这台机器具有智能。这就是大名鼎鼎的图灵测试。但人工智能这一概念真正诞生，则是在六年后的达特茅斯会议上。此项目名为“达特茅斯夏季人工智能研究计划”，该项目提案中涉及了人工智能方面的一些重要问题，例如自动机、神经网络、机器自我进化、如何使用语言对计算机进行编程等概念，这次讨论持续了两个月之久。因此，20 世纪 40~50 年代也被认为是人工智能概念的诞生阶段。

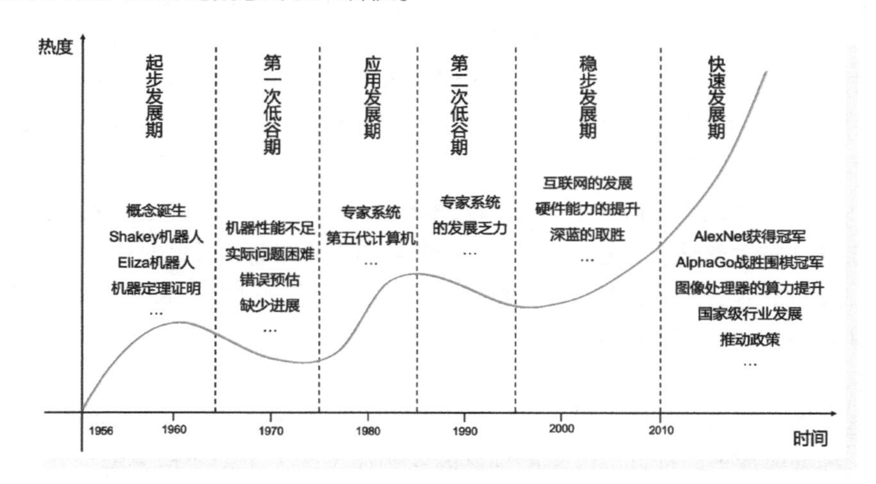

● 图 1.2 人工智能的发展历史

之后的十几年时间是人工智能的第一个发展期，出现了一批研究成果，比如美国斯坦福国际研究所研究出世界上第一台真正意义上的移动机器人 Shakey。Shakey 能够解决简单的感知、运动规划和控制问题，是当时将人工智能应用于机器人的最为成功的研究成果；世界上第一个真正意义上的聊天机器人 Eliza 也诞生于这个时期，它能够通过脚本理解简单的自然语言，产生类似人类的互动。同时计算机也被应用在数学定理证明上。这让当时的研究者很兴奋，甚至乐观地估计 20 年内，机器就能替代人来完成工作。美国国防部高级研究计划局等政府组织也向人工智能这一领域投入了大笔资金，这段时间被认为是人工智能的起步发展期。

但 20 世纪 60 年代末，人工智能进入了低谷期。当时的计算机受限于内存和计算能力，几乎无法解决任何复杂的人工智能问题。当人们开始尝试更具挑战性的任务时，发现很难取得突破。同时科研人员对于问题困难程度的错误预估也导致了和美国国防部高级研究计划局的合作计划以失败告终。这段时间，人工智能的研究都缺少实质性的进展，外界的批评声也开始压向学术界。英国政府、美国国防部高级研究计划局和美国国家科学委员会都逐渐停止了对方向不明确的人工智能研究的资助，人工智能的发展进入第一次低谷期。

20 世纪 70 年代末到 80 年代初，人们找到了人工智能的实际应用价值，一批专家系统开始服务于企业界。专家系统是一类计算机智能程序，它具有专门领域内的知识和经验，能结合逻辑规则来解决特定领域的问题。因为专家系统侧重于从一般推理策略转向为某个具体领域内的决策，所以设计与实现相对简单，并且具有实用性，所以受到了追捧。1981 年，日本拨款 8.5 亿美元用以研发第五代计算机项目，该项目希望制造出具有推理、联想和学习能力的计算机，让人类能够通过自然语言、图像、声音等各种手段与计算机进行交互。这引起了当时世界各国的关注，英国、美国也纷纷响应。因此人工智能的研究再次得到资金支持，迈入了应用发展期。

但不久后的 20 世纪 80 年代中期到 90 年代中期，人们发现专家系统应用领域太窄，它的实用性仅仅局限于特定场景，存在缺乏常识性知识、知识获取困难、推理方法单一等问题。到了 20 世纪 80 年代晚期，美国国防部高级研究计划局也不再认为人工智能会是下一次浪潮，政府投入缩减。日本第五代计算机项目计划也宣告失败，人工智能进入了第二次低谷期。

20 世纪 90 年代晚期到 2010 年，互联网技术和硬件计算能力的快速发展，推动了人工智能的研究，加快了技术落地。标志性事件是 1997 年 IBM 的深蓝超级计算机战胜了国际象棋世界冠军卡斯帕罗夫，让世界为之震惊。2006 年，“神经网络之父” Geoffrey Hinton 开创了无监督、分层预训练多层神经网络的先河，这一年被视为深度学习元年。这段时期被视为人工智能的稳步发展期。

2010 年至今是人工智能的快速发展期。随着大数据、云计算、互联网和物联网等技术的进步，以及图形处理器算力的推动，以深度神经网络为代表的人工智能技术得到飞速发展。2012 年，Hiton 和学生 Alex Krizhevsky 设计的卷积神经网络模型 AlexNet 获得 2012 年 ImageNet 竞赛冠军，且表现远超第二名，因此卷积神经网络乃至深度学习引起了学术界的广泛关注。2016 年 3 月，谷歌公司旗下 DeepMind 公司开发的 AlphaGo 以 4：1 的比分战胜围棋世界冠军李世石，（因为围棋问题非常困难）这一成果震撼了整个世界。世界各国纷纷出台了国家级行业发展推动政策，深度学习迅速成为学术界和工业界的宠儿。如今，各类深度学习技术已经“飞入寻常百姓家”，实实在在地改变了人类的生活。

1.1.3 人工智能与深度学习的关系

从人工智能的定义和历史发展来看，它已经成为一门内容广泛的学科。因此在书面和日常交流中，也常常存在混用人工智能、机器学习和深度学习等概念的情况，实际上这三者范围是依次递减的，如图 1.3 所示。

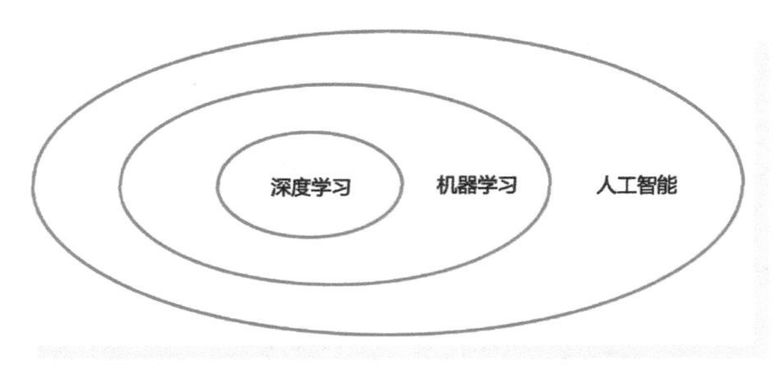

图 1.3 人工智能、机器学习与深度学习三者关系

机器学习是人工智能的一个分支，它能够从数据中自动分析获得规律，对未知数据进行预测。而人工神经网络则是人类模仿生物神经网络的结构和功能提出的一种计算模型，属于机器学习算法中的一种。机器学习算法除了人工神经网络外，还包括决策树、支持向量机、聚类以及降维算法等。早期阶段，反向传播算法给人工神经网络的发展带来一轮热潮，但受客观因素限制，当时的网络大都属于浅层模型。现阶段的深度学习则强调神经网络的深度，自2012年AlexNet获得ImageNet挑战赛的冠军后，深度学习就成为当下炙手可热的机器学习算法，驱动着新一轮人工智能技术的发展。

1.1.4 深度学习的应用

深度学习在过去的短短十几年间已经从学术界进入人们的日常生活，如图1.4所示。在语言文字方面，以深度学习技术为核心的语音识别、语音合成、语言翻译、文本理解、文字识别已经被成功应用于各类软件上，降低了跨语言沟通的成本，为听障以及视障人群带来更多便利；在视觉方面，人脸识别、目标检测、目标检索、图像分割、医疗图像识别、工业图像识别已经成为驱动智慧城市、智慧安防、智慧医疗、智慧工厂以及自动驾驶的重要力量；此外，智能美颜、个性化推荐、图像迁移与超分辨率重建也给人们的娱乐生活带来更好的体验。本书的后续章节将以部分实际应用为例，分析其基本原理并使用简洁的代码实现这些神奇的算法。

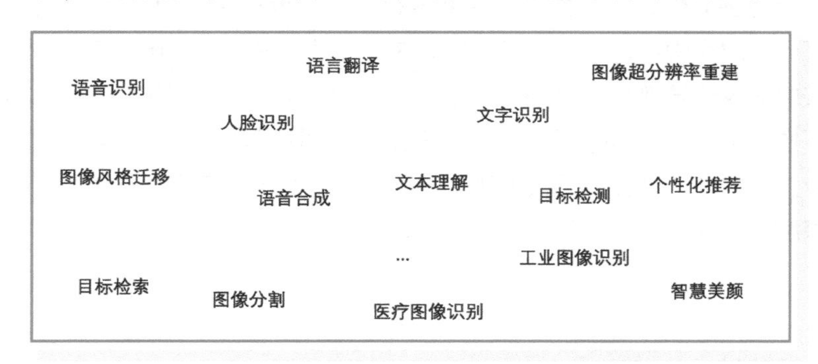

图1.4　目前深度学习成功应用的领域

1.2 深度学习理论基础

深度学习是一种深层的人工神经网络，该网络中包含大量的人工神经元。人工神经元是对大脑神经元的仿生结构。生物学研究表明，组成人脑的基本要素是神经元、突触系统和树突，以及连接不同神经元的轴突，如图1.5所示。每个神经元可以有一个或多个树突，负责接受刺激并将信号传入细胞体，经处理后该信号可通过轴突和突触传送到另一个神经元。据推测，人脑有多

达 10^{10} 个神经元，它们之间产生了复杂的关联，通过协同的方式处理复杂的问题。

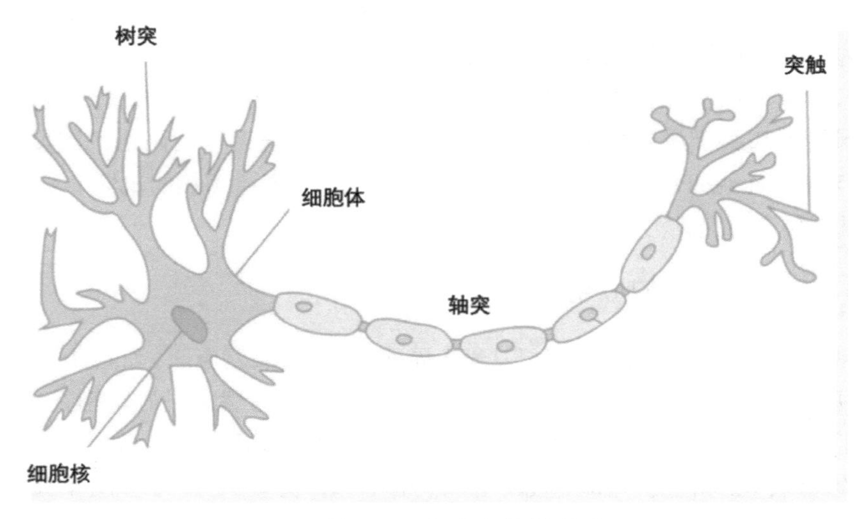

● 图 1.5　人类大脑神经元

根据以上原理，人类发明出图 1.6 所示的人工神经元模型。人工神经元可能存在多个输入，对应了生物神经元的多个树突。这些输入乘以不同权重后累加在一起，模拟神经元处理信号的过程。最后还有一个激活函数，用以模拟细胞体内电化学作用产生的开关特性。因为在生物神经元中，并非所有的输入信号都会造成神经元的兴奋，只有神经元所有输入的总效应达到某一阈值，它才开始工作。本书所介绍的深度神经网络便是使用这些简单人工神经元搭建起来的复杂模型，用以模拟人脑的处理过程，虽然实现细节上会略有不同，但基本原理大致相同。现如今在很多任务上，深度神经网络都取得了令人惊讶的表现。

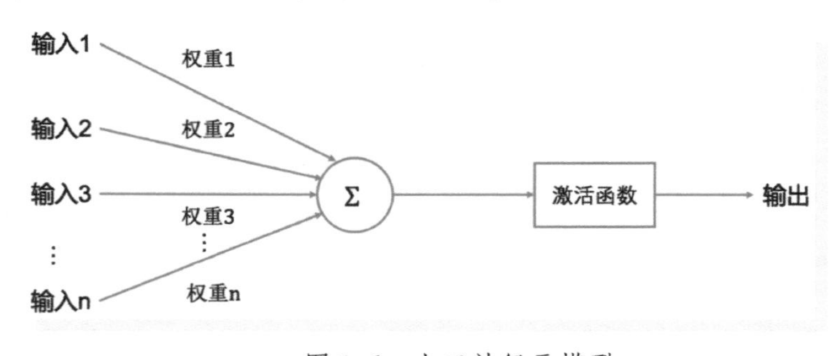

● 图 1.6　人工神经元模型

下面的章节将一一介绍组成深度神经网络的基本组件，分析深度学习如何将抽象的机器智能转换为计算机可处理的数值计算。

具体而言，本章后续部分将介绍深度学习中不同类型的层，包括全连接层、卷积层、池化层、激活层、批归一化层等，分析它们在特征提取中的作用；介绍各类用以度量模型预测与真实值偏差程度的损失函数，理解它们如何反映模型的学习进度；最后介绍数据和模型通过反向传播算法建立联系的机制。

1.2.1 全连接层

全连接层就是该层的所有节点与输入节点全部相连，如图1.7所示。假设输入节点为 X_1，X_2，X_3，输出节点为 Y_1，Y_2，Y_3，Y_4。令矩阵 $\boldsymbol{W}$ 代表全连接层的权重，W_{12} 也就代表 X_2 对 Y_1 的贡献，令 b 为全连接层的偏置项，b_1 代表 Y_1 的偏置，有如下关系。

$$Y_1 = W_{11} \times X_1 + W_{12} \times X_2 + W_{13} X_3 + b_1$$
$$Y_2 = W_{21} \times X_1 + W_{22} \times X_2 + W_{23} \times X_3 + b_2$$
$$Y_3 = W_{31} \times X_1 + W_{32} \times X_2 + W_{33} \times X_3 + b_3$$
$$Y_4 = W_{41} \times X_1 + W_{42} \times X_2 + W_{43} \times X_3 + b_4$$

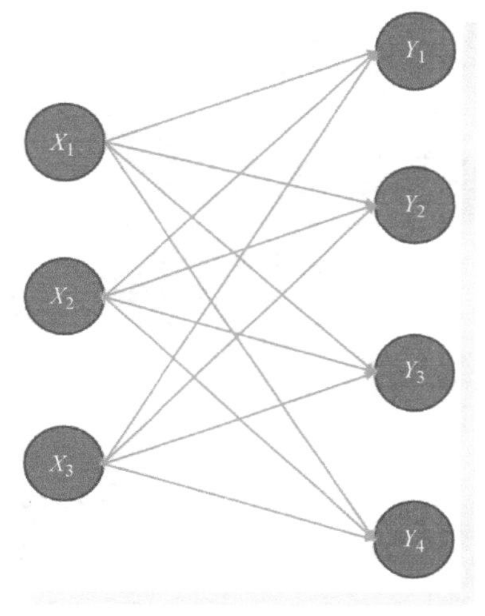

● 图1.7　全连接层

完全使用全连接层搭建的网络称为全连接网络。但一般而言，全连接层通常是在深度神经网络最后阶段使用，用来将卷积网络或者循环神经网络提取得到的局部或全局信息，进行综合考量，将总体信息映射到分类空间。全连接层的缺点是参数量较大，例如，当输入层维度为1024，输出层维度为100时，那么全连接层拥有的参数量为1024×100+100=102500。

1.2.2 卷积层

卷积层是深度神经网络中的关键组件，事实上深度学习之所以引起广泛关注，也在于卷积神经网络在计算机视觉领域展示出的巨大潜力。

在数字信号处理中，卷积常被用来进行低通滤波和高通滤波的操作，因此在神经网络中卷积层也常常与滤波器和过滤器这两个名词混用。在深度学习中，卷积层的计算是使用一个预定义大小的卷积核在输入数据上做滑动相乘处理，将所得乘积之和加上偏置项作为当前位置的响应，如图1.8所示。令输入信号的高和宽为6，卷积核的高和宽为3时，左上方的计算过程为 $(0\times0)+(1\times1)+(0\times0)+(1\times1)+(0\times0)+(0\times1)+(0\times0)+(0\times1)+(0\times0)=2$，将卷积核进行图1.8所示的横纵向移动，重复对应位置相乘并求和的操作，得到剩下的三个值为3，1，2。加上偏置项，在下例中偏置项为1，所以卷积操作最终得到的结果为［3,4,2,3］。

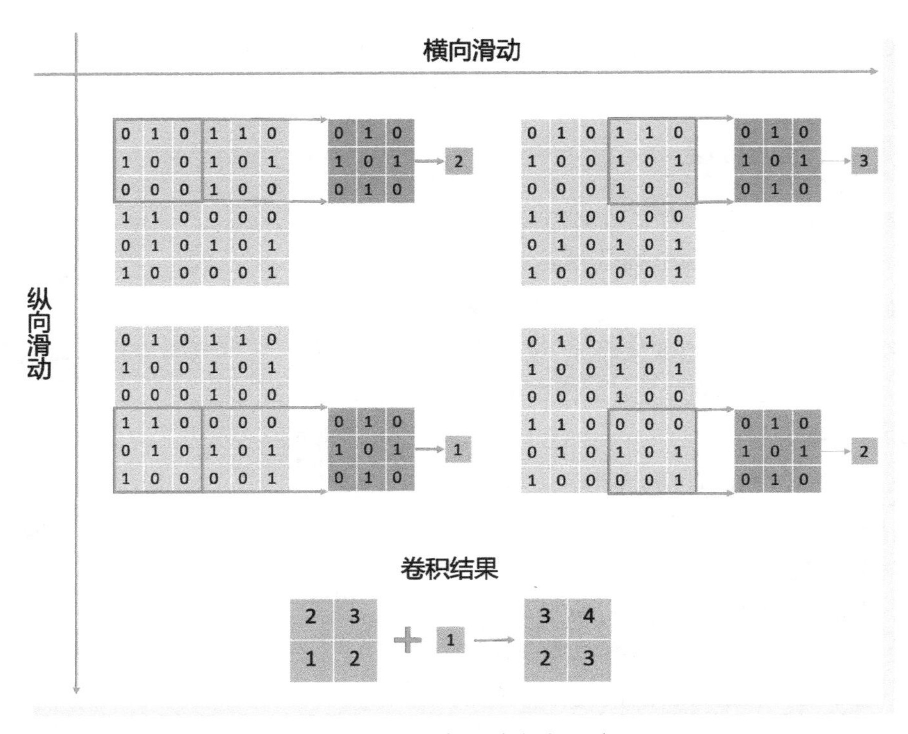

● 图 1.8　单通道卷积示意图

下面引入卷积步长的概念，在图 1.8 中，无论是横向还是纵向移动，卷积核与上次所在位置的距离均为 3，这就是所谓的卷积步长。对于本例来说，卷积步长为 3，横纵向均只需要移动两次即可完成对输入信号的卷积。若卷积步长为 1，则横纵向分别需要移动 4 次。这里给出一般形式下的表达，令输入信号的大小为 $\boldsymbol{H}\times\boldsymbol{W}$，卷积核的大小为 $\boldsymbol{k}\times\boldsymbol{k}$，卷积步长为 s，那么完成卷积需要的移动次数也就是 $[(\boldsymbol{H}-\boldsymbol{k})/s+1]\times[(\boldsymbol{W}-\boldsymbol{k})/s+1]$。因为每移动一次就会得到一个结果，所以卷积后的特征大小也就为 $[(\boldsymbol{H}-\boldsymbol{k})/s+1]\times[(\boldsymbol{W}-\boldsymbol{k})/s+1]$。在深度学习中常见的卷积步长为 1 和 2。

上面的计算公式中存在一个细节问题，即得到的移动次数为小数时如何处理？比如当本例中输入大小变为 7×7，其他条件不变，上式得到的移动次数为 2.33×2.33。最简单的方法是取整，只移动两次，剩余的数据不处理，但是这样会造成数据丢失。在深度学习中，一般采用边缘填充的方法，可以在输入特征的四周填上一圈数值，令输入特征的大小变为 9×9，重复之前的运算过程，可以得到大小为 3×3 的卷积结果。因此上面的公式中一般还需要引入边缘填充，令边缘填充的大小为 $\boldsymbol{p}$，卷积后的大小可以表示为 $[(\boldsymbol{H}-\boldsymbol{k}+2\times\boldsymbol{p})/s+1]\times[(\boldsymbol{W}-\boldsymbol{k}+2\times\boldsymbol{p})/s+1]$。

事实上，在深度学习中，特征除了高和宽外，还有通道维度，令特征通道数为 $\boldsymbol{C}$，则输入特征的维度可表示为 $\boldsymbol{C}\times\boldsymbol{H}\times\boldsymbol{W}$。举例来说，当输入特征维度为 3×7×7 时，可以认为图 1.8 仅代表三个通道中第一个通道上的计算过程，实际上还有两个通道在进行类似的运算，如图1.9所示。可以看到卷积核需要和输入特征拥有相同的通道数，这样才能满足输入特征和卷积核在对应通道上相乘的要求。最后所有通道的运算结果相加在一起，形成输出［6，7，5，4］。

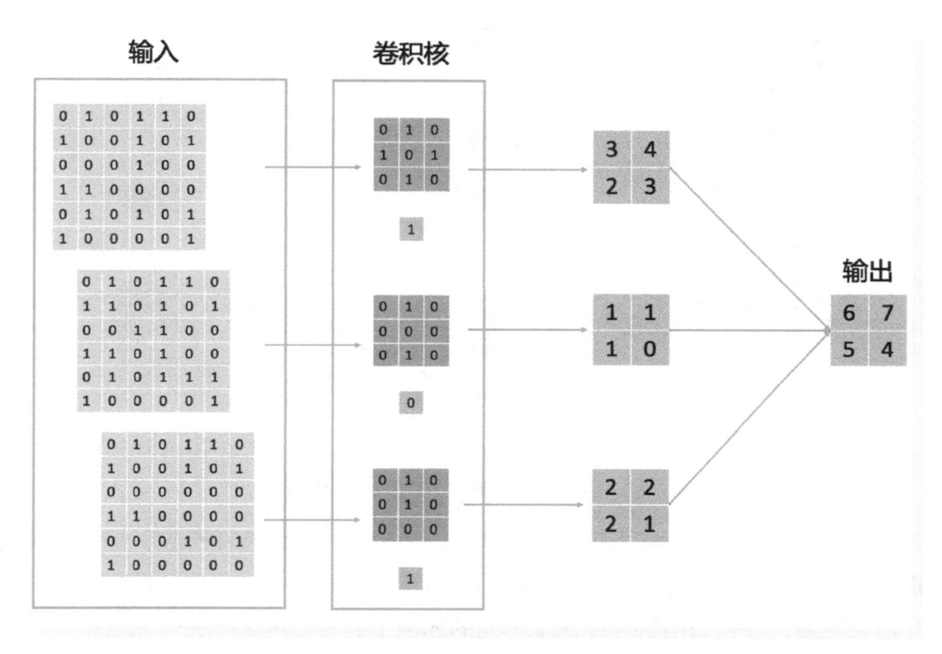

● 图1.9　多通道卷积示意图

然而图1.9中存在一个问题，即无论输入特征通道数为多少，输出特征通道数一定为1，如图1.9中卷积运算后得到的输出特征维度为1×2×2。如何改变输出特征的通道数呢？深度学习中采用的方法是堆叠卷积核，即一个卷积层存在多个卷积核，卷积核的数目对应了输出特征的通道数。举例来说，若需要一个维度为3×2×2的输出，则该卷积层需要有3个图1.9中的卷积核，如图1.10所示。

总结来说，卷积层中卷积核的数目等于输出特征的通道数，卷积核的通道数等于输入特征的通道数。现在给出一般性的表达，若输入特征的维度为$\boldsymbol{C}\times\boldsymbol{H}\times\boldsymbol{W}$，输出特征通道数为$\boldsymbol{D}$，卷积核大小为$\boldsymbol{K}\times\boldsymbol{K}$，则该卷积层的权重维度为$\boldsymbol{D}\times\boldsymbol{C}\times\boldsymbol{K}\times\boldsymbol{K}$，偏置维度为$\boldsymbol{D}\times\boldsymbol{C}$，总参数量为两者之和，即$\boldsymbol{D}\times\boldsymbol{C}\times(\boldsymbol{K}\times\boldsymbol{K}+1)$。

从上面的计算过程可以得到卷积层相对于全连接层的一些优势，比如卷积层保留了空间位置信息，充分利用了自然图片中空间局部的相关性。在卷积操作中通过参数共享的方式大大减小了参数量。此外卷积层能够很好地表达多种特征，可以将卷积层中的多个卷积核视为不相关的特征提取器。假设存在一个人脸识别模型，其第一个卷积核判断该人物是否为女性，第二个卷

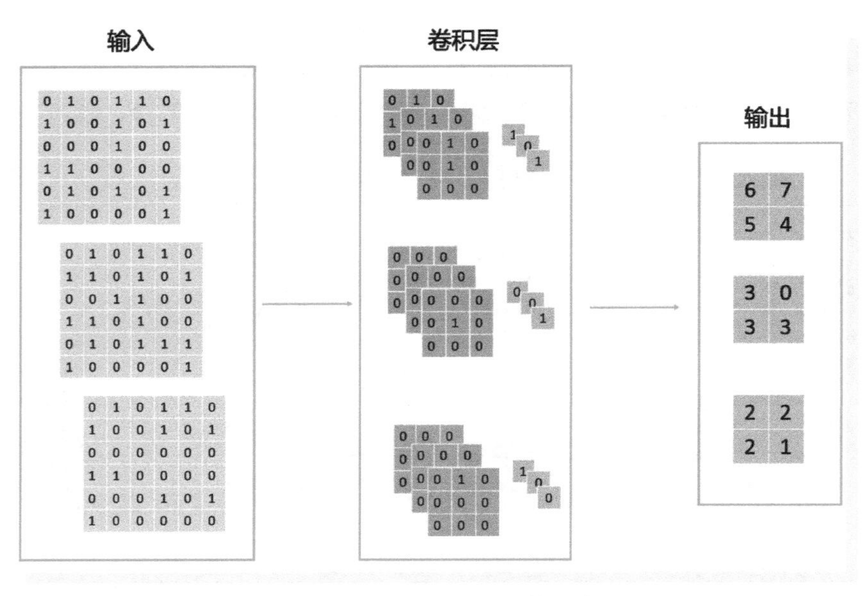

图 1.10　卷积层计算示意图

积核判断其是否为长发，第三个卷积核判断其肤色，多个卷积核结合在一起，综合得到该人物不同属性的输出特征，其可以作为身份判别的依据。值得注意的是，上例只是理想情况，实际上卷积层会存在信息冗余，导致输出特征在两个不同的通道上具有高度的相关性。

在实际应用中，卷积核的大小一般为 3，5，7 等奇数，小尺寸卷积在网络中更为常见。小卷积将会导致卷积层看到的输入范围变小了，比如对于人脸图像而言，可能 3×3 的大小内所有像素的颜色都是一样的，卷积核看到的也就是一个单纯的色块，而不包含有助于分类的信息。相反的，如果卷积的尺寸变大，它能够看到整张人脸，这时候才可以学习到一些有价值的信息，这就是感受野的重要性。但小卷积带来的感受野问题可以通过堆叠卷积层来实现。举例来说，如图 1.11所示分别是一个大小为 5×5 的卷积核和两个大小为 3×3 的卷积核。可以看到，它们的运算结果尺寸相同，因此最后两者输出特征的感受野是相同的，所以堆叠小卷积能够取得和大卷积相同的感受野。但是小卷积的优势在于其参数量更小，比如在不考虑偏置项时，大小为 5×5 的卷积核的参数为 25 个，两个大小为 3×3 的卷积核的参数一共为 18 个。随着深度的堆叠，小卷积参数量的优势将体现得更加明显，所以采用小尺寸卷积是非常常见的做法。

上述为深度学习中普通卷积层的基础知识。在后续研究中还出现了一些卷积层变种，比如转置卷积、可分离卷积、空洞卷积以及 3D 卷积等。掌握了普通卷积层的原理后，读者只需要稍加研究，便能够理解这些新型卷积的原理了。

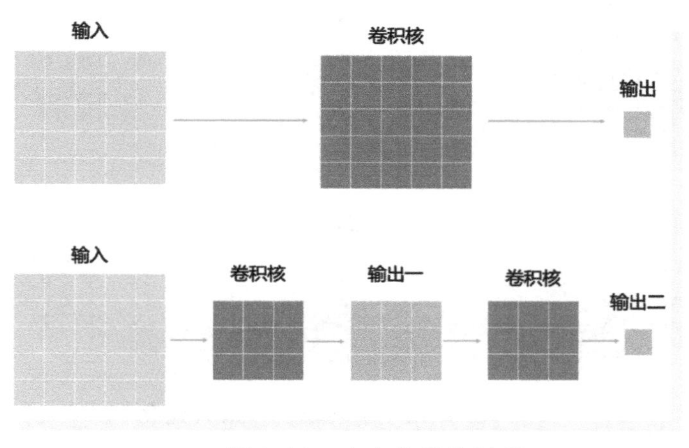

● 图 1.11 大小卷积的过程

1.2.3 池化层

池化层又被称为下采样层，它一般处于连续的卷积层之间，用来降低信息冗余，实现特征压缩。常见的池化操作分为最大池化和平均池化两种，如图 1.12 所示。图 1.12 中选用的池化窗口大小为 2×2，步长为 2。池化层和卷积层同理，在宽和高为 6×6 的输入特征上，横纵向只需要移动 3 次即可完成池化操作。平均池化是选择窗口中所有值的平均值作为当前位置的响应，最大池化是选择当前窗口中的最大值作为当前位置的响应，所以池化层是一个无参数的层。在池化步长方面，一般取 2 较为常见，池化窗口的大小可按需设定。当池化窗口大小等于输入信号的大小时，又被称为全局池化。

值得注意的是，在图像上常使用的池化为二维池化，即不对通道维进行池化。举例来说，当输入特征大小为 4×6×6，池化窗口大小为 2×2，池化步长为 2 时，得到的输出特征大小为 4×3×3，输出特征的通道维数仍然和输入特征保持一致。

除上述下采样和降维的作用外，池化层也引入了不变性。这里的不变性代指平移不变性和旋转不变性等。举例来说，假设存在两张图片，它们的内容一致，但第二张图片相对第一张图片向右平移了一些。对于卷积特征来说，其结果就是第一张图片的特征相对于第二张图片的特征也向右平移了一些。但如果应用最大池化，虽然最大值向右平移了，但只要它仍然位于池化窗口的范围内，那么经过池化层，第一张图片的特征能够和第二张图片保持一致。同时因为深度特征的感受野比较大，对大感受野的输入特征进行平均池化或最大池化，一定程度上相当于允许了输入图片在经过平移和旋转后仍能获得相对固定的表达。

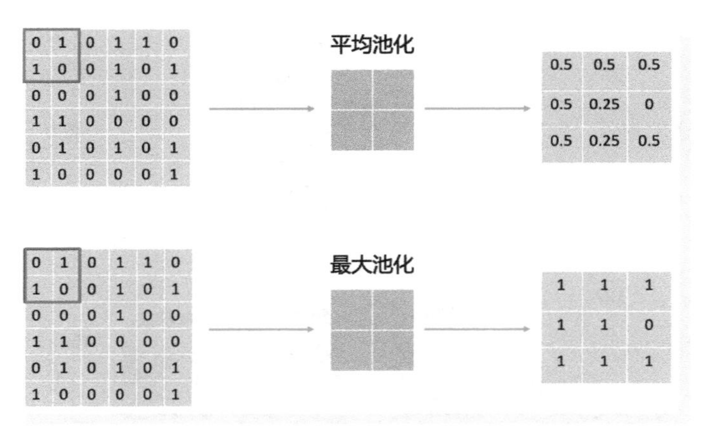

0	1	0	1	1	0
1	0	0	1	0	1
0	0	0	1	0	0
1	1	0	0	0	0
0	1	0	1	0	1
1	0	0	0	0	1

0.5	0.5	0.5
0.5	0.25	0
0.5	0.25	0.5

1	1	1
1	1	0
1	1	1

● 图 1.12　平均池化与最大池化

1.2.4　激活层

激活层用来对输入数据进行逐元素的函数变换，该函数称为激活函数。激活层的重要意义是引入了非线性，失去激活层，那么深度神经网络也将不复存在。因为无论堆叠多少层，最后都只相当于一层的线性运算，下面通过举例来阐述这一点。

如图 1.13 所示，以两层全连接层为例，根据前面全连接层部分的知识，可以得到如下公式。

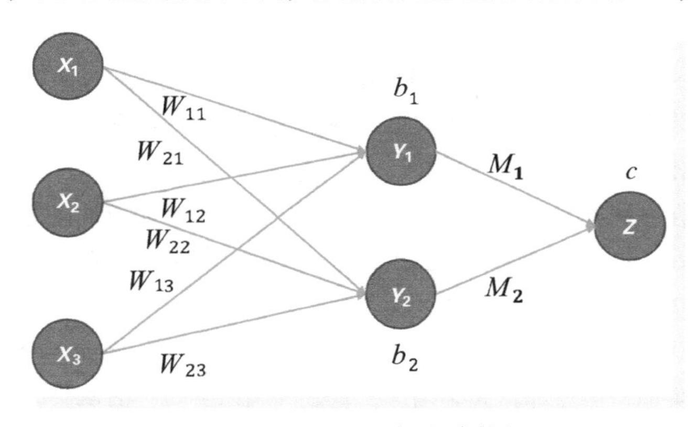

● 图 1.13　两层全连接层

$$Y_1 = W_{11} \times X_1 + W_{12} \times X_2 + W_{13} \times X_3 + b_1$$

$$Y_2 = W_{21} \times X_1 + W_{22} \times X_2 + W_{23} \times X_3 + b_2$$

$$Z = M_1 \times Y_1 + M_2 \times Y_2 + c$$

对上式利用替代法就可以获得最终输出 Z 相对于输入 X 的关系，为：

$$Z=(M_1\times W_{11}+M_2\times W_{21})\times X_1+(M_1\times W_{12}+M_2\times W_{22})\times X_2+(M_1\times W_{13}+M_2\times W_{23})\times X_3+(M_1\times b_1+M_2\times b_2+c)$$

可以看到，虽然使用了两层全连接层，但最终和一个输入维度为 3、输出维度为 1 的全连接层完全等效，等效全连接层的参数可以由两层全连接层通过线性运算得到。所以无论层数多深，只要网络是线性的，最终都等效于一层网络，这也就失去了堆叠深度的意义。

深度神经网络之所以要求深度，是因为增加深度能够提供强大的数据拟合能力，从而解决复杂的分类问题。面对复杂的分类问题，非线性是不可或缺的。

如图 1. 14 所示，以二维平面上的分类为例，该平面分布了三角形和圆形两类样本。线性分类器虽然可以使用线性方程的组合来进行相对复杂的分类任务，比如图 1. 14a 中使用三个线性方程所形成的交叉处代表三角形样本，其余位置则代表圆形样本，但这样仍然无法很好地分开这两种样本。而当引入非线性后，就可以组成更加复杂的决策边界来将两者完全分开，如图 1. 14b 所示。所以深度神经网络因堆叠深度累积形成的海量参数配合上非线性，能够提供强大的数据拟合能力，从而更好地从训练样本中学习。下面来介绍深度学习中常见的激活函数。

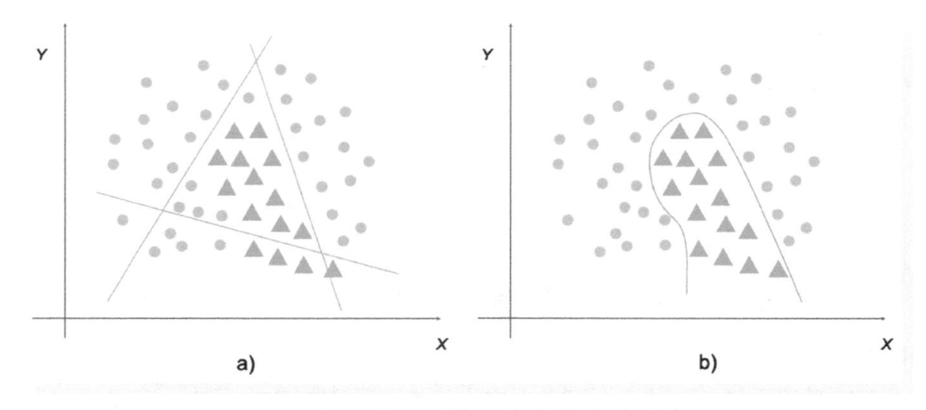

图 1. 14　线性分类与非线性分类

a）线性分类　b）非线性分类

（1） Sigmoid

Sigmoid 函数也被称为 Logistic 函数，公式如下所示。该函数的取值范围为 0~1，因此也经常用于二分类问题的最后阶段，用来将神经网络的输出值映射到分类概率上。如图 1. 16 所示，Sigmoid 函数左右两侧都在朝着固定值无限靠拢，这被称为饱和函数。使用饱和函数作为神经网络激活函数存在一个缺点，即两侧的饱和区间内，梯度非常小。换言之，一旦某个神经元的输出过大或者过小时，该神经元只能接收很小的梯度。因此，该神经元非常难更新，这被称之为梯度消失问题。

$$\text{Sigmoid}(x)=\frac{1}{1+\exp(-x)}$$

同时 Sigmoid 的输出是恒大于 0 的，根据反向传播原理，当前神经元权重的梯度等于上层返回的梯度乘以当前神经元输出。一旦神经元经激活函数限制后输出全为正，将会导致当前神经元参数的梯度方向完全取决于上层接收到的梯度方向。因此，该神经元的所有权重都朝着同一个方向更新，收敛速度慢。举例来说，如图 1.15 所示，该神经元存在两个参数，w_1 和 w_2。当前参数位置使用三角形表示，最佳参数位置使用圆形表示，当前参数到最佳参数的最快路径为虚线箭头方向。但一旦使用了 Sigmoid 作为激活函数，w_1 和 w_2 的梯度方向将是一致的，要么是都大于 0，则 w_1 和 w_2 都增加，往第一象限的方向走；要么是都小于 0，往第三象限的方向走。因此 w_1 和 w_2 的更新路径永远无法朝着最直接的方向走，这当然需要更多的迭代次数，才能使得它们更新到最佳位置。

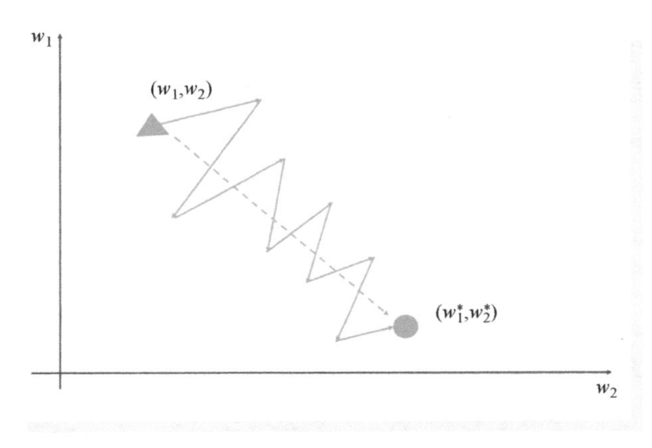

● 图 1.15 激活输出恒正对梯度更新的影响

（2）ReLU

ReLU 是深度学习中最基础的激活函数，它由线性函数稍加改变而来，只是进行了单侧的信号抑制，屏蔽了小于 0 的值，其公式如下所示。相对于 Sigmoid 函数来说，ReLU 函数有两个优点：一是其计算非常简单；二是其右侧区域不存在饱和区。因此，缓解了梯度消失的问题。ReLU 函数是之后很多激活函数的基础，这从图 1.16 中可以看出。

$$\mathrm{ReLU}(x)=\max(0,x)$$

（3）LeakyReLU

ReLU 导致了小于 0 的神经元响应无法通过。但如果所有样本经过某一神经元后的响应均小于 0 时，一旦该神经元使用了 ReLU 作为激活函数，那么该神经元将永远无法得到梯度，对应的神经元参数也就永远无法更新，这被称之为神经元的“死亡”。为了解决这一问题，LeakyReLU 在负值处给予了一个较小的梯度，如下式所示，其中 *neg_slope* 的值一般大于 0 小于 1，如 0.01。

$$\mathrm{LeakyReLU}(x)=\max(0,x)+neg\_slope\times\min(0,x)$$

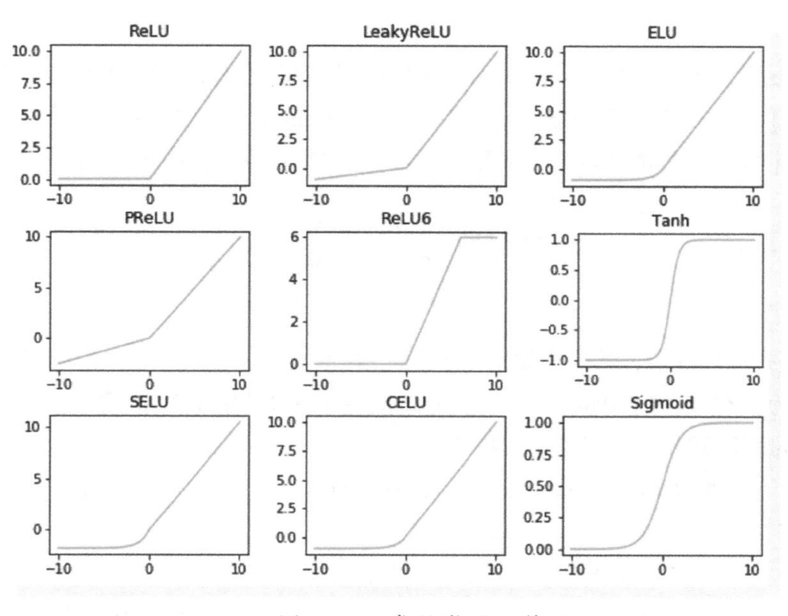

● 图 1.16 常见激活函数图

（4） ELU

ELU 融合了 Sigmoid 和 ReLU 的特性，左侧具有软饱和性，右侧则无饱和性。它同时也可以视为介于 ReLU 与 LeakyReLU 之间的一种激活函数，其公式如下所示，其中 *alpha* 的取值一般为不大于 1 的正数，缺点是左侧需要计算指数，所以相对复杂。

$$\mathrm{ELU}(x)=\begin{cases} x, x>0 \\ alpha\times(\exp(x)-1), x\leqslant 0 \end{cases}$$

（5） PReLU

PReLU 也是 ReLU 的改进版本，其公式如下所示。当 *alpha* 为 0 时，PReLU 退化成为 ReLU；当 *alpha* 小于 1 的正数时，PReLU 就变成了 LeakyReLU。但 PReLU 的特别之处在于它的 *alpha* 是可以学习的，原始论文中 *alpha* 初始值为 0.25，之后随着训练过程其值会发生变化。

$$\mathrm{PReLU}(x)=\max(0,x)+alpha\times\min(0,x)$$

（6） ReLU6

ReLU6 是将 ReLU 的输出做了一个硬截断，将输出限制在 6 以内，公式如下所示。这是为了移动端设备在低精度的 float16 上也能够有很好的数值分辨率。不加限制时，激活值的分布范围很广，float16 没有办法精确描述，所以带来精度损失。限制后因为最大值为 6，所以整数部分只占有二进制的 3 位，剩下的就可以都用来表示小数，这样就比较精确了。

$$\mathrm{ReLU6}(x)=\min(\max(0,x),6)$$

（7）Tanh

Tanh 激活函数和 Sigmoid 类似，均存在饱和区，所以也有梯度消失的问题，公式如下所示。Tanh 的优点在于，它是以 0 为均值的，所以不会有 Sigmoid 导致的参数更新方向相同的问题。Tanh 也是一种非常常见的激活函数，多用于循环神经网络和图片生成任务上。

$$\mathrm{Tanh}(x)=\frac{\exp(x)-\exp(-x)}{\exp(x)+\exp(-x)}$$

（8）SELU

SELU 的公式相对复杂，其公式如下所示。SELU 论文中通过数学推导给出了 *scale* 和 *alpha* 的取值，分别约为 1.6733 和 1.0507，同时该论文证明了 SELU 能够对神经网络进行自批归一化，不过整个证明过程比较长，这里不进行描述。

$$\mathrm{SELU}(x)=scale\times(\max(0,x)+\min(0,alpha\times(\exp(x)-1)))$$

（9）CELU

CELU 的公式和 ELU 非常类似，只是由 $\exp(x)$ 变成了 $\exp(x/alpha)$ 公式如下所示。区别在于 ELU 的导函数只在 *alpha* 为 1 时连续，且 *alpha* 越大，ELU 的导函数在 0 处左右两边的差距就越大，而 CELU 的导函数则对于所有的 *alpha* 都连续，这增加了网络的鲁棒性。

$$\mathrm{CELU}(x)=\max(0,x)+\min(0,alpha\times(\exp(x/alpha)-1))$$

1.2.5 批归一化层

2015 年 Google 提出了批归一化层（Batch Normalization）[2]，用来解决深度神经网络难以训练的问题。关于批归一化层为何有效，业界存在众多的理论研究以及实践证明，本书给出其中一个被广泛接受的解释。

在以上的激活函数部分，可以总结出激活函数大都有两个特性：一个是输出是以 0 为中心的，因为之前讨论过输出恒大于 0 则所有参数的更新方向一致，将导致训练慢的问题；另一个是激活函数一般都存在饱和区，有的函数是单侧饱和的（如 ELU），有的函数是双侧饱和的（如 Tanh），而饱和区导致了梯度消失问题。

因此，输入激活函数前数据的分布也很重要。它应该满足两个要求，即输入有正有负。这样激活函数得到的输出才能以 0 为中心，从而保证参数的更新方向可以更接近于最佳方向。同时输入数据应该尽量不要落在饱和区内，否则会导致梯度传播困难。如果神经网络中每一层的输出都满足这两个要求，则整个网络能够更容易被训练。然而深度堆叠的网络很难在每一层都满足这两个要求，特别是在训练的初始阶段，因为初始阶段的网络参数是无意义的。深层神经网络采用了梯度反向传播的机制，某一层出现的问题将会影响到整个网络的前后向链路。例如，若某个高层神经元出现了几乎所有输出都落在激活函数饱和区的现象，则低于这层的神经元将难以获得梯度，从而参数更新变得缓慢。

既然神经元的输出可能无法自主地满足这两个要求，那是不是可以人为地对神经元的输出做一个规范呢？使其变换到一个合理的分布，这样就能够让每一层大部分输出值都在有效的范围内传递下去。批归一化则是一个可行的做法。批归一化的流程如下所示。

1）深度神经网络在训练的时候，一般不是输入单张样本，而是输入一批数据，令当前批中的样本数为 m，批数据为 $x=\{x_1,x_2,\cdots,x_m\}$，下标表示输入数据的索引。

2）计算批数据的均值，$\mu=\frac{1}{m}\sum_{i=1}^{m}x_i$。

3）计算批数据的方差，$\sigma^2=\frac{1}{m}\sum_{i=1}^{m}(x_i-\mu)^2$。

4）进行批归一化，$\hat{x}_i=\frac{x_i-\mu}{\sqrt{\sigma^2+\varepsilon}}$，其中 ε 是一个极小正值，避免出现除数为 0 的情况，批归一化后得到的是标准正态分布。

5）计算批归一化的输出$y_i=\gamma\hat{x}_i+\beta$。其中 γ 和 β 是网络学习到的参数。

其中前四步的操作就起到了变换分布的作用，这样大部分输出值都分布在一个合理的区间内，如图 1.17a 所示。第五步多了两个参数，是对标准正态分布进行尺度变换和平移，因为标准正态分布并非满足真实的特征分布。举例来说，某个神经元只对少部分信号敏感，所以其合理的输出值应该大部分时候为负，少部分时候为正，而不是标准分布的正负值概率各一半的情况。这时候使用 β 便能够实现这一点，如图 1.17 所示，左侧为标准正态分布，右侧为 γ 为 1、β 为−2 时的效果。实际上，γ 和 β 是通过网络学习得到的，而非人为指定的，这就赋予了网络更高的自由度。值得注意的是，批归一化在训练和测试阶段的工作方式略有差别，训练时的均值和方差是

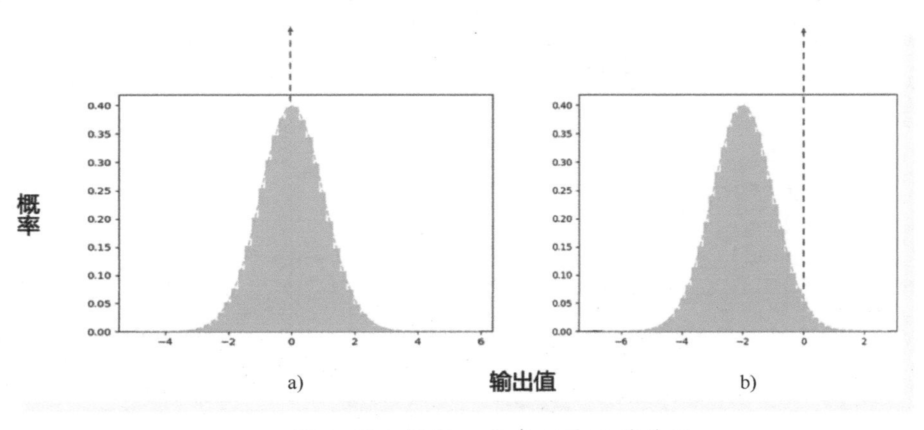

图 1.17　批归一化中 β 的平移作用

根据每批数据统计到的，而测试时则是使用了训练时均值和方差的期望值，接近于使用数据集中所有训练样本统计出的均值和方差。

1.2.6 随机失活

真实世界中几乎所有的数据都是存在噪声的，比如在深度学习上，人为标注的标签值就可能包含了噪声。以图 1.18 为例，假如有一辆行驶的汽车，横纵坐标分别是传感器获得的位置值，测量过程中存在噪声。需要根据过往位置预测未来时刻汽车的位置，圆点代表历史位置，三角点代表需要预测时刻点的真实位置。以人类视角分析，这辆汽车大致在做图 1.18a 中三角形箭头所指的直线运动。在图 1.18b 中，使用深度学习来拟合过往运动点，得到运动方程。可以看到深度学习因为拟合能力较强得到了一个复杂的方程，很好地经过了所有的历史点，而预测点也和真实位置更接近。

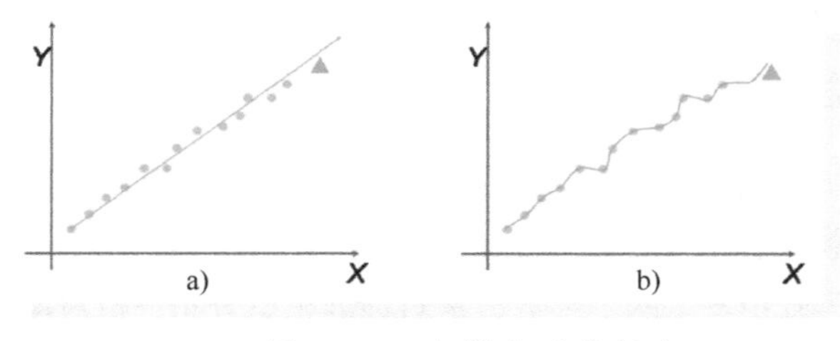

图 1.18 大样本时的拟合

这似乎没有什么问题，但如果减少样本量呢？如图 1.19a 所示，使用最小二乘法，并用一个简单的一次方程拟合了历史数据，可以看到它的预测仍然很接近真实值。但是深度学习模型碰到过小数据时，表现往往不佳。如图 1.19b 所示，因为模型的参数很多，网络找到了一个绝佳的方程来拟合训练样本，它完美地经过了所有历史点，但是这个复杂方程给出的预测值却与真实值相去甚远。这被称为过拟合现象，也就是模型在训练集合上表现得很好，但是在测试集合上效果很差。这是因为模型的表达能力过强，而训练的样本量又比较小，所以模型把噪声也当作特征纳入了学习。

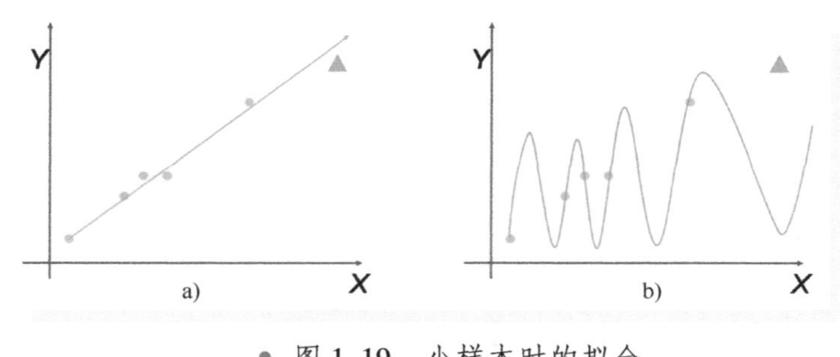

图 1.19 小样本时的拟合

因此，在深度学习中常有小数据使用小模型，大数据使用大模型的策略。但神经网络朝着越来越深的方向发展，甚至出现了百亿参数的模型，过拟合问题还是在所难免。Dropout 便是缓解过拟合问题的一个简单直接的方法。

以图 1. 20 为例，构建一个两层的全连接网络，如图 1. 20a 所示。图 1. 20b 和图 1. 20c 代表随机失活后的表现，其中图 1. 20b 表示 Y_2 神经元失活，所以其不再参与整个网络的计算，图 1. 20c 则代表 Y_3 神经元失活。

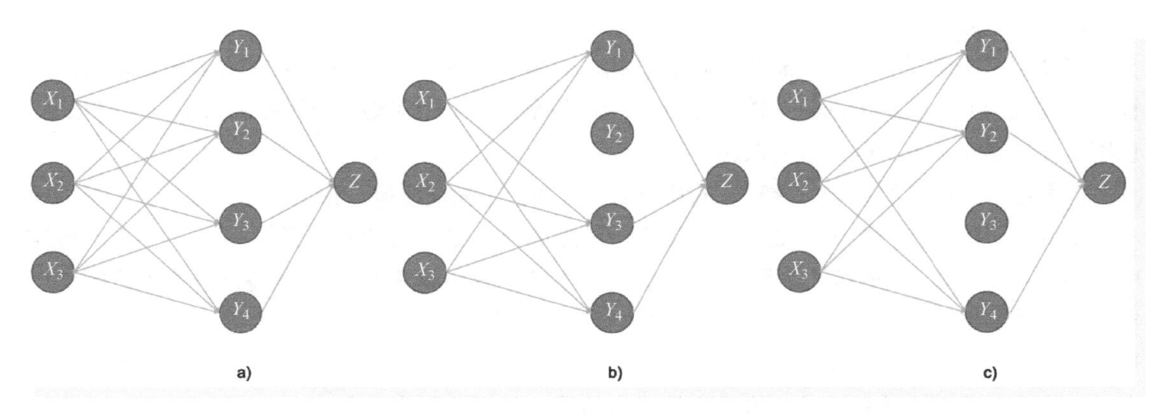

● 图 1. 20　随机失活示意图

随机失活意味着不是固定让某个神经元失活，而是完全随机的。在训练阶段，输入每一批数据时，便随机失活掉一些神经元，可以人为指定失活的比例，比如以 50% 的概率失活。值得注意的是，失活仅仅对于训练阶段而言，在测试阶段，不执行随机失活。

为何随机失活能够缓解过拟合问题呢？有两个常见的解释。其中一个是随机失活后的网络相当于整个网络的一个子集。在训练时，是使用不同的网络子集去拟合数据，而不同子集可能会出现不同的过拟合现象。测试时，则让所有神经元都参与决策，这就相当于综合不同模型的结果取平均。另一个原因是神经元在训练时可能存在共适应的关系。举例来说，假如图 1. 20 的输出 Z 非常依赖于隐藏层神经元 Y_2，只有 Y_2 特征有效时，Z 才有效。应用了随机失活，Y_2 可能失活，没有办法参与 Z 的决策，这就导致此刻 Z 必须靠别的神经元去学习信息，这就避免了对单个神经元的过度依赖，从而学习到更加鲁棒的特征。

除了随机失活外，还有很多应对过拟合的策略，比如数据增强。数据增强一般是对原图进行平移、裁剪、旋转、颜色抖动等操作获得一批新的图片，将新的图片和原图一起组成训练集合。早停也是一种常用的抑制过拟合的方法，当观察到训练集合损失虽然仍在下降，但验证集合表现却在变差时，这时候可以提前终止模型训练，因为此现象表明模型已经开始过拟合了。在后续章节会介绍针对数据增强的具体操作，此外加入参数正则化也有抑制过拟合的效果。

1.2.7 损失函数

损失函数是衡量模型预测值与真实标签值差异程度的度量方式。损失函数计算出来的损失值越小，那么模型的预测效果越好，反之则越差。不同任务的标签形式不同，所以一般对应了不同的损失函数。在后续章节，会针对具体任务介绍其损失函数的设计。下面将介绍一些基本的损失函数。

（1）交叉熵损失

在介绍交叉熵损失之前，需要理解信息和信息熵的概念。类比热力学中用来衡量系统混乱程度的物理量熵，信息论创始人香农推出信息熵的概念。信息熵被用来衡量系统的不确定度，信息则是能够消除系统不确定度的东西。

信息论中给出了信息熵应该具有的几个重要性质。首先信息熵一定是不小于 0 的，即事件的不确定度不可能为负，最少为 0。如果某事件发生的概率是百分之百，即该事件不存在不确定度，则信息熵为 0，比如每天太阳东升西落这个事件。发生概率越高的事情，它的不确定性越小，对应的信息熵就越小；反正，概率越小的事情，不确定性越大，则对应的信息熵就越大。信息熵还应该具有可加性，如果事件之间是独立的，那么两个事件的信息熵是可加的。这代表了 A 和 B 两个事件同时发生的不确定度为事件 A 和事件 B 的不确定度之和。

根据以上内容可以得到信息熵 H 是关于事件发生概率 p 的函数，该函数需要满足三个条件：一是函数 H 的值范围为非负，二是函数值对于概率 p 单调递减，三是 $H(AB)=H(A)+H(B)$。其中 AB 代表了独立事件 A 和 B 同时发生，而两个独立随机事件同时发生的概率为 $p(\mathrm{A})\times p(\mathrm{B})$。结合数学知识，可以发现负的对数函数 $-\log p(x)$ 满足了以上要求，首先它是非负的递减函数，且 $-\log p(A)-\log p(B)=-\log(p(A)\times p(B))$。

因此信息熵的定义如下：

$$H(x)=-\sum_{i=1}^{n} p(x_i)\log p(x_i)$$

这和推导出来的 $-\log p(x)$ 函数略有不同，首先多了下标 i，这代表事件或者系统 x 对应了多种可能的状态。比如拿抛硬币事件来说，它既可能为正面也可能为反面，所以衡量抛硬币事件的不确定性时，应该把这两种可能的状态都考虑到。另外还多了与事件本身发生概率相乘的操作，这表示系统 x 的不确定性是所有可能状态不确定度的期望，这里的对数以 2 为底。

KL 散度是衡量同一个随机变量下，两个不同概率分布间差异的一种度量方式。假如对于同一个随机变量 x 来说，有两个不同的分布 $p(x)$ 和 $q(x)$，$p(x)$ 可以视为真实分布，$q(x)$ 为神经网络拟合的分布，则 KL 散度表示为：

$$\mathrm{KL}=\sum_{i=1}^{n} p(x_i)\log\frac{p(x_i)}{q(x_i)}$$

上式可以拆开成：

$$\mathrm{KL}=\sum_{i=1}^{n} p(x_i)\log p(x_i)-\sum_{i=1}^{n} p(x_i)\log q(x_i)$$

同时因为有 $\sum_{i=1}^{n} p(x_i)\log p(x_i)=-H(x)$，所以：

$$\mathrm{KL}=-\sum_{i=1}^{n} p(x_i)\log q(x_i)-H(x)$$

根据散度描述了两个分布间差异的定义，当尝试优化两者散度就等同于让拟合的分布 $q(x)$ 接近于真实分布 $p(x)$，而散度中后一项为系统固有的信息熵，所以需要优化的只有前一项 $-\sum_{i=1}^{n} p(x_i)\log q(x_i)$，该项被定义为交叉熵。因此，在分类问题中一般使用交叉熵来计算预测值与真实值的整体偏差程度，该值越小，代表拟合的效果越好，交叉熵的取值是非负的。

举例来说，当进行猫狗分类时，输入一张猫的图片，系统预测为猫的概率是 70%，预测为狗的概率是 30%，即 $q(x_0)=0.7$，$q(x_1)=0.3$。而真实的类别概率可以从标签中得知，因为该照片就是猫，所以 $p(x_0)=1$，$p(x_1)=0$，交叉熵等于 $-(1\times\log(0.7)+0\times\log(0.3))=0.515$。随着训练的进行，$q(x_0)=0.9$，$q(x_1)=0.1$，交叉熵变为 0.152。若 $q(x_0)=1$，$q(x_1)=0$，则交叉熵为 0。

在计算交叉熵损失之前，一般会用到 Sigmoid 或者 Softmax 函数。二分类问题一般使用的是 Sigmoid 函数，用来将神经网络的输出值映射到 0~1，若经 Sigmoid 函数处理后，输出的值为 m，则 $q(x_0)=m$，$q(x_1)=1-m$。多分类问题一般用的是 Softmax 函数，Softmax 函数也是用来将神经网络的输出映射到分类概率，其公式如下所示。

$$q_i=\frac{\mathrm{e}^{z_i}}{\sum_{j=1}^{C}\mathrm{e}^{z_j}}$$

其中，z_i代表神经网络的原始输出，C 为类别总数，q_i为映射后的概率值。例如网络的原始输出为 1、2、3，则映射后的概率值为 0.090、0.245、0.665，满足概率相加之和为 1 的性质。

（2）均方损失

均方损失通常写作 MSE（Mean-Squared Eeeor）损失或者 L2 损失，常被用在回归任务上，例如房价预测、销量预测和图像超分等，其公式为：

$$\mathrm{MSE}=\frac{1}{n}\sum_{i=1}^{n}(y_i-z_i)^2$$

其中，y_i为真实的标签值，z_i为网络的预测值，n 为网络输出的个数。举例来说，当网络输出为 1、2、3，标签值为 0、1、1 时，MSE 损失值为 $((1-0)^2+(2-1)^2+(3-1)^2)/3=2$。

（3）均方根损失

均方根损失被写作 RMSE（Root Mean Squared Error）损失，就是均方损失的平方根，公式如下所示。

$$\mathrm{RMSE}=\sqrt{\frac{1}{n}\sum_{i=1}^{n}(y_i-z_i)^2}$$

（4）平均绝对损失

平均绝对损失常被写作 MAE（Mean Absolute Error）损失或者 L1 损失，和均方损失相同，一般也是用在回归任务上，用来衡量误差的平均绝对值，其公式为：

$$MAE=\frac{1}{n}\sum_{i=1}^{n}|y_i-z_i|^2$$

其中，y_i为真实的标签值，z_i为网络的预测值，n 为网络输出的个数。举例来说，当网络输出为 1、2、3，标签值为 0、1、1 时，MAE 损失值为((1-0)+(2-1)+(3-1))/3=1.33。

（5）三元组损失

分类问题中也常用到三元组损失，被写作 triplet 损失（triplet_loss），该损失的公式如下。

$$triplet\_loss=\max(d(a,p)-d(a,n)+margin,0)$$

其中，d 为距离度量函数，比如欧几里得距离，a 为选择的锚样本，p 为与锚样本类别相同的样本，n 为与锚样本类别不同的样本，margin 为人为设置的间隔，三元组损失图例如图 1.21 所示。

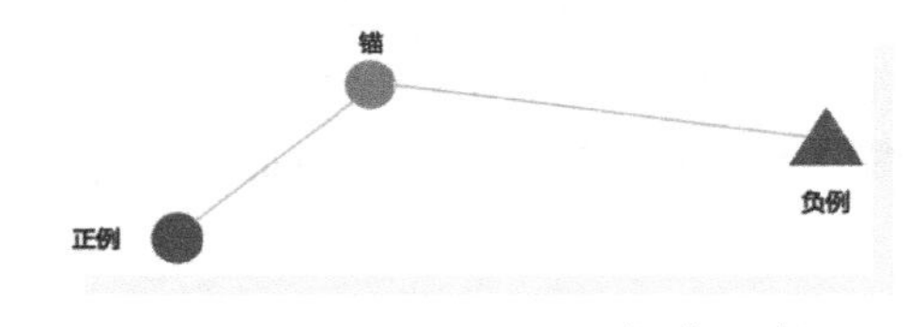

图 1.21 三元组损失图例

图 1.21 中表明在特征空间中三元组损失约束了负类样本之间的距离要比同类样本之间的距离大于某一阈值，当满足条件时，三元组损失为 0。该损失一般用于分类任务或者检索任务中。

1.2.8 反向传播

下面以一个非常简单的全连接网络为例阐述反向传播算法的原理，该网络如图 1.22 所示，其输入节点个数为 2，输出节点个数为 1，且该全连接层偏置为 0。

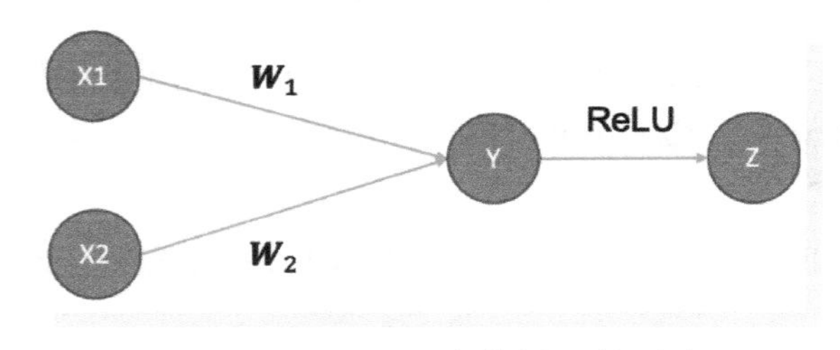

图 1.22 反向传播示例网络

这个简单的前向传播过程如下。

$$Y=W_1\times X1+W_2\times X2$$
$$Z=\mathrm{ReLU}(Y)$$

这里使用平均绝对损失作为损失函数，其中$\overline{Z}$表示真实值：

$$L=|\overline{Z}-Z|$$

W_1和W_2都被初始化为 1，而数据中蕴含的关系为$\overline{Z}=2\times X1+3\times X2$，下面尝试通过数据和反向传播算法来让网络自己学会$W_1$和$W_2$的实际值。

表 1.1 列举了输入数据 $X1$、$X2$ 和$\overline{Z}$，权重W_1和W_2，网络输出值 Z 和损失值 L。

表 1.1　输入数据表

$X1$	$X2$	W_1	W_2	Z	$\overline{Z}$	L
1	1	1	1	2	5	3
2	1	1.5	1.5	4.5	7	2.5
1	2	2.5	2	6.5	8	1.5
1.5	0	3	3	4.5	3	1.5
0.5	0	2.25	3	1.125	1	0.125
3	4	2	3	18	18	0

下面将表格中的数据依次输入网络中，第一次输入的 $X1$ 和 $X2$ 均为 1，根据W_1和W_2均为 1，计算得到的输出值 Z 为 2，真实值为 5，损失值 L 为 3，而理想的损失值应该为 0。此时可以求得 L 关于 Z 的梯度为-1，所以当 Z 增大，L 就可以减小，但 Z 不是自变量，W_1和W_2才是。所以继续求 Z 关于W_1和W_2的梯度，分别为 $X1$ 和 $X2$。根据链式法则，L 关于W_1和W_2的梯度等于$-X1$ 和$-X2$，也就是-1 和-1。

梯度的反方向是函数值减小的方向，而 L 关于W_1和W_2的梯度为-1 和-1，所以W_1和W_2应该增大，才能使得损失值 L 降低。那么W_1和W_2应该增大多少呢？深度学习中每次更新的步长为梯度值乘以学习率，假设学习率为 r，则有：

$$W_1\leftarrow W_1-T_{W_1}\times r$$
$$W_2\leftarrow W_2-T_{W_2}\times r$$

其中，T_{W_1}和T_{W_2}分别为W_1和W_2的梯度，学习率 r 是人为设定值，这里令 r 为 0.5。更新后得到新的W_1和W_2分别为 1.5 和 1.5。

继续输入第二组 $X1$ 和 $X2$，分别为 2 和 1。此时W_1和W_2为 1.5 和 1.5，计算得到损失值为 2.5，继续求得 L 关于W_1和W_2的梯度是$-X1$ 和$-X2$，即-2 和-1。和此前更新过程相同，得到更新后的W_1和W_2分别为 2.5 和 2。

输入第三组数据 1 和 2，根据W_1和W_2为 2.5 和 2，得到损失值为 1.5，W_1和W_2的梯度是$-X1$

和$-X2$，即-1和-2，更新后W_1和W_2分别为3和3。

输入第四组数据1.5和0，根据W_1和W_2为3和3，得到损失值为1.5，W_1和W_2的梯度是$X1$和$X2$，即1.5和0，更新后W_1和W_2分别为2.25和3。

输入第五组数据0.5和0，根据W_1和W_2为2.25和3，得到损失值为0.125，W_1和W_2的梯度是$X1$和$X2$，即0.5和0，更新W_1和W_2，分别为2和3。

最后输入第六组数据3和4，根据W_1和W_2为2和3，得到损失值为0。可见此时已经无须再优化损失值，网络学习到了数据中隐藏的W_1和W_2。

以上过程便是反向传播算法，首先根据神经网络的现有参数计算得到输出值，将输出值和真实的标签值求得损失值，再求得此刻损失函数关于各参数的梯度，按照梯度的反方向更新网络参数，进而减小损失。

在反向传播过程中，存在一个重要的超参数，即学习率。学习率不可太大或者太小，学习率太小，每次参数更新就比较小，训练可能需要持续很长时间才能达到理想值。而学习率过大则会导致更加严重的问题。以二次函数为例，当学习率太大时，每次更新的距离太长，会导致更新后的损失值反而变大了，从而发生损失越来越大或者振荡的现象，如图1.23所示。所以在实际操作中，一般先设置一个较小的学习率，观察训练过程中损失值是否呈下降趋势，若呈下降趋势，则可尝试适当增大学习率。

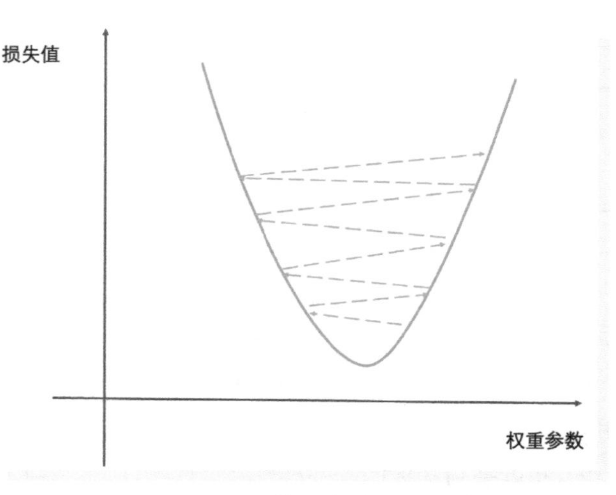

● 图1.23 学习率过大时的表现

深度学习由于参数众多，不可能人为针对每一个参数计算梯度，所幸现代的深度学习框架已经内置了反向传播算法，在大部分情况下只需要搭建前向传播的逻辑，框架就会自动帮助计算梯度，并更新参数。框架中还实现了一些更为复杂的参数更新方法，本书将在第2章进行讲解。

1.3 深度学习实践细节

1.3.1 硬件选择

与深度学习高度相关的硬件是GPU（Graphics Processing Unit），其实一开始研究者们大都使用 CPU（Central Processing Unit）进行神经网络的训练，但是如今这种方式被认为是很低效的，仅仅在某些简单模型上仍采用 CPU 训练。

早在 2012 年的 ImageNet 比赛上，AlexNet 便使用了两块 GTX 580 GPU 进行网络的并行训练，极大地提高了训练速度，引起了研究者们对于 GPU 训练的关注。如今在深度学习的模型训练上，GPU 取得了压倒性的优势，而在模型推理上，CPU 仍占有一席之地。

为何在深度学习任务上 CPU 和 GPU 表现出了那么大的差异呢？最根本的原因还是两者硬件架构上的差异。如图 1.24 所示，相较于 CPU，GPU 拥有很多的核心，比如中高端的 GPU 大概有几千个核心，但 CPU 的核心数仅有几十个甚至是几个，所以在相同时间内 GPU 能够完成比 CPU 更多的浮点运算。这便是 GPU 更适合模型训练的原因之一。

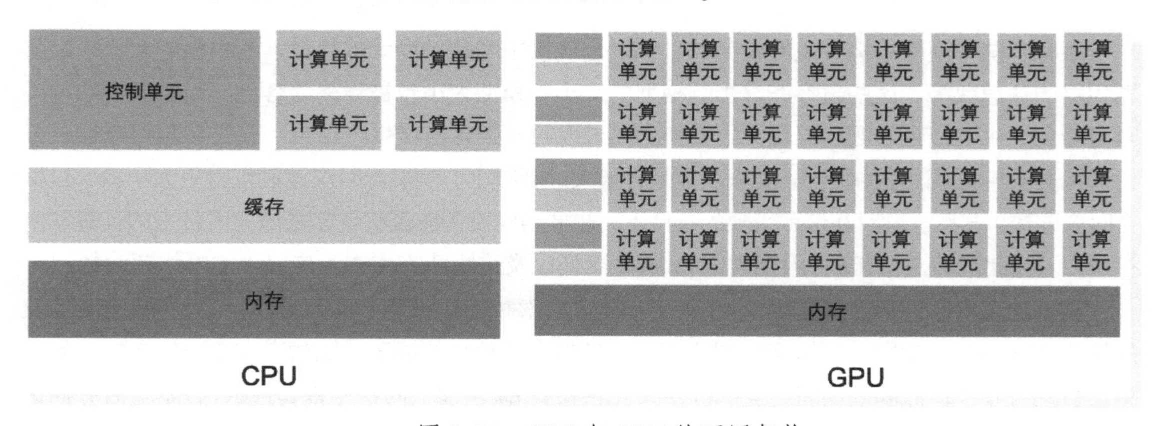

● 图 1.24　CPU 与 GPU 的不同架构

仅仅计算速度快还不够，因为很难达到理论峰值，计算单元需要从缓存或内存中获取所计算的对象。虽然缓存速度较快，但内存速度是比较慢的。而神经网络算法通常涉及大量参数、激活值、梯度值，这些庞大的参数非常容易超出高速缓存，此时内存带宽就成为限制速度的重要瓶颈。相比 CPU，GPU 的另一个优势是其拥有极高的内存带宽。举例来说，中高端的 GPU 拥有 400GB/s~1T/s 的内存带宽，但同价位的 CPU 仅有 30GB/s~100GB/s。

那为何 CPU 不采用与 GPU 相似的硬件架构呢？这是因为两者应用场景不同。CPU 是通用型处理器，需要处理各种不同的数据类型，同时拥有良好的逻辑判断能力，能够支持复杂的分支跳转和中断处理。而 GPU 应用在图形处理上，面对的是类型高度统一的大规模数据，不需要面对复杂的控制流，可以大幅缩减处理逻辑需要的单元，转而增加计算核心。所以与 CPU 擅长通用类型数据运算不同，GPU 擅长的是大规模并发计算。通常神经网络的训练算法并不涉及大量的分支运算与复杂的控制指令，也就更适合在 GPU 上进行。NVIDIA 的 CUDA 编程语言支持用户更加方便地控制 GPU，所以在配置深度学习环境时，安装 CUDA 是重要步骤。

随着深度学习的发展，相关的硬件也成为热门的研究问题。除了 CPU 和 GPU 外，还推出了一些针对神经网络的专用硬件，如 TPU、NPU 和 VPU 等。

1.3.2 超参数设定

深度学习算法中大都存在一些人为设定的超参数，它们可能会影响模型的表现，因此调参成为模型训练过程中常被提到的环节。

首先来了解几个重要的超参数。前面已经提到一个重要的超参数，即学习率。学习率设定得太小或者太大都难以发挥出模型的全部潜力，该参数可以通过观察损失的下降趋势进行更改。前面提到，若损失一直波动不下降，则应该尝试减小学习率；若损失一直呈现极慢的下降趋势，则应该适当增大学习率。

还有一些和模型结构相关的超参数，例如全连接中隐藏神经元的数量、卷积核的大小，以及卷积层的通道数等。这些超参能够影响模型的大小，模型大小也被称之为容量。当模型参数过小时可能会发生欠拟合问题；反之，当模型参数过大时，则容易产生过拟合。此类参数可以通过分析训练误差与测试误差的综合表现来决定是否增大或者减小。欠拟合时应该设定得更大一些，过拟合时应该减小一些。同时在资源受限的条件下，也要考虑设备能否承受容量增大所带来的计算和内存压力。除此之外，还有正则化参数、dropout 比例以及边缘填充方式等广义上的网络超参数。

常见的超参数调节方法包括手动调节、网格搜索和随机搜索：手动调节可以依据上述提及的策略逐一调节各参数；网格搜索则适用于超参数个数较少的情况，比如存在 3 个超参数，每个超参数都有 4 个可能的取值时，它们的笛卡儿积包含 64 组值。网格搜索会根据这 64 组值分别训练 64 个网络，最后选择表现最佳的模型。无疑网格搜索会耗费相当多的时间，特别是在超参较多的时候；在超参数较多时会采用随机搜索，随机搜索中会为每个超参数定义一个边缘分布，然后在这些边缘分布上进行搜索。

1.3.3 网络参数初始化

深度学习模型通常采用迭代的方式进行训练，所以需要一个“初始”的状态，即网络各层参数的初值。对于本书介绍的卷积神经网络来说，不同的初始值可能会带来不同的训练效果，不适当的初始化方式将导致模型的收敛变得困难。初始值过小可能导致模型出现梯度消失现象，初始值过大可能引起模型出现梯度爆炸现象。例如，对于全连接层组成的网络不可以使用全零值进行初始化，这样会导致网络无法通过反向传播算法学习到有用的特征。

神经网络常用的初始化方式是通过具有随机性的数值作为各层的初值。为了能够让模型更快更好地被训练，研究人员设计了多种初始化方法，下面介绍了 4 种初始化方法。

(1) 均匀初始化

该方法从均匀分布 $U(a,b)$ 采样，其中 a 是均匀分布的下界，b 是均匀分布的上界，其概率密度函数如下。

$$f(x)=\frac{1}{b-a},a<x<b$$

（2） 正态初始化

该方法从正态分布 $N(\mu,\sigma^2)$ 采样，其中 μ 是正态分布的均值，σ^2 是正态分布的方差，一维正态分布的概率密度函数如下。

$$f(x)=\frac{1}{\sqrt{2\pi}\sigma}\exp\left(-\frac{(x-\mu)^2}{2\sigma^2}\right)$$

（3） Xavier[3]初始化

该方法由 Xavier Glorot 和 Yoshua Bengio 于 2010 年提出，出自论文“Understanding the difficulty of training deep feedforward neural networks”，在 PyTorch 中提供了均匀分布和高斯分布实现，以均匀分布 $U(-a,a)$ 为例，其中 a 值的计算方式为：

$$a=\frac{\sqrt{6}}{\sqrt{n_j+n_{j+1}}}$$

式中，n_j代表第 j 层的神经元个数，n_{j+1}代表第 $j+1$ 层的神经元个数。

（4） Kaiming[4]初始化

该方法由 He Kaiming 于 2015 年提出，出自论文“Delving deep into rectifiers：Surpassing human-level performance on imagenet classification”，目前已经被集成到 PyTorch 中。同 Xavier 初始化一样，PyTorch 为 Kaiming 初始化提供了均匀分布和高斯分布两种实现，以均匀分布 $U(-b,b)$ 为例，其中 b 值的计算方式为：

$$b=\frac{\sqrt{6}}{\sqrt{n}}$$

式中，b 可由输入神经元的个数来确定。Kaiming 初始化比较适用于非线性的整流单元（Rectifier Nonlinearities）。

1.4 本章小结

本章介绍了人工智能的相关基础知识。首先在 1.1 节中介绍了人工智能的概念与历史，分析了人工智能、机器学习以及深度学习的关系。继而在 1.2 节中介绍了深度学习的相关理论，后续将使用这些理论指导本书各项目的构建。最后，在 1.3 节中介绍了深度学习在实践方面的知识。

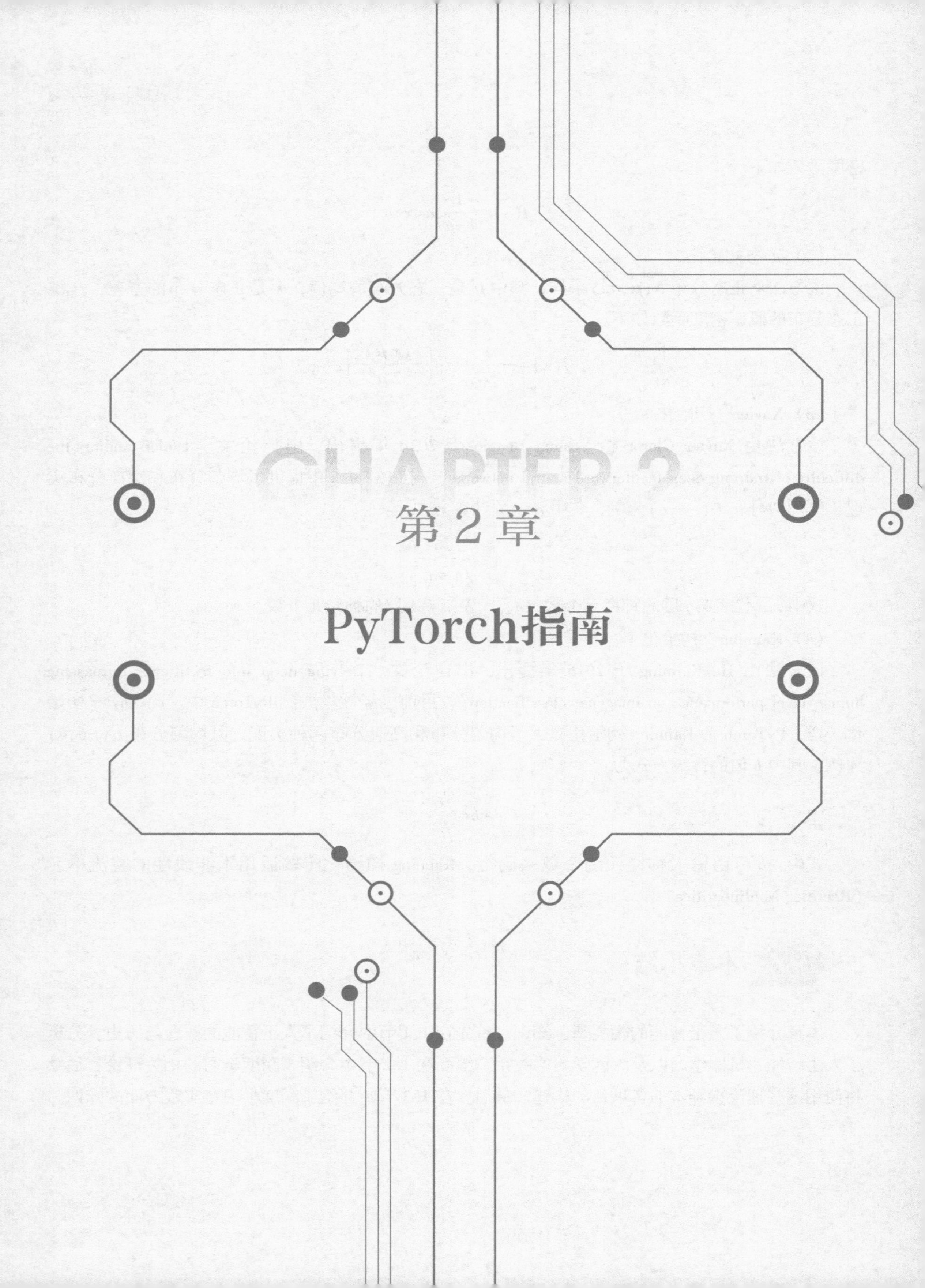

第2章

PyTorch指南

为了高效、便捷、灵活地实现各种深度学习算法，需要借助高质量的深度学习框架——PyTorch。下面将对 PyTorch 的产生、发展和特性进行介绍，并将 PyTorch 和其他深度学习框架进行对比。

PyTorch 是由 Facebook 公司开发的现代化深度学习框架，它的第一版发布于 2017 年 1 月，并迅速在学术界和工业界得到广泛应用。PyTorch 这个名字由“Py”和“Torch”两部分组成，其中“Py”代表的是 Python 语言，“Torch”代表的是由以 Lua 语言为接口的 Torch 框架。PyTorch 的代码是开源的，用户可以下载并编译它的源代码。这意味着用户可以更加深入地了解整个框架的底层原理和运行机制，并在 PyTorch 已有功能上进行自定义扩展。

近年来由学术界和工业界开发了多款深度学习框架，比如 Caffe（加州大学伯克利分校视觉与学习中心）、MXNet（分布式机器学习社区 DMLC）、PaddlePaddle（百度）、TensorFlow（谷歌）以及 Theano（蒙特利尔大学）等。为了让读者更加清晰地了解深度学习框架的发展历史和现状，下面将对各深度学习框架进行简要的介绍。

（1）Theano

2008 年，蒙特利尔大学的 LISA 实验室开发了 Theano 框架，Theano 提供了丰富的数值计算功能。在 2017 年 Theano1.0 发布的同时，深度学习三巨头之一的 Yoshua Bengio 宣布了 Theano 将不再开发新版本。

（2）PaddlePaddle

PaddlePaddle（飞桨）由百度公司主持开发，于 2018 年 10 月推出了 PaddlePaddle 1.0 稳定版。PaddlePaddle 提供了丰富的官方示例，并且包含大量的中文文档，对中文母语者较为友好。根据官方统计数据，截至本书写作之时，PaddlePaddle 的开发者数量已经达到了 360 万。

（3）TensorFlow

TensorFlow 由谷歌公司的 Google Brain 团队主持研发，它首次发布于 2015 年 11 月。TensorFlow 是第一款具有完整的模型开发和部署功能的深度学习框架，它对整个深度学习社区的发展起到了至关重要的作用。但是 TensorFlow 的学习难度较高，主要原因在于它包含了很多接口，比如 Slim、TensorLayer、Keras 和 TFLearn 等。此外 TensorFlow 1.0 版本和 TensorFlow 2.0 版本的跨度较大，代码迁移较为困难。

（4）Keras

早期的 Keras 采用了 TensorFlow、Theano 和 CNTK 作为后端，它的核心特点是简洁易用。由于封装程度过高，Keras 存在明显的灵活性不足的缺陷。当前，在 TensorFlow 2.0 中已经集成了 tf.keas 模块。

（5）Caffe

Caffe 最初由加州大学伯克利分校的学生研发，首次发布于 2013 年 9 月。Caffe 的优势是开发便捷，但其灵活性不足。当前，Caffe 2 已经开始和 PyTorch 进行合并。

总的来说，不同的深度学习框架往往具有不同的设计理念，它们的使用难易程度和开发效率也有所差别。但是，它们都会提供通用的计算功能，比如常见的数值运算、卷积和激活等。本书介绍的 PyTorch 框架主要具有以下的优点。

- 文档全面，包含众多示例。
- 核心代码开源，适用于研究其底层原理。
- 框架灵活易用，便于算法复现。
- 功能丰富，可以完成绝大部分深度学习研发任务。
- 具备可扩展性，用户可以自定义新算子。

2.1 安装与测试

在安装 PyTorch 之前，需要首先完成 Cuda 和 Anaconda（Python 3.6 版本）的安装和配置。此部分不在本书的讨论范围内，建议读者参考相关资料，在此不作赘述。

2.1.1 安装 PyTorch 和 torchvision

本节将对如何安装 PyTorch 和 torchvision 进行介绍，建议读者选择和本书相同版本的框架进行安装。torchvision 是 PyTorch 的一个辅助库，它包含了数据读取、模型预定义和函数转换等功能。首先，进入 PyTorch 的官方网站 https://pytorch.org/，网站上给出了下载的相关选项。

图 2.1 前 6 行所示的选项依次代表：

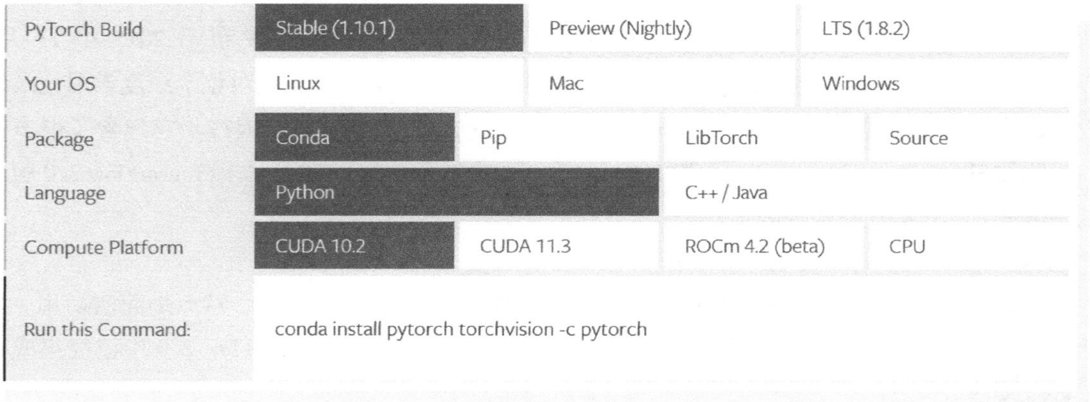

PyTorch Build	Stable (1.10.1)	Preview (Nightly)	LTS (1.8.2)	
Your OS	Linux	Mac	Windows	
Package	Conda	Pip	LibTorch	Source
Language	Python		C++ / Java	
Compute Platform	CUDA 10.2	CUDA 11.3	ROCm 4.2 (beta)	CPU
Run this Command:	conda install pytorch torchvision -c pytorch			

● 图 2.1　PyTorch 安装提示

1）PyTorch 的版本。建议读者选择和本书相同版本。网站上的 PyTorch 版本随时都会更新，为了能够提升代码的兼容性，可以安装 1.5 到 1.10 之间的大版本。

2）本机操作系统类型。本书示例都是在 Windows 系统下编写的，对于使用 Linux 系统和 Mac 系统的读者可以选择对应版本的 PyTorch。

3）安装命令。读者可以选择 Pip 或者 Conda 进行安装。

4）语言版本。选择 Python 语言。

5）CUDA 版本。本书开发环境使用的是 CUDA10.2，读者可以根据自己的显卡选择合适的 CUDA 版本。如果读者的计算机没有合适的显卡，则需要安装 CPU 版本的 PyTorch，选择第 5 行的“CPU”选项进行安装。CPU 版本的 PyTorch 只能在 CPU 上进行计算，无法利用 GPU 在矩阵计算上的优势。

6）前述 5 个安装选项对应的安装命令，读者需要在 Anaconda 中打开 anaconda prompt，并输入命令：

conda install pytorch torchvision cudatoolkit=10.2 -c pytorch

上述命令执行结束后，将完成 torch（即 PyTorch）和 torchvision 的安装。由于本书并未涉及 audio 方向的知识，所以读者可以去掉命令中的 torchaudio。此外，读者如果不想安装主页上推荐的版本，可单击下面的“Previous version of PyTorch”选项选择以前发布的版本。

2.1.2 显卡测试

在前一节中已经完成了 PyTorch 的安装，接下来还需要对 PyTorch 能否正常使用进行测试。

测试目标包括两个：第一个目标是测试 GPU 状态是否可用；第二个目标是测试 Tensor 能否正确地加载到 GPU 上。首先，使用下面语句测试 GPU 的状态是否可用。代码中 import 语句后面是 torch，而不是 PyTorch，读者需要注意。

```
1. import torch
2. print(torch.cuda.is_available())
```

如果安装成功则上述代码将输出“True”，证明 GPU 处于可用状态；如果输出“False”，则说明 GPU 不可用。常见的原因是 Cuda 版本和 PyTorch 版本不一致，此时读者需要重新检查二者的版本信息。在显卡可用的情况下，使用下面的代码查看显卡的数量和具体信息。

```
1. print(torch.cuda.device_count())
2. print(torch.cuda.get_device_properties(0))
3. # 输出结果:
4. 1
5. _CudaDeviceProperties(name='GeForce GTX 1080 Ti',
6.                      major=6, minor=1,
7.                      total_memory=11264MB,
8.                      multi_processor_count=28)
```

2.1.3 CPU 和 GPU 切换

CPU 版本的 PyTorch 只能够将张量放在 CPU 设备上，如果安装了 GPU 版本的 PyTorch，则可以将张量放在 CPU 设备或者 GPU 设备上。此外，如果设备包含多个 GPU，则需要对这些 GPU 设备进行编号，默认的编号次序是 0，1，2，…，$N-1$，其中 N 代表 GPU 总数，此时可以将张量放在指定编号的 GPU 设备上。首先，使用 torch.Tensor 创建一个默认的 Tensor，通过 Tensor 的 device 属性可以看到这个 Tensor 是放在 CPU 设备上的，代码如下。

```
1.  import torch
2.
3.  x = torch.Tensor([1, 2, 3])
4.  print(x, x.device)
5.  #输出结果
6.  #tensor([1., 2., 3.]) cpu
```

然后，可以使用 x.cpu()方法和 x.cuda()方法实现张量数据在设备之间的切换功能，代码如下。

```
1.  x = x.cpu()
2.  print(x, x.device)
3.  x = x.cuda()
4.  print(x, x.device)
5.  #输出结果:
6.  #tensor([1., 2., 3.]) cpu
7.  #tensor([1., 2., 3.], device='cuda:0') cuda:0
```

另一种将张量在设备之间进行切换的方式是使用张量的 to 方法，将设备信息作为参数传入 to 方法中，设备信息的定义如下所示。

```
1.  cpu_device = torch.device("cpu")
2.  gpu_device = torch.device("cuda:0")
```

上述代码分别定义了 CPU 和 GPU 类型的设备信息。然后，使用 to 方法将张量在 CPU 和 GPU 之间进行切换，代码如下。

```
1.  x = x.to(cpu_device)
2.  print(x, x.device)
3.  x = x.to(gpu_device)
4.  print(x, x.device)
5.  #输出结果:
6.  #tensor([1., 2., 3.]) cpu
7.  #tensor([1., 2., 3.], device='cuda:0') cuda:0
```

至此，已经对开发环境进行了完整的测试。如果读者在安装过程中遇到了问题，可以到本书代码仓库的相关章节进行留言，笔者会及时回复解答。

2.2 核心模块

PyTorch 包含众多模块，这些模块可以用来完成模型的训练、测试和部署的全部流程。本节将对书中使用的各主要模块进行介绍，让读者对每个模块的功能有整体的认知。

（1） torch 模块

在 torch 模块中包含了常用的常量、函数和类等。以函数为例，可以直接使用多种操作函数，比如 torch. add（加法操作）、torch. relu（激活函数）、torch. equal（数值判断函数）、torch. randn（生成随机数函数）、torch. ones（创建数值为 1 的矩阵函数）等。

（2） torch. Tensor 模块

torch. Tensor 模块定义了不同数值类型的张量，比如整型、单精度浮点型和双精度浮点型。Tensor 包含了众多的属性和函数，常用的属性包括维度属性、设备属性和类型属性等，常用的方法包括数值计算、逻辑运算和索引操作等。

（3） torch. nn 模块

torch. nn 模块是构建神经网络的核心模块，也是本书重点介绍的模块。在 torch. nn 模块中定义了卷积、批归一化、激活、全连接以及损失函数等，常规的卷积神经网络和损失函数都可以借助 torch. nn 模块完成。

包含在 torch. nn 模块中的 torch. nn. functional 模块提供了神经网络的常用函数，比如卷积函数、池化函数和激活函数等。这些函数的作用和 torch. nn 模块中包含的类具有一致的功能。包含在 torch. nn 模块中的 torch. nn. init 模块提供了模型初始化的各种常见策略，比如 torch. nn. init. constant_（常量初始化）、torch. nn. init. uniform_（均匀分布初始化）和 torch. nn. init. normal_（正态分布初始化）等。可以使用 torch. nn. init 模块中的初始化函数完成神经网络中卷积层、BN 层以及全连接层等的参数初始化过程。

（4） torch. optim 模块

torch. optim 模块包含了众多的优化器，比如 torch. optim. SGD、torch. optim. RMSProp 和 torch. optim. Adam 等。此外，torch. optim 模块还提供了学习率调整算法。这些算法包含在 torch. optim. lr_scheduler 子模块中，比如 torch. optim. lr_scheduler. StepLR（固定步长学习率调整）和 torch. optim. lr_scheduler. CosineAnnealingLR（余弦退火学习率调整）等。

（5） torch. jit 模块

torch. jit 中 jit 的全称是 Just-In-Time Compiler，中文译为“即时编译器”。使用 jit 模块导出的静

态图能够被 C++和 Java 等语言调用，本书移动端部署案例所使用的模型文件就是用 jit 模块导出的。

（6）torch. onnx 模块

torch. onnx 模块可以将 PyTorch 训练的模型转换为符合 onnx 格式（Open Neural Network Exchange，开放神经网络交换）的模型，本书介绍了如何通过 onnx 格式的模型以及 Netron 工具完成神经网络的可视化功能。

（7）torch. utils 模块

torch. utils 模块包含多个子模块，用于辅助训练、测试和优化过程。本书使用的主要是 torch. utils. data 模块，它提供了数据读取的高效解决方案：可通过 Dataset 和 DataLoader 配合的模式完成 mini-batch 训练模式所需要的 batch 数据；torch. utils. bottleneck 模块用于测试各部件的运行时间，帮助用户完成优化分析；torch. utils. checkpoint 模块用于显存的优化，这里 checkpoint 的语义和 TensorFlow 中 checkpoint 是不同的；torch. utils. cpp_extensions 定义了 C++的扩展功能，能够方便用户使用 C++语言实现更多的自定义操作。

（8）torch. autograd 模块

torch. autograd 模块是自动求导功能的核心模块，支持浮点类型张量的求导计算，是神经网络训练过程所用到的核心模块之一。

（9）其他模块

在 torch 中还包含了众多有实用价值的模块。torch. spase 模块定义了稀疏张量和相关函数；torch. distributed 模块提供了分布式训练功能，可以实现大规模并行计算；torch. hub 模块提供了众多的预训练模型，用户可以在线下载模型并保存到本地；torch. multiprocessing 模块包含了多线程操作，以提高模型的训练效率；torch. random 模块提供了随机数生成器，可以用于神经网络初始化过程中的随机种子的设定。

2.3 模型构建流程图

神经网络的架构是模块化的，PyTorch 已经实现了卷积、池化和激活等常用的层，用户可以使用这些层搭建众多经典的神经网络模型。以有监督神经网络的训练为例，图 2.2 展示了如何使用 PyTorch 实现网络的训练目标。首先，将原始数据使用 Dataset 和 DataLoader 进行预处理；然后，将数据以 mini-batch 的形式放入神经网络中，神经网络由 nn. Conv2d、nn. BatchNorm 和 nn. ReLU 等构成，网络对输入数据完成计算后将会输出预测值；接下来使用 nn 模块提供的损失函数计算预测值和真实值之间的差异，比如 nn. BCELoss、nn. MSELoss 和 nn. L1Loss 等，并完成反向的梯度计算；最后，使用 torch. optim. Adam 模块提供的梯度更新算法对网络参数的梯度进行更新（图 2.2 中虚线部分）。

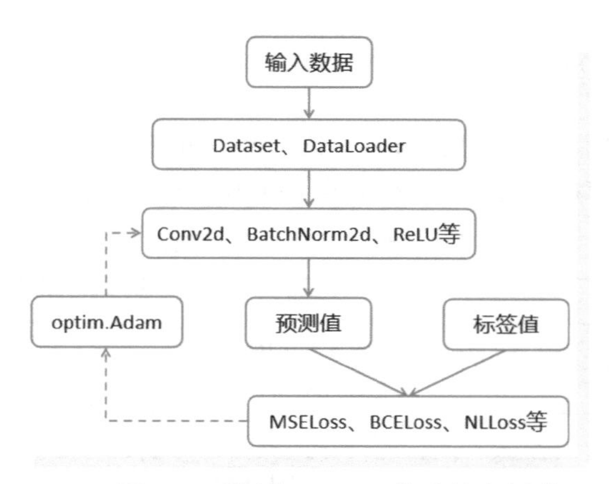

● 图 2.2 使用 PyTorch 构建神经网络

对于无监督的神经网络，它们的构建原理和图 2.2 是类似的，本书的实例部分包含了有监督和无监督网络两种类型。后续的章节将对这些模块化的工具原理进行介绍，并对它们的使用进行讲解。建议读者在阅读本书的第 4~9 章时，结合图 2.2 去理解神经网络究竟是如何进行训练的。

2.4 张量 Tensor

根据第 1 章的介绍可知，张量类（Tensor）是深度学习框架必须提供的基础数据结构，神经网络的前向传播和反向传播都是基于 Tensor 类进行的。所以，Tensor 类应具有多方面的功能，比如：

1）Tensor 应该具有不同的数值类型，以满足不同的精度需求。

2）Tensor 的维度应该可以索引、改变。

3）不同类型的 Tensor 之间应可以相互转换。

4）Tensor 应该支持常见的数值计算，比如加、减、乘、除等。

5）Tensor 的设备应该可以在 CPU 和 GPU 之间切换。

PyTorch 的 Tensor 类提供了众多功能，是神经网络构建和训练过程中最重要的数据结构，它的主要结构如图 2.3 所示。

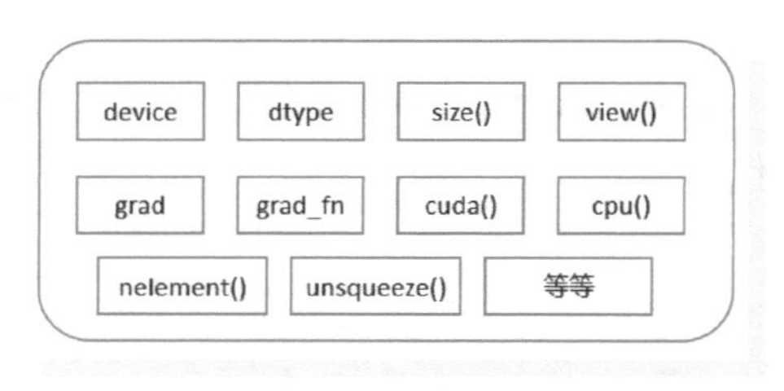

● 图 2.3 Tensor 类的主要属性

2.4.1 数值类型

PyTorch 中包含了不同数值类型的 Tensor，比如 8 位有符号整型、8 位无符号整型、32 位浮点数和 64 位浮点数等。每种张量都具有 CPU 和 GPU 两种类型，表 2.1 展示了部分类型。

表 2.1 PyTorch 数据类型

数据类型	CPU	GPU
32 位浮点数	torch. FloatTensor	torch. cuda. FloatTensor
64 位浮点数	torch. DoubleTensor	torch. cuda. DoubleTensor
8 位有符号整型	torch. CharTensor	torch. cuda. CharTensor
8 位无符号整型	torch. ByteTensor	torch. cuda. ByteTensor
布尔类型	torch. BoolTensor	torch. cuda. BoolTensor

在 C、C++和 Java 等常见的编程语言中，也会提供不同精度的变量，这与 PyTorch 是类似的，用户可以根据不同的精度需求选择不同的数据类型。

2.4.2 创建方法

一般情况下，使用 PyTorch 定义的神经网络所需要的输入都是 Tensor 类型。所以，首先应该了解如何构建 Tensor 类型的数据，下面将对几种常用的构建方式进行介绍。

（1）从内置数据类型创建

Python 语言包含众多的内置数据类型，其中的 list 类型可以用于创建 Tensor 对象，可以把 list 看作是数组定义。创建的方式是调用 torch. tensor 函数，torch. tensor 的第一个参数为 Tensor 的数据，第二个参数 dtype 为张量的数值类型，代码如下。

```
1.  import torch
2.
3.  x1 = [1, 2, 3]
4.  x1_tensor = torch. tensor ( x1, dtype=torch. int32 )
5.  print ( x1_tensor )
6.  # tensor ( [1, 2, 3], dtype=torch. int32 )
```

此外，也可以使用 torch. Tensor 类进行 Tensor 的创建，需要注意 torch. Tensor 类创建的 Tensor 默认的类型是 torch. float32，代码如下。

```
1.  x = torch.Tensor([1, 2, 3])
2.  print(x, x.dtype)
3.  # 输出结果:
4.  # tensor([1., 2., 3.]) torch.float32
```

（2）从 numpy 创建

numpy 是一个功能强大的科学计算库，读者可以使用 pip install numpy 或者 conda install numpy 对 numpy 进行安装。PyTorch 支持 numpy 的 array 类型转为 torch 的 Tensor 类型，用到的函数是 torch. from_numpy，代码如下。

```
1. import numpy as np
2.
3. x2_numpy = np. array ( [1, 2, 3] )
4. x2_tensor = torch. from_numpy ( x2_numpy )
5. print ( x2_tensor )
6. #输出: tensor ( [1, 2, 3], dtype=torch. int32 )
```

（3）从已有 Tensor 创建新的 Tensor

PyTorch 允许用户通过已有的 Tensor 创建新的 Tensor，已有的 Tensor 提供形状信息，新创建的 Tensor 将使用特定的数值进行填充，比如 torch. ones_like 方法可以创建数值为 1 的张量，代码如下。

```
1. x3_tensor = torch.ones_like(x2_tensor)
2. print(x3_tensor)
3. #输出:tensor([1, 1, 1], dtype=torch.int32)
```

（4）创建随机值或特定值的 Tensor

通过指定 Tensor 的尺寸信息，可以创建具有随机值的 Tensor，比如使用 torch. randn 函数创建符合高斯分布的随机张量；也可以创建具有某个特定值的 Tensor，比如通过 torch. zeros 函数创建全为 0 的张量，代码如下。

```
1. size = [1, 3]
2. x4_tensor = torch.randn(size)
3. x5_tensor = torch.zeros(size)
4. print(x4_tensor)
5. print(x5_tensor)
6. #tensor([[0.9306, 0.3131, 0.5407]])
7. #tensor([[0., 0., 0.]])
```

2.4.3 类型转换

不同数值类型的张量之间可以进行转换，下面的示例展示了不同精度浮点型张量的转换。首先定义了 32 位的整型张量 x，然后使用张量的 half 方法、float 方法和 double 方法进行精度转换，代码如下。

```
1. x = torch.tensor([1, 2, 3], dtype=torch.int32)
2. print("x dtype: ", x.dtype)
3. x = x.half()
```

```
4.  print("x dtype: ", x.dtype)
5.  x = x.float()
6.  print("x dtype: ", x.dtype)
7.  x = x.double()
8.  print("x dtype: ", x.dtype)
9.
10. #输出结果:
11. #xdtype:  torch.int32
12. #xdtype:  torch.float16
13. #xdtype:  torch.float32
14. #xdtype:  torch.float64
```

在某些情况下，使用32位的整型张量和32位浮点型张量都能完成计算任务，这时应该尽可能选择低精度的类型，这样可以节约内存的使用。

2.4.4 维度分析

在编写代码的过程中，可以通过 Tensor 包含的方法获得它的维度信息。ndimension 方法用于获得张量的维度，nelement 方法可以返回张量包含的元素总数，size 方法提供了张量的尺寸信息，代码如下。

```
1.  import torch
2.
3.  x = torch.randn(1, 3, 4, 4)
4.  print("ndimension: ", x.ndimension())
5.  print("nelement: ", x.nelement())
6.  print("size: ", x.size())
7.  print("shape: ", x.shape)
8.  #输出结果
9.  #ndimension:  4
10. #nelement:  48
11. #size:  torch.Size([1, 3, 4, 4])
12. #shape:  torch.Size([1, 3, 4, 4])
```

此外，也可以通过 view 方法改变 Tensor 的维度，这个操作在卷积神经网络的前向计算中较为常用。值得注意的是，如果 view 方法的某个参数值为-1，PyTorch 会根据其他维度自动计算这一维度的大小，代码如下。

```
1.  x_view = x.view(1, 3, 4 * 4)
2.  print("x_view: ", x_view.size())
3.  x_view = x.view(1, -1)
4.  print("x_view: ", x_view.size())
5.  #输出结果
6.  #x_view:  torch.Size([1, 3, 16])
7.  #x_view:  torch.Size([1, 48])
```

Tensor 的 transpose 方法同样能够改变张量的维度，下面的代码将原本 2 行 3 列的张量变换成 3 行 2 列的张量。

```
1.  x = torch.randn(2, 3)
2.  print(x)
3.  x_trans = x.transpose(1, 0)
4.  print(x_trans)
5.  # 输出结果:
6.  # tensor([[-0.6668,  0.2579, -0.9531],
7.  #         [-0.3596,  1.0273, -0.9150]])
8.  # tensor([[-0.6668, -0.3596],
9.  #         [ 0.2579,  1.0273],
10. #         [-0.9531, -0.9150]])
```

有时需要对 Tensor 的维度进行增加或者删除。以单一维度的操作为例：使用 squeeze 方法可以删除 1 维度，此时张量的数据内容不变；使用 unsqueeze 方法可以增加 1 维度，此时张量的数据内容同样保持不变，代码如下。

```
1.  x = torch.randn(1, 3, 16, 16)
2.  x = x.squeeze(0)
3.  print(x.size())
4.  x = x.unsqueeze(0)
5.  print(x.size())
6.  # 输出结果
7.  # torch.Size([3, 16, 16])
8.  # torch.Size([1, 3, 16, 16])
```

2.4.5 常用操作

本节对 Tensor 的一些常用操作进行介绍，读者可以参考 PyTorch 网站中 Tensor 类的 API，并在 Python 环境中使用 dir（torch. Tensor）命令查看其属性和方法。

（1）获取 Tensor 存储地址

有时需要判断不同引用指向是否为同一 Tensor。比如，Tensor 的 clone 方法和 detach 方法可以用于获取和原 Tensor 内容相同的新 Tensor。那么新的 Tensor 和原 Tensor 是否在地址上是相同的呢？此时可以通过 Tensor 的 data_ptr 方法进行判断，调用 data_ptr 方法将返回张量的存储地址，代码如下。

```
1.  x = torch.tensor([1, 2])
2.  y = torch.tensor([1, 2])
3.  # 通过复制 y 获得 z
4.  z = y.clone()
5.  # 将 y 从计算图中分离
6.  q = y.detach()
```

```
7.  print(x.data_ptr())
8.  print(y.data_ptr())
9.  print(z.data_ptr())
10. print(q.data_ptr())
11. #输出结果:
12. #1772260424512
13. #1772260423424
14. #1772260424384
15. #1772260423424
```

从上面代码的输出结果可以看出，通过 clone 方法获得的张量与原始张量的内存地址是不同的，通过 detach 方法获得的张量与原始张量的内存地址是相同的。

（2）切片索引

Tensor 的切片索引方式和 numpy 非常类似，下面的代码展示了如何对 Tensor 进行索引操作。

```
1.  x = torch.tensor([1, 2, 3, 4, 5])
2.  #获取区间 1~3 的数值
3.  print(x[1:3])
4.  #获取全部数值
5.  print(x[:])
6.  #获取最后一个数值
7.  print(x[-1])
8.
9.  #输出结果
10. #tensor([2, 3])
11. #tensor([1, 2, 3, 4, 5])
12. #tensor(5)
```

（3）拼接不同的 Tensor

torch.cat 函数提供了拼接不同 Tensor 的功能，在神经网络的前向计算中经常会用到拼接操作。torch.cat 需要指定两个参数，第一个参数 tensors 表示需要拼接的所有 Tensor 对象，第二个参数 dim 表示在哪个维度上进行拼接，代码如下。

```
1.  x1 = torch.tensor([1, 2])
2.  x2 = torch.tensor([3, 4])
3.  x3 = torch.tensor([5, 6])
4.
5.  x_cat = torch.cat(tensors=(x1, x2, x3), dim=0)
6.  print(x_cat)
7.  #输出:tensor([1, 2, 3, 4, 5, 6])
```

在拼接不同的 Tensor 时，需要保证各 Tensor 除堆叠维度外其他维度是一致的，否则无法完成拼接。

(4) 四则运算

四则运算是 PyTorch 的基本功能之一，有三种途径完成四则运算，以加法和减法为例。

第一种方式是使用 torch. add 函数和 torch. sub 函数，代码如下。

```
1.  x1 = torch.tensor([[1, 2], [3, 4]])
2.  x2 = torch.tensor([[1, 2], [3, 4]])
3.  print(torch.add(x1, x2))
4.  print(torch.sub(x1, x2))
5.  # tensor([[2, 4],
6.  #         [6, 8]])
7.  # tensor([[0, 0],
8.  #         [0, 0]])
```

第二种方式是“inplace”（原地）的加法函数和减法函数，分别对应 Tensor 的 add_方法和 sub_方法，通常“inplace”操作的标识是方法名以单个下画线结尾，代码如下。

```
1.  print(x1.add_(x2))
2.  x1 = torch.tensor([[1, 2], [3, 4]])
3.  print(x1.sub_(x2))
4.  # tensor([[2, 4],
5.  #         [6, 8]])
6.  # tensor([[0, 0],
7.  #         [0, 0]])
```

第三种方式是直接使用 x1+x2，此时将调用重载的加法运算符。除了上述示例的加法和减法操作以外，torch 中还包含了乘法和除法等数值运算功能，使用方法同上。

(5) 逐元素乘法和矩阵乘法

逐元素乘法由 torch. mul 函数实现，矩阵乘法由 torch. mm 函数实现。在使用乘法操作时，一定要注意目标是逐元素乘法还是矩阵乘法，使用错误可能产生不易检查出的漏洞，代码如下。

```
1.  x1 = torch.tensor([[1, 2], [3, 4]])
2.  x2 = torch.tensor([[1, 2], [3, 4]])
3.  print(torch.mul(x1, x2))
4.  print(torch.mm(x1, x2))
5.  # tensor([[ 1,  4],
6.  #         [ 9, 16]])
7.  # tensor([[ 7, 10],
8.  #         [15, 22]])
```

2.5 数据读取与预处理

在使用 PyTorch 进行神经网络的训练时，需要以 mini-batch 的形式读取图像数据，并对数据进行预处理，最终转换为可以放在 GPU 上的张量类型。在 torch 和 torchvision 中提供了众多公开数据集和数据读取模块，这些预定义的数据集和封装的函数极大地提升了用户的开发效率，使得用户不需要从头实现数据的读取过程。不过这些预定义的数据集并不能满足全部的现实需求，所以需要学习如何自定义数据读取流程。本节将对 PyTorch 的数据模块进行全面的讲解，主要包括下面的内容。

- 图像读取、展示和存储。
- 如何使用官方提供的数据集和对应的数据读取机制。
- 使用 ImageFolder 读取分类形式的数据集。
- 通过 torchvision. transforms 完成图像的预处理和数据增强。
- 通过 torch. utils. data. Dataset 和 torch. utils. data. DataLoader 实现自定义数据读取流程。

2.5.1 图像读取与存储

本书的示例都是围绕计算机视觉任务展开的，所以各章的代码中都包含了图像的读取、缩放和存储等操作。在 Python 中，常用的图像相关模块包括 matplotlib、scikit-image、PIL、opencv-python 和 imageio（内置库）等。本书采用了 PIL 模块配合 PyTorch 进行数据读取和存储，下面将对本书中使用的库以及库的相关功能进行介绍。

（1）读取图片

图像库 opencv-python、imageio 和 PIL 等都具有图像读取的功能，不同的库在数据读取时解码原理是相同的。本书使用最多的是 PIL 库，它其中包含的 Image 类提供了读取图片的功能，能够完成多种格式图像数据的读取，比如常见的 jpg 和 png 格式。在下面代码中，首先展示了如何读取本地图像“desk. jpg”，然后通过 Image 类的 width 和 height 属性获得图像的宽度和高度信息，并使用 resize 方法对原始图像进行缩放操作。

```
1.  import PIL
2.  from PIL import Image
3.
4.  # 读取本地图片
5.  image = Image.open("desk.jpg")
6.  print("image width ",image.width)
7.  print("image height", image.height)
8.
9.  image = image.resize(size=(256, 256), resample=PIL.Image.NEAREST)
10. print("image width ",image.width)
11. print("image height", image.height)
12.
13. # 输出结果:
```

```
14.  # image width  400
15.  # image height 300
16.  # image width  256
17.  # image height 256
```

Image 的创建也可以通过 numpy 完成。在本书的后续示例中，神经网络的预测输出可以转换为 numpy 数据，然后通过 Image 类进行保存。下面的示例代码使用 numpy 创建了一张渐进亮度的图像，并通过 Image 的 fromarray 方法将 numpy 的数组转为 Image 对象，然后保存这张渐进亮度的图像。

```
1.  import numpy as np
2.
3.  # 创建数值为[1, 2, 3,.., 255]的数组
4.  line = np.linspace(0, 255, 256)
5.  line = np.expand_dims(line, 0)
6.  image = np.tile(line, (256, 1))
7.  print("Image shape ", image.shape)
8.  # 输出结果:
9.  # Image shape  (256, 256)
10. image = image.astype(np.uint8)
11. # 从 numpy 创建 Image 对象
12. image = Image.fromarray(image)
13. # 保存图片
14. image.save("gradual_light.jpg")
```

上述代码创建的图像亮度从左至右逐渐增强，如图 2.4 所示。

图 2.4　强度渐变的图像

（2）使用 matplotlib 库显示和保存图像

matplotlib 库可以完成图像的展示和曲线图的绘制功能，通过添加子图可以同时展示出多张图像，并可以设置坐标轴信息、标题和分辨率等。下面的代码展示了如何通过 matplotlib. pyplot 模块同时展示多张图像。

```
1.  import numpy as np
2.  from PIL import Image
3.  import matplotlib.pyplot as plt
4.
5.  image = Image.open("desk.jpg")
6.  # 将图片转为数组类型
7.  image = np.array(image)
8.  plt.figure(figsize=(6, 5))
```

```
9.
10. # 子图的行列数量
11. rows =2
12. cols =2
13.
14. for i in range(rows *  cols):
15.     # 创建子图
16.     plt.subplot(rows, cols, i + 1)
17.     # 设置子图的标题和内容
18.     plt.title("Figure " + str(i))
19.     plt.imshow(image)
20.
21. # 指定保存的名称和分辨率
22. plt.savefig("9_desks.jpg", dpi=500, bbox_inches='tight')
23. plt.show()
```

运行上述代码将得到图 2.5 所示的 4 张子图。在后面的示例中，将多次使用 matplotlib 完成绘图操作，读者可以尝试改变上述代码中的行数量、列数量和标题等设置。

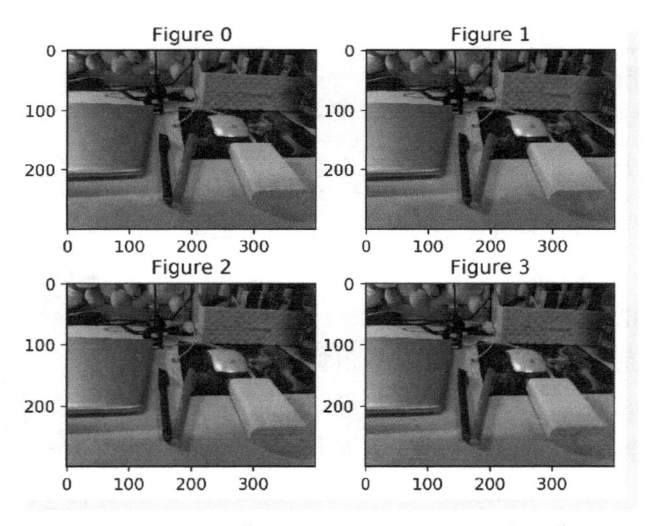

图 2.5　使用 plt. subplot 展示 4 张图像

2.5.2　调用 PyTorch 官方数据集

在 torchvision 库中包含了很多开源数据集，这些数据集可以用于图像分类、分割和检测等任务，主要包括 MNIST、FashionMNIST、COCO（Captioning and Detection）、LSUN Classification、ImageFolder、Imagenet-12、CIFAR10 and CIFAR100、STL10 和 SVHN。

首先需要从 torchvision 中导入 dataset 模块，本节演示的 FashionMNIST 数据集对应的是 dataset. FashionMNIST 类。下面的代码展示了如何从网络端下载 FashionMNIST 数据集到本地。

```
1.  import torch
2.  from torchvision import datasets
3.  from torch.utils.data import Dataset
4.  from torchvision.transforms import ToTensor
5.  import matplotlib.pyplot as plt
6.  import numpy as np
7.
8.  # root 参数代表下载的数据集的存储路径
9.  # train 参数指示需要的是训练数据集还是测试数据集
10. # download 参数为 True 时将执行下载操作
11. # transform 参数是需要对数据执行的变换
12. training_data = datasets.FashionMNIST(
13.     root="data/FashionMNIST/",
14.     train=True,
15.     download=True,
16.     transform=ToTensor()
17. )
18. # 下载测试数据
19. test_data = datasets.FashionMNIST(
20.     root="data/FashionMNIST/",
21.     train=False,
22.     download=True,
23.     transform=ToTensor()
24. )
```

执行上述代码后，数据集将下载到指定的文件夹 data/FashionMNIST/中。接下来，需要随机地从数据集中选择一些图像进行可视化操作。对数据集进行可视化操作将贯穿整本书，检查数据读取函数的正确性是整个应用构建流程中非常重要的一部分，代码如下。

```
1.  # 每种标签数值对应的类别名称
2.  labels_map = {
3.      0:"T-Shirt",
4.      1:"Trouser",
5.      2:"Pullover",
6.      3:"Dress",
7.      4:"Coat",
8.      5:"Sandal",
9.      6:"Shirt",
10.     7:"Sneaker",
11.     8:"Bag",
12.     9:"Ankle Boot",
13. }
14. figure =plt.figure(figsize=(7, 7))
```

```
15.  cols, rows = 3, 3
16.  # 根据数据集的数据量 len(training_data),随机生成 9 个位置坐标
17.  positions = np.random.randint(0, len(training_data), (9,))
18.  for i in range(9):
19.      img, label = training_data[positions[i]]
20.      plt.subplot(rows, cols, i + 1)
21.      plt.tight_layout(pad=0.05)
22.      # 每个子图的标题设置为对应图像的标签
23.      plt.title(labels_map[label])
24.      plt.axis("off")
25.      plt.imshow(img.squeeze(), cmap="gray")
26.  plt.savefig("fashion_mnist.png")
27.  plt.show()
```

上面代码中的 labels_map 是一个字典，它的键是数值，并且标签是字符串类型，labels_map 的作用是给出每种类别对应的数值。然后，通过 matplotlib. pyplot 模块随机展示数据集中的 9 张图像，如图 2. 6 所示。

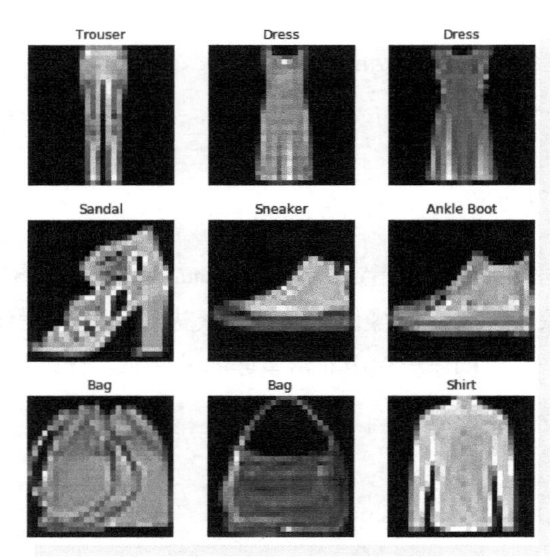

• 图 2. 6　FashionMINST 图像示例

2. 5. 3　ImageFolder

在 torchvision. dataset 模块中提供了用于数据读取的 ImageFolder 类，其构造函数如下。

```
1.  ImageFolder( root, transform=None, target_transform=None,
2.             loader=<function default_loader at0x000001F8FEA57EA0>,
3.             is_valid_file=None)
```

root 参数是数据的存储路径，transform 参数代表需要进行的变换，关于 transfrom 的知识将在后面的章节进行介绍。首先需要将不同类别的图像进行分类，并且分别放入不同的文件夹中，文件结构如下所示。

```
data/
  men/
      1.jpg
      2.jpg
      …
      m.jpg
  women/
      1.jpg
      2.jpg
      …
      n.jpg
```

运行下述代码之前需要在 men 和 women 文件夹下各放置一张图像，均命名为 1. jpg。然后指定 ImageFolder 的 root 参数完成 image_folder 对象的创建。image_folder 包含了 3 个主要属性：classes 属性代表数据集包含的类别，即每类图像对应的文件夹名称；class_to_idx 属性提供了类别名称到数值标签的转换；imgs 属性给出了数据集中每个元素的路径和数值标签。

```
1.  from torchvision import transforms
2.  from torchvision.datasets import ImageFolder
3.  import matplotlib.pyplot as plt
4.
5.  image_folder =ImageFolder(root="data/")
6.  print("all classes: ", image_folder.classes)
7.  print("class with label index: ", image_folder.class_to_idx)
8.  print("path of images: ", image_folder.imgs)
9.  #输出结果:
10. #['men', 'women']
11. #{'men': 0, 'women': 1}
12. #[('data_class/men\\1.jpg', 0), ('data_class/women\\1.jpg', 1)]
```

接下来遍历 image_folder，读取其中包含的内容，代码如下。

```
1.  for data in image_folder:
2.      print(data)
3.  #输出结果:
4.  # (<PIL.Image.Image image mode=RGB size=250x250 at 0x1F882513198>, 0)
5.  # (<PIL.Image.Image image mode=RGB size=600x800 at 0x1F882513358>, 1)
```

通过遍历 image_folder 所获得的每个元素都是元组类型。元组的第一个元素是由 PIL. Image. Image 所表示的图像对象，第二个元素是类别标签，代码如下。

```
1.  # 分别获取图像和标签
2.  img_0, class_0 = image_folder[0]
3.  img_1, class_1 = image_folder[1]
4.
5.  # 展示图像和对应的标签
6.  plt.figure(figsize=(7, 7))
7.  plt.subplot(1, 2, 1)
8.  plt.imshow(img_0)
9.  plt.title(image_folder.classes[0])
10. plt.subplot(1, 2, 2)
11. plt.imshow(img_1)
12. plt.title(image_folder.classes[1])
13.
14. plt.savefig("men_women.png", dpi=500, bbox_inchs="tight")
15. plt.show()
```

上述代码展示了 image_folder 中每个元素的图像和标签，可视化操作结果如图 2.7 所示。

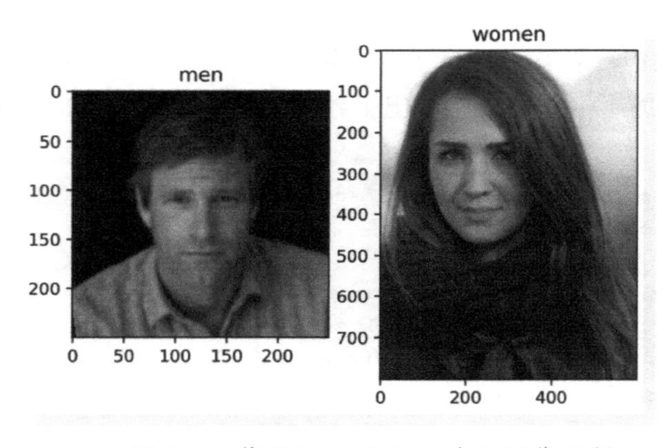

• 图 2.7　使用 ImageFolder 读取图像示例

2.5.4　图像处理 torchvision. transforms

使用 PIL. Image 进行图像的读取后，还不能直接将 PIL. Image. Image 类型的数据放入神经网络中。根据不同的实际需求，需要对图像数据进行不同的预处理。在 torchvision. transforms 模块中提供了众多的预处理功能，下面将对一些常用的功能进行介绍。

(1) transforms. Resize

原始数据集中的图像数据所来自的物理设备可能是多样的，每张图像长度和宽度并不一定相同。为了将多张图像组合为一个 batch（批次）作为神经网络的输入，需要对它们使用 Resize 操作，将它们缩放为相同的尺寸。这个功能可以通过 transforms. Resize 实现，代码如下。

```
1.  from torchvision import transforms
2.  import torch
3.  import numpy as np
4.  from PIL import Image
5.
6.  image = Image.open("desk.jpg")
7.  print("image before resize:", image.width, image.height)
8.  resize = transforms.Resize(size=(256, 256))
9.  image = resize(image)
10. print("image after resize:", image.width, image.height)
11. #输出结果:
12. #image before resize: 400 300
13. #image after resize: 256 256
```

（2） transforms. ToTensor

对于 PIL、opencv-python 和 imageio 等图像处理库来说，三通道图像的存储格式是 HWC 方式，即通道处于最后一个维度。但是在 PyTorch 中，网络输入图像数据的格式是 CHW，所以需要进行维度的变换，使用 transforms. ToTensor 可以完成 HWC 到 CHW 的转换。此外，transforms. ToTensor 还会将数值范围缩放到 0~1，代码如下。

```
1.  print("min before to tensor:", np.array(image).min())
2.  print("max before to tensor:", np.array(image).max())
3.  print("shape before to tensor", np.array(image).shape)
4.  to_tensor = transforms.ToTensor()
5.  image = to_tensor(image)
6.  print("min after to tensor:", image.min())
7.  print("max after to tensor:", image.max())
8.  print("shape after to tensor", image.shape)
9.  #输出结果:
10. #min before to tensor: 1
11. #max before to tensor: 255
12. #shape before to tensor (256, 256, 3)
13. #min after to tensor: tensor(0.0039)
14. #max after to tensor: tensor(1.)
15. #shape after to tensor torch.Size([3, 256, 256])
```

（3） transform. Normalize

对于含有 n 个通道的张量，给定均值 {mean[1],mean[2],⋯,mean[n]} 和方差 {std[1],std[2],⋯,std[n]}，第 i 个输出张量为 output[i]=(input[i]−mean[i])/std[i]，实现代码如下。

```
1.  normalize = transforms.Normalize(mean=(0.5, 0.5, 0.5),
2.                                   std=(0.5, 0.5, 0.5))
3.  image = normalize(image)
```

```
4.  print("min after normalize:", image.min())
5.  print("max after normalize:", image.max())
6.  #输出结果:
7.  #min after normalize: tensor(-0.9922)
8.  #max after normalize: tensor(1.)
```

（4） transforms. Compose

通常情况下，实现复杂的预处理功能需要串联使用多个预处理操作，transforms. Compose 可以完成多个操作组合应用功能。下面代码展示了如何将 Resize、ToTensor 和 Normalize 同时应用到 image 中。

```
1.  image = Image.open("desk.jpg")
2.  compose = transforms.Compose([
3.      transforms.Resize(size=(256, 256)),
4.      transforms.ToTensor(),
5.      transforms.Normalize(mean=(0.5, 0.5, 0.5), std=(0.5, 0.5, 0.5))
6.  ])
7.  image = compose(image)
8.  print("image size:", image.size())
9.  print("image min:", image.min())
10. print("image max:", image.max())
11. #输出结果:
12. #image size: torch.Size([3, 256, 256])
13. #image min: tensor(-0.9922)
14. #image max: tensor(1.)
```

（5） ToPILImage

当神经网络的输出代表图像数据时，数据张量的格式是 CHW，其中 C、H 和 W 分别代表通道数量、高度和宽度。为了将此 Tensor 保存为图像格式，可以使用 transforms. toPILImage 获取 Image 对象，然后使用 Image. save 方法将图像保存到本地。下面代码首先通过 transforms. ToTensor 将 Image 类型转为 Tensor 类型，然后通过 transforms. ToPILImage 将 Tensor 类型转为 Image 类型。

```
1.  image = Image.open("desk.jpg")
2.  #将 Image 转为 Tensor
3.  to_tensor = transforms.ToTensor()
4.  tensor_image = to_tensor(image)
5.
6.  #将 Tensor 转为 Image
7.  to_pil = transforms.ToPILImage()
8.  pil_image = to_pil(tensor_image)
9.  pil_image.save("new_desk.jpg")
```

2.5.5 数据读取类 Dataset

前面介绍了如何使用预定义的数据集和 ImageFolder 类，但是这些功能并不能完全地满足实际需求。为了更加灵活地进行数据的读取，需要自定义数据集读取类。**torch. utils. data. Dataset** 类是整个数据读取过程中最重要的一个基类，自定义的数据读取类需要继承 Dataset 类并且提供 3 个核心方法的具体实现，代码如下。

```
1.  from torch.utils.data import Dataset
2.
3.  class MyDataset(Dataset):
4.      def _init_(self):
5.          pass
6.
7.      def _len_(self):
8.          pass
9.
10.     def _getitem_(self, idx):
11.         pass
```

上面定义的 MyDataset 有 3 个需要实现的方法：第一个方法 _init_ 负责初始化整个类，如完成类实例属性的赋值；第二个方法 _len_ 需要返回数据集中数据的个数，对 MyDataset 实例使用 Python 内置的 len 函数时，所调用的实际上是 MyDataset 的 _len_ 方法；第三个方法 _getitem_ 负责从数据集中读取一条数据，其中 idx 代表数据对应的索引。下面的示例代码展示了读取图像数据的方式。

```
1.  import os
2.  from PIL import Image
3.  import torchvision.transforms as tf
4.
5.  class MyDataset(Dataset):
6.      def _init_(self, img_dir, transform):
7.          self.img_dir = img_dir
8.          # 获取图像路径下的所有文件
9.          self.img_files = os.listdir(self.img_dir)
10.         self.transform = transform
11.
12.           # 确保路径下的文件数目不等于 0
13.           if len(self.img_files) == 0:
14.               raise ValueError("No data in img_dir!")
15.
16.      def _len_(self):
17.           return len(self.img_files)
```

```
18.
19.     def _getitem_(self, idx):
20.         # 打开 idx 对应的图片
21.         img = Image.open(os.path.join(self.img_dir, self.img_files[idx]))
22.         # 对图像进行处理,以满足后续的任务要求
23.         img = self.transform(img)
24.         return img, self.img_files [idx]
```

在初始化方法 _init_ 中，可以提供图像数据的存储路径 img_dir，以及预处理过程的 transform 操作。接下来，使用 os. path. listdir 方法扫描 img_dir 里面的所有文件，并将文件名列表存储到 self. img_files 中。

在 _len_ 方法中返回了 self. img_files 的长度，也就是数据集中文件的个数。为了简化理解的难度，并没有对 img_dir 中的数据格式进行检查。在本书的源码中，展示了如何检查 img_dir 中的文件是否为 png、jpg 和 bmp 等常见的图像格式。

getitem 方法的第二个参数 idx 代表数据索引，它的取值应该小于数据集的总文件数目。通过 Python 的索引语法，可以指定 idx 的值以获取对应的数据。_getitem_ 方法返回了两个值，第一个值是图像数据 img，第二个值是数据文件名。下面的示例代码展示了如何使用 _len_ 方法和 _getitem_ 方法。

```
1. my_dataset =MyDataset("data/", tf.ToTensor())
2. print(len(my_dataset))
3. print(my_dataset[0][0].size(), my_dataset[0][1])
4. # 输出结果:
5. # 4
6. # torch.Size([3, 256, 256]) 2011-06-20 08_47_21.jpg
```

第一行代码中 tf. ToTensor 的作用是将 PIL 的 Image 对象转为 torch 的 Tensor 类型，此时调用的是 my_dataset 的 _init_ 方法。第二行代码将会输出数据集的文件个数，len（my_dataset）会调用 my_dataset 的 _len_ 方法。第三行代码中的 my_dataset ［0］代表目标是取出数据集中的第 0 个元素，此时会调用 _getitem_ 方法，idx 参数的值为 0，my_dataset ［0］［0］ 和 my_dataset ［0］［1］ 分别代表 _getitem_ 方法返回的图像数据和图像文件名。对于本书后续章节的各项任务，用于数据集读取的类具有一致的代码实现思路。接下来需要测试图像数据的读取是否正确，在运行下面的代码之前需要在当前目录的“data”文件夹内放置 4 张以上的图片。

```
1. import matplotlib.pyplot as plt
2. plt.figure(figsize=(7, 7))
3. for i in range(4):
4.     plt.subplot(2, 2, i+1)
5.     plt.imshow(my_dataset[i][0].numpy().transpose(1, 2, 0))
6.     plt.title(my_dataset[i][1])
```

```
7.  plt.savefig("check_dataset.png", dpi=500, bbox_inches="tight")
8.  plt.show()
```

运行上述代码将会展示出 my_dataset 的前 4 个图像数据和对应的名字，如图 2.8 所示。读者可以增加检查样本的数量，并核对每张图像和对应的图像名称是否一致。

● 图 2.8 自定义 Dataset 读取图像示例

2.5.6 DataLoader 的创建和遍历

通过继承 torch. utils. data. Dataset 实现的 MyDataset 类，可以对数据集进行一次性的检索，使得用户可以通过索引变量 idx 获得每一条数据。在训练神经网络的过程中，往往需要进行 “mini-batch” 的训练，比如每次迭代从数据集中选择 4 张图像，并保证每次选择都是随机的。PyTorch 提供了 torch. utils. data. DataLoader 类用于实现更加丰富的数据读取功能，DataLoader 类的定义如下。

```
1.  DataLoader(dataset, batch_size=1, shuffle=False, sampler=None,
2.             batch_sampler=None, num_workers=0, collate_fn=None,
3.             pin_memory=False, drop_last=False, timeout=0,
4.             worker_init_fn=None, * , prefetch_factor=2,
5.             persistent_workers=False)
```

DataLoader 包含的参数较多，大部分的参数都具有默认的值，不同的参数设定方式将导致不同的数据读取行为。这些参数的含义如下。

- dataset：通过继承 torch. utils. data. Dataset 获得的数据集对象。
- batch_size：每次迭代网络输入的数据数目。
- shuffle：是否对数据集执行打乱操作。
- sampler：定义采样器。
- num_workers：使用的进程数量。
- collate_fn：拼接方式。
- pin_memeory：是否将数据加载到 pin_memory 区。
- drop_last：是否将不足一个 batch 的数据丢弃。

下面的代码展示了如何创建 DataLoader 对象，并将前一节定义的 my_dataset 对象作为参数，以获取其中的数据。

```
1.  from torch.utils.data import DataLoader
2.  # 定义 dataloader
3.  my_dataloader = DataLoader(dataset=my_dataset,
4.                            batch_size=4,
5.                            shuffle=True,
6.                            num_workers=0)
7.
8.  plt.figure(figsize=(7, 7))
9.  rows =2
10. cols =2
11. # 获取一个 batch 的数据
12. batch = next(iter(my_dataloader))
13. # batch 的第一个元素是图像数据,第二个数据是图像路径
14. img = batch[0]
15. path = batch[1]
16. for i in range(rows* cols):
17.     plt.subplot(rows, cols, i+1)
18.     plt.imshow(img[i].numpy().transpose(1, 2, 0))
19.     plt.title(path[i])
20. plt.savefig("check_dataloader.png", dpi=500, bbox_inches="tight")
21. plt.show()
```

由于代码中将 my_dataloader 的 shuffle 参数设定为 True，所以它将会执行打乱操作，也就是从数据集中进行随机的数据采样。每次运行上述代码可能会得到不同的结果，如图 2.9 所示。

● 图 2.9　DataLoader 读取图像示例

2.5.7　数据增强

数据增强是计算机视觉任务中的常用策略，在不增加新样本的情况下，通过一些图像处理策略可以获得一些新模式的样本。在 torchvision 中提供了很多数据增强方法，本节将选择具有代表性的增强方法进行介绍。torchvision 的图像数据增强功能有两种使用方式：第一种是随机的，可以使用 torchvision. transforms 模块实现；第二种是确定性的，可以使用 torchvision. transforms. functional 模块实现。随机的是指不需要控制增强过程的参数，确定性的是指需要指定增强过程的参数。当然，两种方式的划分并不严格，为了便于读者理解，本节采用了这种划分方式。

（1） torchvision. transforms 模块

假设当前正在进行某个图像分类模型的训练，为了达到数据扩充效果，需要对当前读取的图像进行随机的裁剪、水平镜像或者旋转操作，在 torchvision 中提供了这 3 种操作的实现。在 torchvision. transforms 中对应的类分别是 RandomCrop、RandomHorizontalFlip 和 RandomRotation。下面的示例代码展示了这 3 种增强操作的使用方式。

```
1.  import torchvision.transforms as tt
2.  from PIL import Image
3.  import numpy as np
```

```
4.  import matplotlib as mpl
5.  import matplotlib.pyplot as plt
6.  #用于显示中文字体
7.  mpl.rcParams['font.sans-serif']=['SimHei']
8.  mpl.rcParams['axes.unicode_minus']=False
9.  #放在 data 文件夹下的演示图像
10. image = Image.open("data/tree.jpg")
11.
12. def random_crop(img, crop_size):
13.     # crop_size 代表裁剪后的图像尺寸
14.     RC = tt.RandomCrop(crop_size)
15.     rc_img = RC(img)
16.     return rc_img
17.
18. def horizontal_flip(img):
19.     HF = tt.RandomHorizontalFlip()
20.     hf_img = HF(img)
21.     return hf_img
22.
23. def random_rotation(img, degrees):
24.     # degrees 代表随机旋转的角度范围
25.     RR = tt.RandomRotation(degrees)
26.     rr_img = RR(img)
27.     return rr_img
28.
29. rc_img = random_crop(image, (150, 150))
30. hf_img = horizontal_flip(image)
31. rr_img = random_rotation(image, (10, 80))
32. image_list = [image, rc_img, hf_img, rr_img]
33. title_list = ["原始图片", "随机裁剪", "水平翻转", "随机旋转"]
34.
35. plt.figure(figsize=(10, 10))
36. for i in range(4):
37.     plt.subplot(2, 2, i+1)
38.     #设置坐标轴字体大小
39.     plt.xticks(fontsize=20)
40.     plt.yticks(fontsize=20)
41.     plt.title(title_list[i], fontsize=25)
42.     plt.imshow(np.array(image_list[i]))
43. plt.savefig("random.png", dpi=500, bbox_inches="tight")
44. plt.show()
```

上述代码实现的数据增强过程并不是完全可控的，如代码中虽然指定了随机裁剪操作 RandomCrop 的裁剪尺寸 crop_size，但是并没有指定裁剪操作具体在原图的哪个位置进行。图 2.10 展示了一种可能运行结果。

● 图 2.10 transforms 图像增强示例

图 2.10 中的随机裁剪操作获得的新图像 rc_img 的尺寸是（150，150），每次运行上述代码获得的 rc_img 可能是不同的。进行随机水平翻转后的图像 hf_img 可能是和原始图像相同的，也可能是和原始图像水平镜像对称的。随机旋转后的图像的角度范围是可以指定的，上述代码中指定的角度范围是（10，80），所以每次运行时图像可能会被旋转设定范围内的任意角度。

（2）torchvision. transforms. functional 模块

在有些应用场合，需要确定数据增强过程的全部参数。如图像处理领域经典的图像去噪任务，每次迭代的过程中需要读取清晰图像 clear_img 和对应的噪声图像 noise_img，图 2.11 展示了这两种图像。

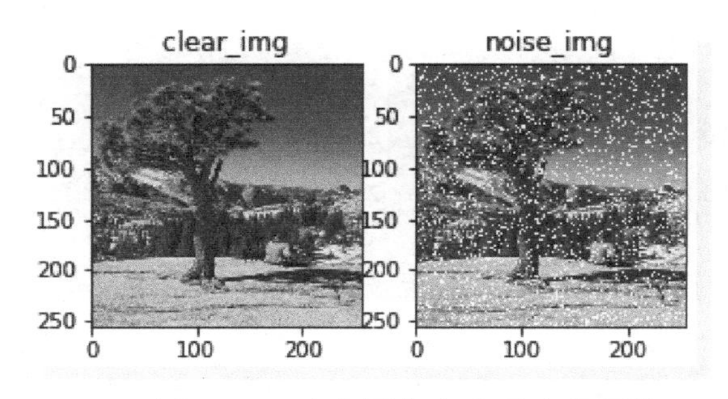

● 图 2.11 清晰图像和有噪声的图像

在有监督的图像去噪训练过程中，clear_img 和 noise_img 的场景内容应该是对应的。如果想要对 clear_img 进行裁剪，那么同样需要对 noise_img 进行裁剪，并且需要保证 clear_img 和 noise_img 的裁剪位置相同。在 torchvision. transforms. functional 中提供了确定性图像增强需要的函数，为了简化表达，将这个包记为 ttf，下文将介绍如何控制擦除和旋转过程的具体参数。

（1）将图像中指定位置的内容擦除

ttf 的 erase 函数提供了确定性的擦除功能，可以指定想要擦除内容的左上角坐标，并指定擦除内容的长和宽，代码如下。

```
1.  def erase(img, position, size):
2.      """
3.      按照指定的位置和长宽擦除
4.      :param ing: 输入图像
5.      :param position: 擦除的左上角坐标
6.      :param size: 擦除的长宽值
7.      :return:返回擦除后的图像
8.      """
9.      img = ttf.to_tensor(img)
10.     erased_image = ttf.to_pil_image(ttf.erase(img=img,
11.                                 i=position[0],  j=position[1],
12.                                 h=size[0], w=size[1], v=1))
13.     return erased_image
14.
15. erased_clear = erase(clear_img, [50, 30], [80, 80])
16. erased_noise = erase(noise_img, [50, 30], [80, 80])
```

运行上述代码，可以获得图 2.12 所示的擦除后的图像，清晰图像和噪声图像在相同位置的内容被擦除了。

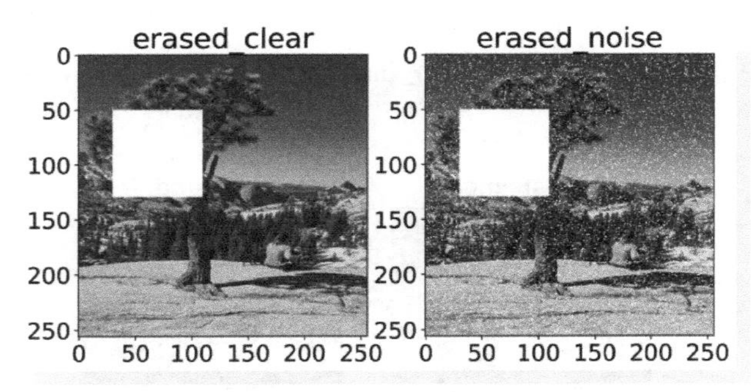

图 2.12　在相同位置被擦除的清晰图像和噪声图像

（2）指定图像旋转的角度

为了能够确保 clear_img 和 noise_img 旋转相同的角度，需要使用 tff 的 rotate 函数，并指定相应的旋转角度，使用方式如下。

```
1.  def rotate(img, angle):
2.      """
3.      :param img: 输入图像
4.      :param angle: 需要对输入图像进行多少角度的旋转
5.      :return:旋转后的图像
6.      """
7.      r_img = ttf.rotate(img=img, angle=angle, resample=Image.NEAREST)
8.      return r_img
9.
10. rotated_clear = rotate(clear_img, 45)
11. rotated_noise = rotate(noise_img, 45)
```

运行上述代码，可以获得图 2.13 所示的旋转 45°的 clear_img 和 noise_img。

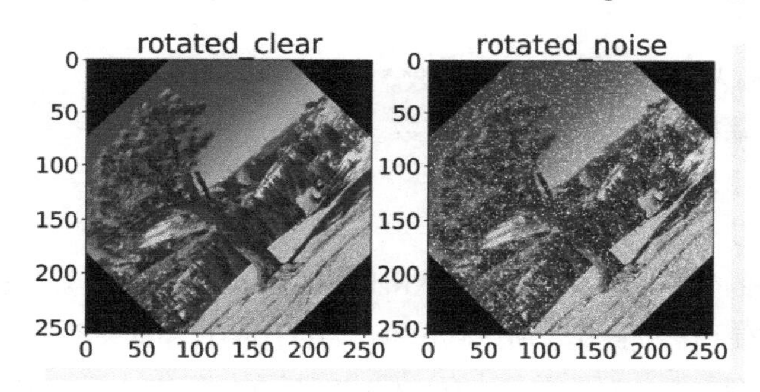

● 图 2.13　旋转相同角度的清晰图像和噪声图像

2.6 nn 模块与网络构建

在深度学习的研究领域，虽然每年都有很多的新型神经网络被提出，但是这些网络的核心层原理大多是类似的。在 PyTorch 中已经把这些层进行了集成，可以很方便地使用它们构建各种神经网络。本书针对的主要是二维图像数据，所以书中使用的示例大多数都是“2D”的，对于“1D”和“3D”模块的使用原理与“2D”模块是类似的。

本节将对 torch. nn 模块进行介绍，nn 模块是构建神经网络的核心工具箱，它提供了很多常用神经网络层的实现。本节介绍的层包括卷积层、批归一化层、池化层、全连接层、激活层、补零层、丢弃层和损失函数层等。

2.6.1 卷积模块的使用

卷积是卷积神经网络中最常用的操作之一。在计算机视觉任务中经常会使用普通卷积、分组卷积、深度可分离卷积、空洞卷积、转置卷积（反卷积）和 3D 卷积等，不同类型的卷积具有不同的应用场景。虽然不同卷积的作用不同，但是在 PyTorch 框架中构建这些卷积操作的方式是相同的。本节以第 1 章介绍的普通卷积为例进行卷积模块的介绍，如不特殊说明则下文中的卷积均代表 2D 卷积。

PyTorch 的卷积模块是 nn. Conv2d，在本书的实例中大部分网络的构建都会用到这个模块。它是整个卷积神经网络技术中最具有代表性的计算模块之一，Conv2d 的构造函数如下。

```
1.  nn.Conv2d(in_channels, out_channels, kernel_size, stride=1,
2.          padding=0, dilation=1, groups=1, bias=True,
3.          padding_mode='zeros', device=None, dtype=None)
```

可以看到 nn. Conv2d 类的初始化函数中多个参数都是具有默认值的，其包含的各参数的含义如下。

- in_channels：输入图像/特征图的通道数。
- out_channels：输出图像/特征图的通道数。
- kernel_size：卷积核的尺寸。
- stride：卷积的步长。
- padding：补 0 的数目。在 PyTorch、MXNet 和 TensorFlow 等工具被广泛使用之前，很多学术论文并没有使用补 0 操作，所以卷积输出特征图的长和宽并不是按照 stride 的整数倍计算的。本书的例子中，为了便于计算过程中特征图长宽的计算，对所有的卷积输出特征图都进行了补 0 操作。这样输入特征图维度和输出特征图维度就都是整数倍的了。
- padding_mode：补 0 模式。常见的补 0 模式包括 zeros、reflect、replicate 和 circular，默认是 zeros。
- dilation：空洞率。代表卷积核的核元素之间的空间距离，取默认值 1 时为普通卷积，大于 1 时代表空洞卷积。
- groups：分组数。
- bias：bool 类型。默认为 True 代表使用卷积计算的偏差项，False 代表不使用卷积计算的偏差项。

nn. Conv2d 卷积输入数据的格式是（batch_size，C，H，W），其中 batch_size 是指在一次迭代中输入网络的数据量；C 代表输入数据的通道数（channel）；H 和 W 分别代表输入数据的长（Height）和宽（Width）。根据不同的需求，需要给 Conv2d 设定不同的参数，下面将对参数的设置方式进行介绍。首先定义卷积操作中各参数对应的符号如下。

- H_{in}/H_{out}代表输入/输出特征图长度，W_{in}/W_{out}代表输入/输出特征图宽度。
- KH 代表卷积核的长度、KW 代表卷积核的宽度。
- PH 代表长度方向补 0 的数目、PW 代表宽度方向补 0 的数目。

- SH 代表长度方向卷积步长、SW 代表宽度方向卷积步长。
- DH 代表长度方向空洞率、DW 代表宽度方向空洞率。
- C_{in}代表输入特征图的通道数、C_{out}代表输出特征图的通道数。

根据上面的符号设定，可以将特征图的输入和输出尺寸的关系表示如下：

$$H_{out}=\frac{H_{in}+2\times \mathrm{PH}-\mathrm{DH}\times(\mathrm{KH}-1)-1}{\mathrm{SH}}+1$$

$$W_{out}=\frac{W_{in}+2\times \mathrm{PW}-\mathrm{DW}\times(\mathrm{KW}-1)-1}{\mathrm{SW}}+1$$

上面的公式总结了 Conv2d 的输入和输出特征图的长宽尺寸计算关系，根据需求选择不同的参数搭配。此外，还需要指定 Conv2d 的输入和输出的通道数。

下面的示例实现了输入和输出特征图长宽相同的卷积计算。根据卷积的计算方式可知，为了保证输入和输出特征图的长宽一致，可以使用步长为 1 的卷积，所以 SH 和 SW 均设置为 1。对于不同的卷积核尺寸（KH，KW），需要计算出对应的补 0 数目（PH，PW），它们的对应关系如下：

$$\mathrm{PH}=\mathrm{int}\left(\frac{\mathrm{KH}}{2}\right)$$

$$\mathrm{PW}=\mathrm{int}\left(\frac{\mathrm{KW}}{2}\right)$$

下面将卷积核尺寸 k_size 分别设置为 1、3、5 和 7，这几种卷积核尺寸是最为常用的。所有卷积过程的步长 stride 均设置为 1，根据上式计算得到的补 0 数目分别为 0，1，2，3。下面的代码对计算进行了验证，运行后将输出 4 行 torch. Size([1，3，300，400])，证明卷积后输出特征图维度和输入相同。

```
1.  import torch
2.  data_in = torch.randn(size=(1, 3, 300, 400))
3.  k_size = [1, 3, 5, 7]
4.  stride = [1, 1, 1, 1]
5.  pad = [0, 1, 2, 3]
6.  # 输入和输出通道数均设为 3
7.  ch_in =3
8.  ch_out =3
9.
10. for i in range(len(k_size)):
11.     conv2d = nn.Conv2d(ch_in, ch_out, k_size[i], stride[i], pad[i])
12.     print(conv2d(data_in).size())
13. # 输出结果:
14. # torch.Size([1, 3, 300, 400])
15. # torch.Size([1, 3, 300, 400])
16. # torch.Size([1, 3, 300, 400])
17. # torch.Size([1, 3, 300, 400])
```

如果想要令输出特征图的长宽设定为输入特征图的一半，则需要将卷积的步长设定为 2。对于空洞卷积等的使用，只需要设定相应的空洞率等参数，此处不再赘述。

2.6.2 批归一化层

批归一化层经常被用于卷积层的后面，用于提升收敛的稳定性。PyTorch 提供了常用的批归一化层，比如不同维度的 BatchNorm 和 InstanceNorm，以及 GroupNrom 等。不同批归一化模块的使用方式是类似的，以 nn. BatchNorm2d 为例，其构造函数如下。

```
1.  nn.BatchNorm2d(num_features, eps=1e-05, momentum=0.1,
2.                 affine=True, track_running_stats=True)
```

第一个参数 num_features 代表输入特征图的通道数量；第二个参数 eps 是为了防止计算过程中分母为 0 而使用的调节因子；第三个参数 momentum 是动量值；第四个参数 affine 代表是否对参数进行更新；第五个参数 track_running_stats 代表是否对均值和方差进行追踪。第 1 章介绍了 BatchNorm 的理论计算过程，在 PyTorch 中使用 BatchNorm 层非常简单，代码如下。

```
1.  import torch
2.  import torch.nn as nn
3.
4.  num_channels =1
5.  in_feature = torch.randn(2, num_channels, 2, 2)
6.  # 定义 bn 模块,需要指定输入特征图的通道数
7.  bn = nn.BatchNorm2d(num_channels, affine=True)
8.  out_feature = bn(in_feature)
9.  print(out_feature)
10. # 输出结果:
11. # tensor([[[[ 1.0502, -1.8742],
12. #           [-1.3772,  0.2333]]],
13. #           [[[ 0.1418,  0.1692],
14. #           [ 0.9072,  0.7496]]]],
15. #           grad_fn=<NativeBatchNormBackward>)
```

2.6.3 池化层

常见的池化操作包括均值池化、最大池化和适应性最大池化，它们在 PyTorch 中分别对应 nn. AvgPool2d、nn. MaxPool2d 和 nn. AdaptiveMaxPool2d。以 nn. Maxpool2d 为例，构造函数如下。

```
1.  nn.Maxpool2d(kernel_size, stride=None, padding=0, dilation=1,
2.               return_indices=False, ceil_mode=False)
```

第一个参数 kernel_size 代表核尺寸；第二个参数 stride 代表池化步长；第三个参数 padding 与 nn. Conv2d 中的 padding 含义相同，代表是否对张量的边界进行填充；第四个参数 dilation 与 nn. Conv2d 中的 dilation 定义相同，代表空洞率；第五个参数 return_indices 代表是否返回最大值的位置索引；第六个参数 ceil_mode 代表是否向上取整。下述代码展示了 nn. MaxPool2d 的使用方式，输入的张量 x 按照 max_pool 的核尺寸进行池化，并在终端展示最终的池化输出。

```
1.  import torch
2.  import torch.nn as nn
3.
4.  x = torch.Tensor([[1, 2, 5, 6],
5.                    [3, 4, 7, 8],
6.                    [9, 10, 13, 14],
7.                    [11, 12, 15, 16]])
8.  x = x.unsqueeze(0)
9.  max_pool = nn.MaxPool2d(kernel_size=2, stride=2)
10. print(max_pool(x))
11. # 输出结果:
12. tensor([[[ 4.,  8.],
13.          [12., 16.]]])
```

2.6.4 全连接层

全连接层的构造函数如下。第一个参数 in_features 代表输入特征的维度，需要根据全连接层的前一层输出特征维度进行设定；第二个参数 out_features 代表全连接层的输出维度；第三个参数 bias 代表是否使用偏置项，构造函数如下。

```
1.  nn.Linear(in_features, out_features, bias=True)
```

下述代码展示了如何使用全连接层，创建的输入 x 是二维的，维度含义是（batch_size，num_features）。全连接层 linear 的输入特征数量 in_features 应该等于 num_features，也就是等于 3；输出特征数量 out_features 的值可以任意指定。下面代码将输出特征数量设定为 1，所以输出 y 的维度是（1，1）。

```
1.  import torch
2.  import torch.nn as nn
3.
4.  # 输入项 x 的维度是(1, 3)
5.  x = torch.Tensor([[1, 1, 1]])
6.
7.  # 创建全连接层
8.  linear = nn.Linear(in_features=3, out_features=1)
```

```
9.
10. #获取全连接层的权重和偏差值
11. print("weight =", linear.weight.data)
12. print("bias =", linear.bias.data)
13.
14. #计算全连接层的输出
15. y = linear(x)
16. print("y = weight *  x + bias =", y)
17.
18. #输出结果:
19. #weight = tensor([[-0.5105, -0.1599, -0.5077]])
20. #bias = tensor([-0.0222])
21. #y = weight *  x + bias = tensor([[-1.2002]], grad_fn=<AddmmBackward>)
```

2.6.5 常用激活函数

在第 1 章中介绍了多种激活函数，读者已经知道了这些激活函数的计算方式和函数曲线。在 PyTorch 中使用激活函数非常方便，所有的激活函数都在 torch.nn 包中，只需要定义激活函数对象，并定义输入 Tensor，就能够获取激活后的输出，如图 1.16 所示。

```
1.  import torch.nn as nn
2.  import torch
3.
4.  #定义激活函数
5.  relu = nn.ReLU()
6.  x = torch.linspace(-1, 1, 5)
7.  #计算激活输出
8.  out =relu(x)
9.  print(x,"\n", out)
10. #tensor([-1.0000, -0.5000,  0.0000,  0.5000,  1.0000])
11. #tensor([0.0000, 0.0000, 0.0000, 0.5000, 1.0000])
```

下面的代码展示了如何绘制第 1 章中介绍的 9 种激活函数的响应曲线。

```
1.  import matplotlib.pyplot as plt
2.  import numpy as np
3.
4.  #定义 9 种激活函数
5.  acti = [nn.ReLU(), nn.LeakyReLU(0.1), nn.ELU(alpha=1), nn.PReLU(), nn.ReLU6(),
6.          nn.SELU(), nn.CELU(), nn.Sigmoid(),nn.Tanh()]
7.
8.  #记录每种激活函数对应的名字
9.  titles = ["ReLU", "LeakyReLU", "ELU", "PReLU", "ReLU6",
```

```
10.         "SELU", "CELU", "Sigmoid", "Tanh"]
11.
12.  # 子图布局为 3 行 3 列
13.  rows =3
14.  cols =3
15.  plt.figure(figsize=(8, 8))
16.
17.  for i in range(rows *  cols):
18.      # 创建输入 Tensor 的数值范围是-10~10,等间隔取 1000 个点
19.      x = torch.linspace(-10, 10, 1000)
20.      # 计算激活后的输出
21.      out =acti[i](x)
22.      # 将输入和输出 Tensor 转为 numpy
23.      x = x.detach().numpy()
24.      y = out.detach().numpy()
25.      # 创建子图,并绘制 XY 曲线
26.      plt.subplot(rows, cols, i+1)
27.      plt.tight_layout(pad=0.2)
28.      plt.title(titles[i])
29.      plt.plot(x, y)
30.  plt.savefig("acti.png")
31.  plt.show()
```

2.6.6 边缘填充

在 nn. Conv2d 中可以指定 padding 和 padding_mode 参数，padding 代表边缘填充数量，padding_mode 代表边缘填充方式。为了让读者更加清晰地看到边缘填充操作的作用，本节将介绍 nn 模块中包含的 ZeroPad2d、ConstantPad2d、ReflectionPad2d 和 ReplicationPad2d，它们的定义如下。

```
1.  torch.nn.ReflectionPad2d(padding)
2.  torch.nn.ReplicationPad2d(padding)
3.  torch.nn.ZeroPad2d(padding)
4.  torch.nn.ConstantPad2d(padding, value)
```

下面代码展示了 nn. ZeroPad2d 的使用方式，padding 参数的值是 [1, 2, 3, 4]，代表在 4 个方向的填充数目分别为 1、2、3 和 4。

```
1.  import torch
2.  import torch.nn as nn
3.
4.  x = torch.Tensor([[[[1]]]])
5.  # 定义 4 个方向的填充数量
6.  zero_pad = nn.ZeroPad2d(padding=(1, 2, 3, 4))
```

```
7.  y = zero_pad(x)
8.  print(y)
9.
10. #输出结果:
11. #tensor([[[[0., 0., 0., 0.],
12. #          [0., 0., 0., 0.],
13. #          [0., 0., 0., 0.],
14. #          [0., 1., 0., 0.],
15. #          [0., 0., 0., 0.],
16. #          [0., 0., 0., 0.],
17. #          [0., 0., 0., 0.],
18. #          [0., 0., 0., 0.]]]])
```

上面代码中，使用 0 作为边界填充元素。此外，还可以通过 nn. ConstantPad2d 指定常量进行边界填充，下面代码展示了常量为 19 的填充。

```
1.  #设定边界填充为常量 19
2.  const_pad = nn.ConstantPad2d(padding=(1, 2, 3, 4), value=19)
3.  y = const_pad(x)
4.  print(y)
5.
6.  #输出结果:
7.  #tensor([[[[19., 19., 19., 19.],
8.  #          [19., 19., 19., 19.],
9.  #          [19., 19., 19., 19.],
10. #          [19.,  1., 19., 19.],
11. #          [19., 19., 19., 19.],
12. #          [19., 19., 19., 19.],
13. #          [19., 19., 19., 19.],
14. #          [19., 19., 19., 19.]]]])
```

2.6.7 Dropout 层

在 nn 模块中提供了 nn. Dropout、nn. Dropout2d 和 nn. Dropout3d 等丢弃层。以 nn. Dropout 的构造函数为例，第一个参数 p 代表失活概率，第二个参数 inplace 代表是否使用就地操作，构造函数如下。

```
1.  nn.Dropout(p=0.5, inplace=False)
```

下面代码定义了包含单个 Linear 层和 Dropout 层的网络，并将 Dropout 层直接放在 Linear 层的后面。Net 的 _init_ 方法中 drop_rate 参数代表丢弃的概率值。

```
1.  import torch
2.  import torch.nn as nn
```

```
3.
4.  class Net(nn.Module):
5.      def _init_(self, ch_in, ch_out, drop_rate):
6.          super()._init_()
7.          #定义全连接层和 Dropout 层
8.          self.linear = nn.Linear(ch_in, ch_out)
9.          self.dropout = nn.Dropout(p=drop_rate)
10.
11.     def forward(self, x):
12.         out = self.linear(x)
13.         out = self.dropout(out)
14.         return out
```

由于上面定义的 Net 网络使用了 Dropout 层，所以在每次前向传播过程中，某些神经元将会被随机地抛弃（置 0）。抛弃过程是随机的，所以每次运行下面代码可能得到不同的结果。

```
1.  x = torch.Tensor([[1, 2]])
2.  #设定网络的输入通道数为 2,输出通道数为 30
3.  #并且将 dropout 的概率值设定为 0.5
4.  net = Net(2, 30, 0.5)
5.  net.train()
6.  y_train = net(x)
7.  print(y_train[0][0:5])
8.  print(y_train[0][5:10])
9.  print(y_train[0][10:15])
10. print(y_train[0][15:20])
11. print(y_train[0][20:25])
12. print(y_train[0][25:30])
13.
14. #输出结果
15. #tensor([-2.3997, -0.3089,  1.2074, -1.5255,  1.7785], grad_fn=<SliceBackward>)
16. #tensor([ 0.0000,  0.0000, -0.0000,  3.5722, -0.6514], grad_fn=<SliceBackward>)
17. #tensor([ 0.0000,  2.2714, -1.9449,  3.4509,  0.0000], grad_fn=<SliceBackward>)
18. #tensor([ 0.0000, -0.0000, -0.0000, -0.5461, -2.6412], grad_fn=<SliceBackward>)
19. #tensor([-0.0000,  0.0000,  0.0000, -0.6707, -0.0000], grad_fn=<SliceBackward>)
20. #tensor([ 2.1796,  2.0366,  1.1182,  0.0000, -0.1211], grad_fn=<SliceBackward>)
```

对于 Dropout 层来说，它在训练和评估阶段的行为是不同的，后面的章节将具体讨论这一问题。

2.6.8 损失函数层

第 1 章中介绍了多种用于分类和回归任务的损失函数，在 nn 模块中提供了这些损失函数的实现，比如 torch.nn.L1Loss（L1 损失）、torch.nn.MSELoss（MSE 损失）、torch.nn.BCELoss（二分类交叉熵损失）和 torch. nn. KLDivLoss（KL 散度损失）等。下面代码展示了如何使用 torch. nn. L1Loss。

```
1.  import torch
2.  import torch.nn as nn
3.
4.  x = torch.Tensor([1, 2, 3, 4])
5.  y = torch.Tensor([1, 3, 3, 5])
6.
7.  #计算损失的平均值
8.  l1_loss_mean = nn.L1Loss(reduction="mean")
9.  loss = l1_loss_mean(x, y)
10. print("mean loss: ", loss)
11.
12. #计算损失的求和值
13. l1_loss_sum = nn.L1Loss(reduction="sum")
14. loss = l1_loss_sum(x, y)
15. print("sum loss: ", loss)
16.
17. #输出结果:
18. #mean loss:  tensor(0.5000)
19. #sum loss:  tensor(2.)
```

定义 torch. nn. L1Loss 对象时，可以指定 reduction 参数为 mean 或者 sum，mean 代表对计算的损失进行求均值操作，sum 代表对计算的损失进行求和操作。上面代码中 x 和 y 的 L1 损失值在 mean 模式下是 0. 5，在 sum 模式下是 2。

2.6.9 模块组合 Sequential

前面章节已经介绍了如何定义和使用基本的网络层，比如卷积层、池化层和激活函数层等。在构建神经网络的过程中，经常需要串联地使用这些层，将前一层的输出作为下一层的输入。下面的代码展示了如何串联地使用两个全连接层和激活函数层。

```
1.  import torch
2.  import torch.nn as nn
3.
4.  x = torch.Tensor([[1, 2, 3]])
5.
6.  #定义两个全连接层和两个激活层
7.  lin_1 = nn.Linear(3, 3)
8.  relu_1 = nn.ReLU()
9.  lin_2 = nn.Linear(3, 1)
10. relu_2 = nn.ReLU()
```

```
11.
12.  # 计算 x 经过上面定义的 4 层后的输出
13.  out_1 =relu_1(lin_1(x))
14.  out_2 =relu_2(lin_2(out_1))
15.  print(out_2.size())
16.  # 输出结果
17.  # torch.Size([1, 1])
```

上面的代码可以实现串联使用网络层的需求，但是它需要手动编码实现上一层的输出传入到下一层作为输入。在 nn 模块中提供了 nn.Sequential 类，可以将多个层按照顺序放入 nn.Sequential 中。这种方式可以有效地降低编码量，输入数据按照顺序经过 Sequential 的每一层，并获得最终的输出数据。

```
1.  # 按照顺序加入网络层
2.  seq = nn.Sequential(nn.Linear(3, 3),
3.                      nn.ReLU(),
4.                      nn.Linear(3, 1),
5.                      nn.ReLU())
6.  print(seq)
7.  # 输出结果:
8.  # Sequential(
9.  #   (0): Linear(in_features=3, out_features=3, bias=True)
10. #   (1):ReLU()
11. #   (2): Linear(in_features=3, out_features=1, bias=True)
12. #   (3):ReLU()
13. #)
15. seq_out = seq(x)
16. print(seq_out.size())
17. # 输出结果:
18. # torch.Size([1, 1])
```

另一种方式是使用 OrderedDict 配合 nn.Sequential 用于构建序列模型。在 Python 中 dict（内置字典）的元素是由键-值对组成的，dict 中的元素是无序的，所以它不满足神经网络各层的有序性。OrderedDict 则是一种有序字典，元素的次序就是它们加入字典的次序。

```
1.  from collections import OrderedDict
2.  seq_od = nn.Sequential(OrderedDict([
3.      ("lin_1", nn.Linear(3, 3)),
4.      ("relu_1", nn.ReLU()),
5.      ("lin_2", nn.Linear(3, 1)),
6.      ("relu_2", nn.ReLU())]))
7.  print(seq_od)
8.  # 输出结果:
9.  # Sequential(
```

```
10.  #    (lin_1): Linear(in_features=3, out_features=3, bias=True)
11.  #    (relu_1): ReLU()
12.  #    (lin_2): Linear(in_features=3, out_features=1, bias=True)
13.  #    (relu_2): ReLU()
14.  #)
16.  seq_od_out = seq_od(x)
17.  print(seq_od_out.size())
18.  #输出结果:
19.  #torch.Size([1, 1])
```

用户可以对 nn. Sequential 对象执行索引操作，取出所感兴趣的某一个或多个层。下面代码展示了如何获取直接构建的 nn. Sequential 对象和通过 OrderedDict 构建的 nn. Sequential 对象的第 3 层。

```
1.  #索引 Sequential
2.  print(seq[2])
3.  print(seq_od[2])
4.  #输出结果:
5.  #Linear(in_features=3, out_features=1, bias=True)
6.  #Linear(in_features=3, out_features=1, bias=True)
```

此外，用户可以替换 nn. Sequential 中的某一个或多个层。这种层的替换功能得益于 PyTorch 的动态图机制，使得每次迭代执行的图可以是不同的。下面代码展示了如何将 seq 的两个 ReLU 激活函数替换成 LeakyReLU 激活函数。

```
1.  #Sequential 替换
2.  seq[1] = nn.LeakyReLU()
3.  seq[3] = nn.LeakyReLU()
4.  print(seq)
5.  #输出结果:
6.  #Sequential(
7.  #    (0): Linear(in_features=3, out_features=3, bias=True)
8.  #    (1):LeakyReLU(negative_slope=0.01)
9.  #    (2): Linear(in_features=3, out_features=1, bias=True)
10. #    (3):LeakyReLU(negative_slope=0.01)
11. #)
```

2.6.10 网络构建实例

前面章节已经介绍了如何使用单独网络层，并介绍了如何使用 nn. Sequential 将多个有序的网络层串联起来。接下来，需要将所有的层组织起来，实现前向传播功能，并自定义神经网络模型。在 PyTorch 中，构建神经网络需要继承 torch. nn. Module 类。

定义基于 nn. Module 类的神经网络时，需要实现两个非常重要的方法，分别是_init_方法和 forward 方法。

```
1.  class Network(nn.Module):
2.      def _init_(self):
3.          pass
4.      def forward(self):
5.          pass
```

init 方法负责初始化，可以在初始化函数定义网络的结构，存储一些超参数，如网络的输入输出通道数量等。forward 方法负责完成前向传播，如在本书的大部分例子中，forward 方法的输入是图像，它的输出是被赋予某种新模式的图像。读者可能会疑惑，实现了在 forward 方法中定义的前向传播，那么反向传播应该怎么定义呢？实际上，这就是 PyTorch 的便捷之处。常见的卷积层、全连接层、激活函数层等的求导，都将由 PyTorch 自动完成，所以不需要编写反向传播代码。

本节的例子是自编码网络，英文名称为 Auto Encoder。网络的结构很简单，由一个编码器和一个解码器组成。自编码网络的作用是：将模型训练好以后，输入一张图像，它将输出一张与输入“完全”相同的图像。这里的“完全”一词是训练的终极目标，即让输出和输入无限接近。按照前面所讲的模型定义思路，可以编写自编码网络。在_init_方法中定义了 nn. Sequential 类型的 self. net，它包含了多个卷积层、批归一化层、激活层；在 forward 方法中将输入张量 x 作为 self. net 的输入，并返回计算后的输出张量，代码如下。

```
1.  class AE(nn.Module):
2.      """ Auto Encoder """
3.      def _init_(self, in_channels, out_channels, nf):
4.          super()._init_()
5.          self.net = nn.Sequential(nn.Conv2d(in_channels, nf, 3, 1, 1),
6.                                   nn.Conv2d(nf, nf* 2, 3, 2, 1),
7.                                   nn.BatchNorm2d(nf* 2),
8.                                   nn.ReLU(),
9.                                   nn.Conv2d(nf* 2, nf* 4, 3, 2, 1),
10.                                  nn.BatchNorm2d(nf* 4),
11.                                  nn.ReLU(),
12.                                  nn.ConvTranspose2d(nf* 4, nf* 2, 4, 2, 1),
13.                                  nn.BatchNorm2d(nf* 2),
14.                                  nn.ReLU(),
15.                                  nn.ConvTranspose2d(nf* 2, nf, 4, 2, 1),
16.                                  nn.BatchNorm2d(nf),
17.                                  nn.ReLU(),
18.                                  nn.Conv2d(nf, out_channels, 3, 1, 1),
19.                                  nn.Sigmoid()
```

```
20.         )
21.
22.     def forward(self, x):
23.         return self.net(x)
```

接下来就可以定义自编码网络对象了，并且在定义对象时传入_init_方法所需要的参数。将输入通道数 in_channels 设定为 3，输出通道数 out_channels 设定为 3，特征通道数 nf 设定为 8，代码如下。

```
1.  ae = AE(in_channels=3, out_channels=3, nf=8)
2.  print(ae)
```

从下面输出的网络结构可以直观地看出，定义的网络共含有 15 个模块，它们的编号代表了前向传播的计算顺序。

```
1.  AE(
2.    (net): Sequential(
3.      (0): Conv2d(3, 8, kernel_size=(3, 3), stride=(1, 1), padding=(1, 1))
4.      (1): Conv2d(8, 16, kernel_size=(3, 3), stride=(2, 2), padding=(1, 1))
5.      (2): BatchNorm2d(16, eps=1e-05, momentum=0.1, affine=True, track_running_stats=True)
6.      (3): ReLU()
7.      (4): Conv2d(16, 32, kernel_size=(3, 3), stride=(2, 2), padding=(1, 1))
8.      (5): BatchNorm2d(32, eps=1e-05, momentum=0.1, affine=True, track_running_stats=True)
9.      (6): ReLU()
10.     (7): ConvTranspose2d(32, 16, kernel_size=(4, 4), stride=(2, 2), padding=(1, 1))
11.     (8): BatchNorm2d(16, eps=1e-05, momentum=0.1, affine=True, track_running_stats=True)
12.     (9): ReLU()
13.     (10): ConvTranspose2d(16, 8, kernel_size=(4, 4), stride=(2, 2), padding=(1, 1))
14.     (11): BatchNorm2d(8, eps=1e-05, momentum=0.1, affine=True, track_running_stats=True)
15.     (12): ReLU()
16.     (13): Conv2d(8, 3, kernel_size=(3, 3), stride=(1, 1), padding=(1, 1))
17.     (14): Sigmoid()
18.   )
```

现在，自编码网络的定义已经完成，可以随机生成测试数据来验证网络实现的正确性。根据前面所述，自编码网络的训练目的是令输出和输入相同，所以 out 和 x 的维度是相同的，代码如下。

```
1.  x = torch.randn(size=(1, 3, 256, 256))
2.  out = ae(x)
3.  print(out.size())
4.  #输出结果:
5.  #torch.Size([1, 3, 256, 256])
```

2.7 train 与 eval 模式

在 PyTorch 中，网络（nn. Module）有两种可以切换的模式：train 模式和 eval 模式。其中 train 模式代表网络的训练过程，eval 模式则代表网络的测试和评估过程，模式的切换方法如下。

```
1. net = nn.Linear(1, 1)
2. net.train()
3. net.eval()
```

两种模式下，网络不同层的行为可能是不同的，比如 PyTorch 开发文档中指出的 BN 层和 Dropout 层，下面的代码定义了只包含单个 BN 层的神经网络。

```
1.  import torch
2.  import torch.nn as nn
3.
4.  #定义一个只包含 BN 层的网络
5.  class Net(nn.Module):
6.      def _init_(self, nc):
7.          super()._init_()
8.          #定义 BN 层,指定 BN 的输入通道数
9.          self.bn = nn.BatchNorm2d(nc, affine=True)
10.
11.     def forward(self, x):
12.         return self.bn(x)
13.
14. #通道数设定为 2
15. nc =2
16. net = Net(nc)
```

首先模拟神经网络的前向传播过程，并输出每次迭代后 BN 层的 running_mean 和 running_var 的值，代码如下。

```
1.  #将网络设定为训练模式
2.  net.train()
3.  for i in range(5):
4.      x = torch.randn(1, nc, 2, 2)
5.      _ = net(x)
6.      #打印网络层计算的均值和方差信息
7.      print("mean: ", net.bn.running_mean.data)
8.      print("var: ", net.bn.running_var.data)
9.
10. #输出结果:
```

```
11.  # mean:  tensor([ 0.0888, -0.0052])
12.  # var:  tensor([1.0771, 0.9486])
13.  # mean:  tensor([ 0.0584, -0.0013])
14.  # var:  tensor([1.1610, 0.9938])
15.  # mean:  tensor([-0.0395, -0.0017])
16.  # var:  tensor([1.1344, 0.9531])
17.  # mean:  tensor([-0.0130,  0.0616])
18.  # var:  tensor([1.1179, 0.9074])
19.  # mean:  tensor([ 0.0168, -0.0400])
20.  # var:  tensor([1.0957, 0.8489])
```

从输出结果中可以看出，在 train 模式下每次 net 进行前向计算后 BN 层的均值和方差都在变化。接下来测试网络在 eval 模式下的表现，代码如下。

```
1.  # 将网络设定为评估模式
2.  net.eval()
3.  for i in range(5):
4.      x = torch.randn(1, nc, 2, 2)
5.      _ = net(x)
6.      print("mean: ", net.bn.running_mean.data)
7.      print("var: ", net.bn.running_var.data)
8.  # 输出结果:
9.  # mean:  tensor([ 0.0168, -0.0400])
10. # var:  tensor([1.0957, 0.8489])
11. # mean:  tensor([ 0.0168, -0.0400])
12. # var:  tensor([1.0957, 0.8489])
13. # mean:  tensor([ 0.0168, -0.0400])
14. # var:  tensor([1.0957, 0.8489])
15. # mean:  tensor([ 0.0168, -0.0400])
16. # var:  tensor([1.0957, 0.8489])
17. # mean:  tensor([ 0.0168, -0.0400])
18. # var:  tensor([1.0957, 0.8489])
```

测试结果表明，在 eval 模式下，网络 BN 层的均值和方差都不再变化。这表明在 train 模式和 eval 模式下 BN 层的行为是不同的，此结果与第 1 章的理论介绍是一致的。此外，在 2.6.7 节介绍了 Dropout 层，并展示了它在训练模式下的随机置 0 现象，下面代码则展示了 Dropout 层在 eval 模式下的输出，其余代码见 2.6.7 节对 Dropout 层的介绍。

```
1.  net.eval()
2.  y_eval = net(x)
3.  print(y_eval[0][0:5])
4.  print(y_eval[0][5:10])
5.  print(y_eval[0][10:15])
6.  print(y_eval[0][15:20])
```

```
7.  print(y_eval[0][20:25])
8.  print(y_eval[0][25:30])
9.  # 输出结果:
10. # tensor([-0.9247, -0.1002,  0.8885, -0.0378,  0.5691], grad_fn=<SliceBackward>)
11. # tensor([ 0.1411, -0.2255, -1.5234,  0.5962,  0.8757], grad_fn=<SliceBackward>)
12. # tensor([-1.6384, -0.5726, -0.4108, -2.3811,  1.6277], grad_fn=<SliceBackward>)
13. # tensor([-1.0982, -1.1270,  0.6909,  1.2178,  0.2487], grad_fn=<SliceBackward>)
14. # tensor([ 0.0269,  0.4974, -0.5053,  0.5853, -0.1342], grad_fn=<SliceBackward>)
15. # tensor([-0.7507, -0.6938, -1.6047,  0.2774,  0.3862], grad_fn=<SliceBackward>)
```

对于 train 和 eval 模式，如果切换不当，一方面可能导致模型的参数无法得到正确的更新，另一方面可能造成验证集的数据影响模型训练过程。所以，在编写代码的过程中一定要确保模型处于正确的模式。

2.8 优化器选择与绑定

在 torch. optim 模块中包含了多种常用的优化器，如 SGD、Adam 和 RMSProp 等，这些优化算法的实现都基于 torch. optim. Optimizer 类。对于不同的实际任务，往往需要通过参数调试来确定最佳的优化器。定义优化器时，需要指定相应的参数信息，以 SGD 为例，代码如下。

```
1.  optimizer = torch.optim.SGD(params=net.parameters(),
2.                              lr=learning_rate, momentum=0, weight_decay=0)
```

第一个参数 params 代表需要优化的网络参数；第二个参数 lr 代表初始学习率；第三个参数 momentum 是默认为 0 的动量值；第四个参数 weight_decay 是默认为 0 的权重衰减系数。优化器的使用方式通常如下。

```
1.  optimizer.zero_grad()
2.  loss.backward()
3.  optimizer.step()
```

上面代码中，optimizer. zero_grad( ) 的作用是将梯度清 0，loss. backward( ) 代表反向传播，optimizer. step( ) 的作用是完成梯度的更新。

2.9 自动求导机制与计算图

根据第 1 章的介绍可知，神经网络的训练包括前向传播和反向传播两个过程，反向传播的计算复杂度通常高于前向传播。在高质量的深度学习框架出现之前，研究人员不仅需要编写前向传播算法，而且需要编写反向传播算法。深度学习框架为研发人员降低了开发的难度，通情况下只需要编写前向传播的代码，而不需要实现反向传播，框架将自动完成反向传播过程，这种功能一般被称为自动求导/自动微分。在自动求导机制中，需要了解 Tensor 的几个重要属性：requires_grad、if_leaf、grad、grad_fn，下面将进行具体的介绍。

2.9.1 requires_grad

张量的 requires_grad 属性代表该张量是否需要求导。对于两个张量 x 和 y，如果张量 x 需要求导，那么由它计算得到的张量 y 也需要求导；如果张量 x 不需要求导，那么由它计算得到的张量 y 也不需要求导，代码如下。

```
1.  import torch
2.  x = torch.tensor([2, 2], dtype=torch.float32, requires_grad=True)
3.  y = torch.sum(x)
4.  print(y.requires_grad)
5.  x = torch.tensor([1, 2], dtype=torch.float32, requires_grad=False)
6.  y = torch.sum(x)
7.  print(y.requires_grad)
8.
9.  # 输出结果:
10. # True
11. # False
```

扩展到一般的情况，当通过多个张量计算得到张量 y 时，如果计算过程中每个叶子节点都不需要求导，则张量 y 不需要求导；如果计算过程中至少含有一个需要求导的叶子节点，则张量 y 需要求导，代码如下。

```
1.  x1 = torch.tensor([2, 2], dtype=torch.float32, requires_grad=False)
2.  x2 = torch.tensor([2, 2], dtype=torch.float32, requires_grad=False)
3.  x3 = torch.tensor([2, 2], dtype=torch.float32, requires_grad=False)
4.  y = torch.sum(x1 + x2 + x3)
5.  print(y.requires_grad)
6.
7.  x1 = torch.tensor([2, 2], dtype=torch.float32, requires_grad=True)
8.  x2 = torch.tensor([2, 2], dtype=torch.float32, requires_grad=False)
9.  x3 = torch.tensor([2, 2], dtype=torch.float32, requires_grad=False)
10. y = torch.sum(x1 + x2 + x3)
11. print(y.requires_grad)
12.
13. # 输出结果:
14. # False
15. # True
```

2.9.2 自动求导 backward

首先，回顾一下关于导数的基本知识，下面是一个简单的线性乘法：

$$y=wx+b$$

把上式中 x 作为固定的数值，比如令 $x=3$，那么有：

$$y=3w+b$$

根据高等数学的知识可知$\frac{\partial y}{\partial w}=3$，$\frac{\partial y}{\partial b}=1$。

Tensor 类实例的 grad 属性存储梯度值，grad 属性属于 torch. Tensor 类。下面将通过 PyTorch 来实现导数的计算过程，首先进行如下张量定义。

```
1.  x = torch.FloatTensor([3])
2.  x.requires_grad=False
3.  w = torch.FloatTensor([1])
4.  w.requires_grad=True
5.  b = torch.FloatTensor([1])
6.  b.requires_grad=True
```

上面的代码定义了 x 和 w，并将 x 的 requires_grad 属性设置为 False，将 w 的 requires_grad 属性设置为 True。接下来，定义乘法运算如下。

```
1.  y = w* x + b
```

最后，通过调用 backward 方法来完成梯度的计算，并输出 w. grad 属性值，代码如下。

```
1.  y.backward()
2.  print("w grad: " + str(w.grad))
3.  print("b grad: " + str(b.grad))
4.  w grad: tensor([3.])
5.  b grad: tensor([1.])
```

上面的例子展示了如何求一阶导数，对于更加复杂的计算图，梯度的计算思路是完全相同的，可以总结为下面的两步。

1）定义计算图，即编写出前向传播的代码，获取输出 Tensor。

2）调用输出 Tensor 的 backward 方法，计算节点梯度。

2.9.3 叶子节点 is_leaf

使用 backward 方法进行反向传播时，叶子节点（leaf node）的梯度会得到保留，所以需要了解 PyTorch 中叶子节点是如何定义的，并能区分出哪些节点是叶子节点，哪些节点不是叶子节点。

第一，不需要求导的张量（requires_grad 为 False）属于叶子节点，下面代码中定义的 3 个节点都是叶子节点。

```
1.  x = torch.tensor([1, 2], dtype=torch.float32, requires_grad=False)
2.  print("x is leaf:", x.is_leaf)
3.
4.  x = torch.tensor([1, 2], dtype=torch.float32, requires_grad=False, device="cuda")
5.  print("x is leaf:", x.is_leaf)
6.
7.  x = torch.tensor([1, 2], dtype=torch.float32, requires_grad=False).cuda()
8.  print("x is leaf:", x.is_leaf)
9.
10. #输出结果:
11. #x is leaf: True
12. #x is leaf: True
13. #x is leaf: True
```

第二，依赖不需要求导的节点所生成的节点，依旧是叶子节点，代码如下。

```
1.  x = torch.tensor([1, 2], dtype=torch.float32, requires_grad=False)
2.  print("x is leaf:", x.is_leaf)
3.  y =2 * x
4.  print("y is leaf:", y.is_leaf)
5.  #输出结果:
6.  #x is leaf: True
7.  #y is leaf: True
```

第三，由用户直接创建且需要求导的张量是叶子节点，代码如下。

```
1.  x = torch.tensor([1, 2], dtype=torch.float32, requires_grad=True)
2.  print("x is leaf:", x.is_leaf)
3.
4.  x = torch.tensor([1, 2], dtype=torch.float32, requires_grad=True, device="cuda")
5.  print("x is leaf:", x.is_leaf)
6.
7.  #输出结果:
8.  #x is leaf: True
9.  #x is leaf: True
```

第四，如果用户创建需要求导的张量时没有指定设备，在创建后进行设备的切换，那么切换后获得的张量就不是叶子节点，代码如下。

```
1.  x = torch.tensor([1, 2], dtype=torch.float32, requires_grad=True).cuda()
2.  print("x is leaf:", x.is_leaf)
3.
```

```
4.  # 输出结果:
5.  # x is leaf: False
```

第五，依赖于其他需要求导的节点所生成的新节点，不是叶子节点，代码如下。

```
1.  x = torch.tensor([1, 2], dtype=torch.float32, requires_grad=True)
2.  print("x is leaf:", x.is_leaf)
3.  y =2 * x
4.  print("y is leaf:", y.is_leaf)
5.  # 输出结果:
6.  # x is leaf: True
7.  # y is leaf: False
```

如果在实际编写代码的过程中无法从原理上区分出某个节点是否为叶子节点，则不妨将节点的 is_leaf 属性打印到控制台上。

2.9.4 梯度函数 grad_fn

张量的 grad_fn 属性用于记录张量是通过哪种计算获得的。对于叶子节点来说，它们并不依赖于其他张量，所以它的 grad_fn 属性值为 None。由于 grad_fn 记录了张量的计算过程，所以它可以指导反向传播，代码如下。

```
1.  x = torch.tensor([1, 2], dtype=torch.float32, requires_grad=True)
2.  y = torch.sum(x)
3.  z =2 * y
4.
5.  # 叶子节点的 grad_fn 是空的
6.  print(x.grad_fn)
7.  print(y.grad_fn)
8.  print(z.grad_fn)
9.
10. # 输出结果:
11. # None
12. # <SumBackward0 object at 0x0000022A3050B5C0>
13. # <MulBackward0 object at 0x0000022A3050B5F8>
```

上述代码中张量 x 是叶子节点，所以它的 grad_fn 值为 None；张量 y 是通过求和计算得到的，所以它的 grad_fn 值为<SumBackward0>；张量 z 是通过乘法计算得到的，所以它的 grad_fn 值为<MulBackward0>。

2.9.5 计算图分离 detach

在训练神经网络的过程中，有时希望反向传播过程中梯度值不经过某个节点，也就是让这个节点从原来的计算图中分离出去。此时，可以调用张量的 detach 方法，分离后的张量将不具备 grad_fn 属性，代码如下。

```
1.  # 创建浮点类型的张量,并设置 requires_grad 为 True
2.  x = torch.tensor(data=[1, 2, 3],
3.                   dtype=torch.float32,
4.                   device=torch.device("cpu"),
5.                   requires_grad=True)
6.  y = torch.sum(x)
7.  print("y is:", y)
8.
9.  # 此时 z 从计算图中分离出来
10. z = torch.sum(x).detach()
11. print("z is:", z)
12.
13. # 输出结果:
14. # y is: tensor(6., grad_fn=<SumBackward0>)
15. # z is: tensor(6.)
```

2.9.6 图保持 retain_graph

在每次前向传播的过程中，PyTorch 会创建一个临时的计算图。在执行 backward 方法以后，默认情况下计算图会被释放掉。因此，第二次调用 backward 方法时将会报错，代码如下。

```
1.  x = torch.randn((1, 3), requires_grad=True)
2.  y = x.sum()
3.  z =2 * y
4.
5.  z.backward()
6.  z.backward()
7.  # 第二次执行 z.backward()将会报如下错误
8.  # RuntimeError: Trying to backward through the graph a second time,
9.  # but the buffers have already been freed.
10. # Specify retain_graph=True when calling backward the first time.
```

如果想要连续两次调用 backward 方法，则需要在第一次调用 backward 方法时指定 retain_graph 参数为 True，此时计算图不会被释放。当第二次调用 backward 方法时，新计算的梯度将累加到上一次的梯度上，代码如下。

```
1.  z.backward(retain_graph=True)
2.  print(x.grad)
3.  z.backward()
4.  print(x.grad)
```

```
5.  # 输出结果:
6.  # tensor([[2., 2., 2.]])
7.  # tensor([[4., 4., 4.]])
```

2.9.7 关闭梯度计算 no_grad

在模型的训练阶段，需要进行梯度的计算才能完成反向传播过程。在多数情况下，模型的评估阶段并不需要张量的梯度值。此时，可以使用 with torch. no_grad 关闭梯度的计算。下面代码中张量 y 是需要计算梯度的，它的 grad_fn 值是<SumBackward0>，因为它是通过需要求导的张量 x 计算得到的；由于张量 z 的计算在 with torch. no_grad 的上下文中，所以张量 z 是不需要进行求取梯度操作的，代码如下。

```
1.  x = torch.tensor([1, 2], dtype=torch.float32, requires_grad=True)
2.  y = torch.sum(x)
3.  print("y resuires grad:", y.requires_grad)
4.  print("y is:", y)
5.  # 输出结果:
6.  # y resuires grad: True
7.  # y is: tensor(3., grad_fn=<SumBackward0>)
9.  with torch.no_grad():
10.     z = torch.sum(x)
11.     print("z resuires grad:", z.requires_grad)
12.     print("z is:", z)
13.     # 输出结果:
14.     # z resuires grad: False
15.     # z is: tensor(3.)
```

2.10 模型保存与加载

模型的保存和加载是深度学习框架必须提供的功能。一方面，对于训练好的网络模型，通常需要把它的参数保存下来，用于后续的微调或者部署；另一方面，用户可能需要每隔一定的迭代次数对模型和超参数进行一次保存，一旦机器断电可以加载本机保存的模型和超参数以达到继续训练的目的。PyTorch 提供了便捷的模型保存和加载函数，可以将网络参数、优化器参数以及 epochs 等存储到本机，并且可以很便捷地加载已经保存的信息。

2.10.1 模型文件的保存

保存功能的实现是通过 torch. save 函数实现的，其本质上属于序列化过程，torch. save 函数的定义如下。

```
1.  save(obj, f, pickle_module='pickle', pickle_protocol=2,
2.          _use_new_zipfile_serialization=False)
```

save 函数的第一个参数 obj 是可以序列化的对象；第二个参数 f 是文件的保存路径；第三个参数 pickle_module 代表序列化过程所使用的库，默认是 pickle；第四个参数 pickle_protocal 是 pickle 协议的版本，默认使用的是 2；第五个参数代表是否使用新的序列化方法，默认为 False。为了能够清晰地观察并验证模型的保存和加载过程，首先定义一个简单的全连接层，并指定它的权重 weight 和偏差 bias 为具体的数值，代码如下。

```
1.  import torch.nn as nn
2.
3.  class Net(nn.Module):
4.      def _init_(self):
5.          super(Net, self)._init_()
6.          self.layer = nn.Linear(1, 1)
7.          self.layer.weight = nn.Parameter(torch.FloatTensor([[0.9]]))
8.          self.layer.bias = nn.Parameter(torch.FloatTensor([0.1]))
9.
10.     def forward(self, x):
11.         y =self.layer(x)
12.         return y
```

上面代码中，全连接层的 weight 设定为 0.9，bias 设定为 0.1。在 PyTorch 中，Module 类的模型参数存储在状态字典中，对于上面定义的 net 对象，可以通过 net. state_dict 方法查看 net 的状态字典，代码如下。

```
1.  net = Net()
2.  print(net.state_dict())
3.  # 输出结果：
4.  # OrderedDict([('layer.weight', tensor([[0.9000]])),
5.                ('layer.bias', tensor([0.1000]))])
```

可以看出，状态字典的存储是通过 OrderedDict 容器实现的，其中包含了全连接层的 weight 和 bias。在存储时，需要指定 torch. save 函数的两个参数，分别是模型的状态字典和目标文件名。执行下面代码后，将在同级文件夹下得到 net. pth 文件，在此文件内存储 net 的状态字典。

```
1.  torch.save(obj=net.state_dict(), f="net.pth")
```

2.10.2 模型文件的加载

加载功能的实现对应 torch. load 函数，其本质上属于反序列化过程，torch. load 定义如下。

```
1.  load(f, map_location=None, pickle_module='pickle', * * pickle_load_args)
```

第一个参数 f 是文件的存储路径，即 torch. save 函数中指定的参数 f；第二个参数代表位置映射，可选择为“cpu”或者“cuda：0”；第三个参数 pickle_module 与 torch. save 函数中的含义相同；第四个参数代表 pickle_module 的其他需要的参数，比如编码方式。

接下来需要定义一个和前面定义的 Net 类相同的 Model 类，但是此时不再指定 Model 类全连接层的 weight 和 bias 参数的具体值，全连接层的参数将使用随机数进行初始化，代码如下。

```
1.  class Model(nn.Module):
2.      def _init_(self):
3.          super(Model, self)._init_()
4.          self.layer = nn.Linear(1, 1)
5.
6.      def forward(self, x):
7.          out =self.layer(x)
8.          return out
```

通过下面的代码查看 model 的状态字典，将输出随机的 weight 和 bias 参数值。

```
1.  model = Model()
2.  print(model.state_dict())
3.  # 输出结果:
4.  #
    OrderedDict([('layer.weight', tensor([[-0.7623]])), ('layer.bias', tensor([0.8757]))])
```

在 2. 10. 1 节中，保存了 net 的状态字典，接下来需要使用 net 的状态替换 model 的状态。执行下面代码后，model 的状态字典将会与 net 的状态字典一致，其中 model. load_state_dict 方法负责加载状态字典，所以 torch. load（"net. pth"）返回的状态字典将会覆盖 model 的状态字典。

```
1.  model.load_state_dict(torch.load("net.pth"))
2.  print(model.state_dict())
3.  OrderedDict([('layer.weight', tensor([[0.9000]])), ('layer.bias', tensor([0.1000]))])
```

2. 10. 3　联合保存与加载

前面介绍了保存和加载网络状态字典的方式，在此基础上可以将优化器参数以及 epoch 等信息一起保存到本机。首先要定义 net、adam 优化器和 epoch，其中 adam 的参数值和 epoch 值可以任意指定。

```
1.  import torch.optim as optim
2.  net = Net()
```

```
3.  adam =optim.Adam(params=net.parameters(), lr=0.001, betas=(0.5, 0.999))
4.  epoch =96
```

接下来，把上面的 net、adam 和 epoch 的名字作为键，把 net. state_dict( )、adam. state_dict( ) 和 epoch 作为键值，由此构建一个包含所有参数的字典，并使用 torch. save 函数保存整个字典，代码如下。

```
1.  all_states = {"net": net.state_dict(), "Adam": adam.state_dict(), "epoch": epoch}
2.  torch.save(obj=all_states, f="all_states.pth")
```

执行上面代码后，将在同级目录下生成 all_states. pth 文件，all_states 字典存储在该文件中。存储完成后，可以使用 torch. load 方法将 all_states. pth 存储的参数信息重新加载到程序中，代码如下。

```
1.  reload_states = torch.load("all_states.pth")
2.  print(reload_states)
3.  # 输出结果:
4.  #{'net': OrderedDict([('layer.weight', tensor([[0.9000]])),
5.  #                     ('layer.bias', tensor([0.1000]))]),
6.  #'Adam': {'state': {},
7.  #        'param_groups': [{'lr': 0.001,
8.  #                          'betas': (0.5, 0.999),
9.  #                          'eps': 1e-08,
10. #                          'weight_decay': 0,
11. #                          'amsgrad': False,
12. #                          'params': [2896116715312, 2896116714664]}]},
13. #'epoch': 96}
```

2. 10. 4 保存与加载多个网络模型

前文的示例讲解了如何保存一个网络模型与其他的参数信息。同理也可以把多个模型的状态字典保存到同一个文件中，这种做法对生成对抗网络非常有用。下面的代码定义了两个神经网络 ModelA 和 ModelB。

```
1.  import torch
2.  import torch.nn as nn
3.
4.  # 定义两个神经网络
5.  class ModelA(nn.Module):
6.      def _init_(self):
7.          super(ModelA, self)._init_()
8.          self.layer = nn.Linear(1, 1)
9.
10.     def forward(self, x):
```

```
11.         out = self.layer(x)
12.         return out
13.
14. class ModelB(nn.Module):
15.     def _init_(self):
16.         super(ModelB, self)._init_()
17.         self.layer = nn.Linear(1, 1, bias=False)
18.
19.     def forward(self, x):
20.         out = self.layer(x)
21.         return out
```

接下来，定义 **ModelA/ModelB** 的对象 **model_a/model_b**，将名字作为键，并将对应的状态字典作为键值，组成了包含两个网络参数的 **all_models** 字典，然后将 **all_models** 保存到文件中，代码如下。

```
1.  model_a =ModelA()
2.  model_b =ModelB()
3.  print(model_a.state_dict())
4.  print(model_b.state_dict())
5.  #保存两个神经网络的参数
6.  all_models = {"model_a": model_a.state_dict(), "model_b":model_b.state_dict()}
7.  torch.save(obj=all_models, f="all_models.pth")
8.  #输出结果:
9.  #OrderedDict([('layer.weight', tensor([[-0.2395]])), ('layer.bias', tensor([-0.
6963]))])
10. #OrderedDict([('layer.weight', tensor([[0.6844]]))])
```

使用 **torch. load** 函数读取 **all_models. pth** 文件，返回的字典中包含了前面定义的 **model_a** 和 **model_b** 的状态。下面代码的输出结果验证了两个网络的保存和加载过程的正确性。

```
1.  #加载两个神经网络的参数
2.  all_models_states = torch.load("all_models.pth")
3.  print(all_models_states["model_a"])
4.  print(all_models_states["model_b"])
5.  #输出结果:
6.  #OrderedDict([('layer.weight', tensor([[-0.2395]])), ('layer.bias', tensor([-0.
6963]))])
7.  #OrderedDict([('layer.weight', tensor([[0.6844]]))])
```

2.11 模型设计和实现的完整流程

前面介绍了自编码网络的构建，本节将以自编码网络为例，介绍 PyTorch 中卷积神经网络训练的基本流程。首先，按照如下代码导入必要的包。

```
1.  import torch
2.  import torch.nn as nn
3.  from PIL import Image
4.  import matplotlib.pyplot as plt
5.  import math
6.  from torchvision import transforms
7.  import os
```

下面将训练过程划分为 6 个部分，这种划分的方式将贯穿全书。

- 参数定义。
- 数据准备。
- 构建自编码网络。
- 选择优化算法与损失函数。
- 模型训练。
- 效果评估。

不同编程人员的编程习惯不同，读者也可以根据自己的习惯建立工程模式。

2.11.1 参数定义

本节的自编码网络训练比较简单，定义的参数如下（本书各章实例部分的参数定义方式均按照下面代码的命名规则）。

```
1.  #优化算法参数
2.  BETA1 =0.9
3.  BETA2 =0.999
4.  #学习率
5.  LR =0.005
6.  #总迭代次数
7.  TOTAL_ITERS =161
8.  #原始图像路径
9.  IMAGE_PATH ="data/my_desk.jpg"
10. #重构后保存图像的路径
11. IMAGE_SAVE_PATH ="results/recon_desk.jpg"
12. IMAGE_SIZE =256
```

```
13. BATCH_SIZE =1
14. DEVICE ="cpu"
15. #编码和解码的特征基本数量,决定了模型的容量
16. NUM_FEATURES =8
17. #保存信息的频率
18. SAVE_FREQ =10
```

有些参数对网络的训练效果会有重要的影响，读者可以尝试更改某些参数的值，观察重建图像的质量变化过程。

2.11.2 准备数据、定义存储结果的容器

本节为了简化训练流程，并帮助读者更好地理解神经网络的训练过程，所以采用了单张图片作为“训练数据集”，这样能够更加清晰地观察到网络性能随着迭代次数的增加而变化的过程。下面代码中读取了 IMAGE_PATH 对应的图像，使用 transforms. Resize 将图像缩放为 IMAGE_SIZE 尺寸，并通过 transforms. ToTensor 转换为张量类型。列表 result_images 用于存储训练过程中网络生成的图像，列表 result_iterations 用于记录生成图像对应的迭代次数。loss_writer 用于记录训练过程中损失函数值的变化过程。

```
1.  #准备输入图像对应的张量数据
2.  image = Image.open(IMAGE_PATH)
3.  trans = transforms.Compose([transforms.Resize((IMAGE_SIZE,IMAGE_SIZE)),
4.                               transforms.ToTensor()])
5.  image_tensor = trans(image)
6.  image_tensor = image_tensor.unsqueeze(0)
7.
8.  #定义存储结果的容器
9.  result_images = []
10. result_iterations = []
11. loss_writer =LossWriter("results/")
```

2.11.3 定义自编码网络

前面已经定义了 AE 类，在此可以根据参数设置信息来定义自编码网络对象 ae_net，并将模型放到目标设备上，代码如下。

```
1. ae_net = AE(in_channels=3, out_channels=3,
2.           nf=NUM_FEATURES).to(DEVICE)
```

2.11.4 定义优化器与损失函数

本例采用了 Adam 优化算法，根据前面设置的参数可以定义优化器。此外，使用了基本的

MSE 损失，代码如下。

```
1. optimizer = torch.optim.Adam(ae_net.parameters(),
2.                              lr=LR,
3.                              betas=(BETA1, BETA2))
4. mse_loss = nn.MSELoss().to(DEVICE)
```

2.11.5 训练模型

训练自编码网络的过程中，有 5 个非常关键的步骤，分别是前向传播、计算损失、清空梯度信息、反向传播、更新网络参数。

步骤 1：将数据输入网络中，此时会执行 ae_net 的 forward 函数，代码中并不需要显式地调用 forward 函数，PyTorch 会自动地完成这一过程。

步骤 2：损失函数的计算需要预测值和真实值，预测值是 ae_net 的输出 recon_images。由于自编码网络训练目标是输出能够重构输入，所以真实值是输入的 image_tensor。

步骤 3：在本次迭代的前向传播完成后，模型参数的梯度信息是由上一次迭代产生的，所以在本次迭代的梯度计算之前，需要进行梯度清 0 操作。

步骤 4：调用 loss 的 backward 方法执行反向传播计算。

步骤 5：完成步骤 4 以后，模型的梯度信息已经计算完成，此时调用 optimizer 的 step 方法将会完成网络参数的更新。

具体实现代码如下。

```
1. if _name_ == "_main_":
2.     for iteration in range(TOTAL_ITERS):
3.         # 步骤 1:前向传播
4.         recon_image = ae_net(image_tensor)
5.         # 步骤 2:计算损失
6.         loss =mse_loss(recon_image, image_tensor)
7.         # 步骤 3:清空梯度信息
8.         optimizer.zero_grad()
9.         # 步骤 4:进行反向传播,计算梯度信息
10.        loss.backward()
11.        # 步骤 5:使用优化器更新网络参数
12.        optimizer.step()
13.
14.        # 输出训练损失函数值,并做记录
15.        loss_writer.add("mse loss", loss.item(), iteration)
16.        print("iter: {}, loss: {:.6f}".format(iteration, loss.item()))
17.
18.        # 记录网络的输出图像
19.        if iteration % SAVE_FREQ == 0:
```

```
20.             result_images.append(recon_image.detach().cpu().numpy().squeeze().
transpose(2, 1, 0))
21.             result_iterations.append(str(iteration))
22.     # 将训练过程中间生成的图像做拼接,并保存
23.     plot_list_image(result_images, result_iterations, IMAGE_SAVE_PATH)
```

上述代码中调用的 plot_list_image 函数负责将训练过程产生的图像进行拼接和保存，这样可以清晰地看出随着迭代次数的增加，模型的“自编码能力”是如何变化的。执行上述代码后，控制台将会产生下面的输出。

```
1.  iter:0, loss: 0.047690317034721375
2.  iter:1, loss: 0.0467802993953228
3.  (略)
4.  iter:36, loss: 0.005560105200856924
5.  iter:37, loss: 0.005228320602327585
6.  (略)
7.  iter:78, loss: 0.003368968842551112
8.  iter:79, loss: 0.0033493905793875456
9.  (略)
```

2.11.6 效果分析

模型训练过程中输出的数值给出了损失值的变化过程，并通过 loss_writer 将数值写入本地 txt 文件中。读取 txt 文件可以生成图 2.14 所示的收敛曲线。

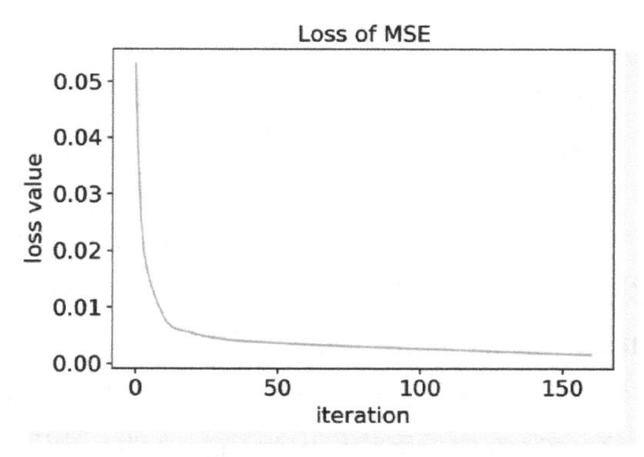

图 2.14 损失函数收敛曲线

从上面的 MSE 损失函数曲线可以看出，随着迭代次数的增加（横轴），损失值总体呈现出下降的趋势（纵轴）。在训练初期，损失值下降得非常快，当迭代次数达到 50 次以后，损失值的下降幅度逐渐降低。当然，损失函数的收敛情况并不能完整地反映出自编码网络的重构输入能力，还需要观察网络的输出图像是否和输入图像“一致”。根据前面的训练代码可以生成图 2.15 所示的图像。

现在，可以直观地看出自编码网络的“能力进化”过程。在第 0 次迭代时，网络的输出完全是随机的；在第 0~20 次的迭代过程中，网络能够重现出桌面的整体结构，但是在颜色和纹理方面与原始桌面差异非常大；在第 30~50 次的迭代过程中，网络已经能够将桌面的结构信息展

示得比较清楚了；在第 60 次迭代以后，网络的输出图像细节越来越接近于原始的桌面图像。

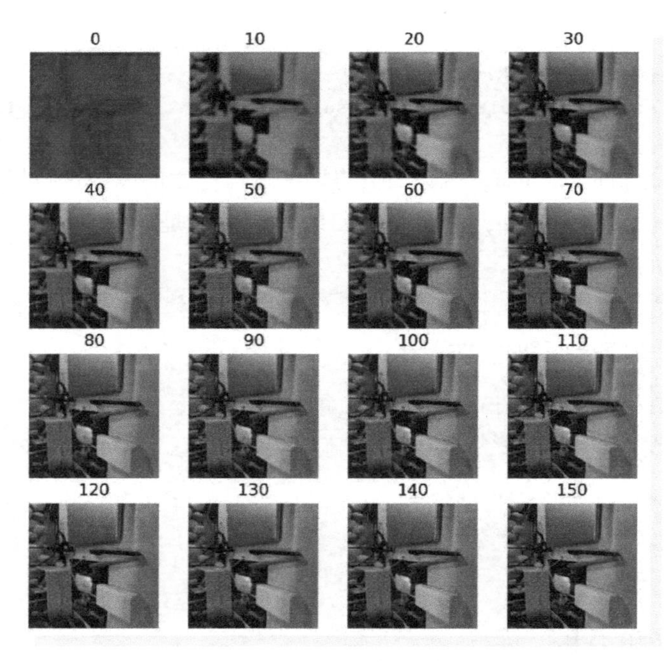

● 图 2.15　自编码学习过程

2.12 网络结构可视化

开发人员经常要设计各种结构的神经网络，从代码角度观察网络结构并不直观，所以需要对网络结构进行可视化。本书推荐的神经网络可视化软件是 Netron，读者可以从网站 https：//github. com/lutzroeder/netron 下载该软件，软件的安装过程较为简单，在此不做赘述。Netron 支持多种深度学习框架导出的模型文件，比如 TensorFlow、PyTorch 以及 MXNet 等。本书采用的方式是将 PyTorch 中的网络导出为 onnx 文件，然后再使用 Netron 进行可视化。模型定义完成后，可以使用 torch. onnx. export 函数导出 onnx 格式的模型。该函数有很多参数，大部分的参数都具有默认值，函数定义如下所示。

```
1.  torch.onnx.export(model, args, f, input_names=None, output_names=None)
```

第一个参数 model 代表需要保存的模型，也就是继承 nn. Module 类的神经网络；第二个参数 args 是模拟的输入张量，这个张量可以是随机数；第三个参数 f 代表需要保存的文件名，以 onnx 为后缀；第四个参数 input_name 和第五个参数 output_names 分别代表输入和输出张量的名称，可以由用户自定义。下面的例子展示了如何使用该函数导出 onnx 格式的一个简单的神经网络。

```
1.  import torch
2.  import torch.nn as nn
3.  import torch.onnx
4.
5.  class Block(nn.Module):
6.      def _init_(self):
7.          super()._init_()
8.          self.net = nn.Sequential(nn.Conv2d(3, 64, 3, 1, 1),
9.                                   nn.BatchNorm2d(64),
10.                                  nn.ReLU())
11.     def forward(self, x):
12.         return self.net(x)
13. block = Block()
14. input_tensor = torch.randn(size=(1,3, 256, 256))
15. torch.onnx.export(model=block, args=input_tensor, f="block.onnx",
16.                   input_names=["input"], output_names=["output"])
```

运行上述代码后，将会在同级目录下生成 block. onnx 文件。使用 Netron 软件打开 block. onnx 将会得到图 2. 16 所示框图，图中直观地展示出了卷积+批归一化+激活的结构，并给出了每一层的操作名称，以及权重 W （weights） 和偏置 B （bias） 的维度。

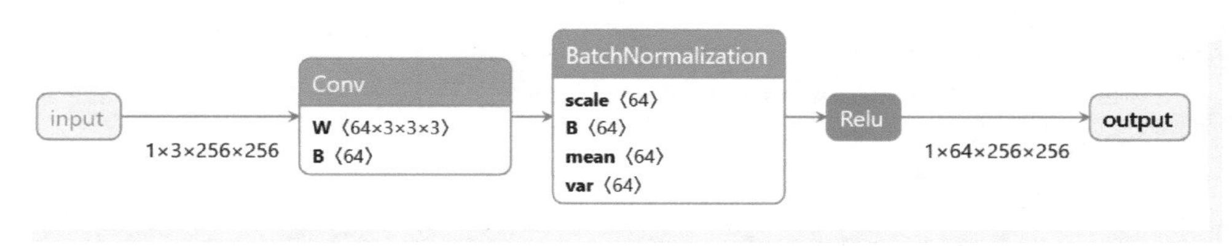

● 图 2. 16　通过 Netron 可视化自编码网络

2. 13 拓展阅读

2. 13. 1 学习率调整策略

训练神经网络所采用的梯度下降算法需要指定学习率的具体值，这个参数控制着权重更新的幅度。常见的学习率有 0. 01、0. 001 以及 0. 0001 等，学习率越大则更新幅度越大。一种常见的情况是希望在网络训练的初期选择相对较大的学习率，此时网络的收敛比较迅速，并且在训练后期将学习率降低，让网络的收敛更加接近局部最优解。为此需要动态地调节学习率的数值大小。本节将介绍 PyTorch 中两种常用的学习率调整方法：ExponentialLR 和 SetpLR。

（1）ExponentialLR

ExponentialLR 类包含在 torch. optim. lr_scheduler 模块中，其定义如下。

```
1.  torch.optim.lr_scheduler.ExponentialLR(optimizer, gamma, last_epoch=-1)
```

第一个参数 optimizer 代表学习率控制器所需要控制的优化器；第二个参数 gamma 代表衰减的幅度，即衰减的指数值；第三个参数 last_epoch 代表最后一个周期的索引值。使用学习率衰减策略首先需要定义一个绑定了某个网络参数（net. parameters( )）的优化器，并指定初始的学习率 lr 为 0. 1。

```
1.  optimizer_ExpLR = torch.optim.SGD(net.parameters(), lr=0.1)
```

然后，给优化器 optimizer_ExpLR 绑定学习率衰减控制器，代码如下。

```
1.  ExpLR = torch.optim.lr_scheduler.ExponentialLR(optimizer_ExpLR, gamma=0.98)
```

选择不同的 gamma 值可以获得不同衰减幅度的学习率曲线，下面代码展示了 3 种不同伽马值的学习率控制器。

```
1.  import torch
2.  import torch.optim as optim
3.  import torch.nn as nn
4.  import matplotlib.pyplot as plt
5.
6.  class Net(nn.Module):
7.      def _init_(self):
8.          super()._init_()
9.          self.linear = nn.Linear(1, 1)
10.
11.     def forward(self, x):
12.         return self.linear(x)
13. net = Net()
14.
15.
16. #1.定义优化器
17. optimizer_ExpLR_098 = torch.optim.SGD(net.parameters(), lr=0.1)
18. optimizer_ExpLR_090 = torch.optim.SGD(net.parameters(), lr=0.1)
19. optimizer_ExpLR_099 = torch.optim.SGD(net.parameters(), lr=0.1)
20. #2.给优化器绑定学习率衰减策略
21. ExpLR_098 = torch.optim.lr_scheduler.ExponentialLR(optimizer_ExpLR_098, gamma=0.98)
22. ExpLR_090 = torch.optim.lr_scheduler.ExponentialLR(optimizer_ExpLR_090, gamma=0.9)
23. ExpLR_099 = torch.optim.lr_scheduler.ExponentialLR(optimizer_ExpLR_099, gamma=0.99)
```

```
24.  # 3.定义步长和对应学习率值的容器
25.  step_list = []
26.  ExpLR_098_list = []
27.  ExpLR_090_list = []
28.  ExpLR_099_list = []
29.  num_steps =1000 # 总迭代次数
30.  for i in range(num_steps):
31.      # 4.更新学习率
32.      ExpLR_098.step()
33.      ExpLR_090.step()
34.      ExpLR_099.step()
35.      # 5.记录当前步数对应的学习率
36.      step_list.append(i)
37.      ExpLR_098_list.append(optimizer_ExpLR_098.param_groups[0]["lr"])
38.      ExpLR_090_list.append(optimizer_ExpLR_090.param_groups[0]["lr"])
39.      ExpLR_099_list.append(optimizer_ExpLR_099.param_groups[0]["lr"])
40.
41.  plt.figure(figsize=(4, 3))
42.  plt.plot(step_list, ExpLR_098_list, label="gamma=0.98", color="red")
43.  plt.plot(step_list, ExpLR_090_list, label="gamma=0.90")
44.  plt.plot(step_list, ExpLR_099_list, label="gamma=0.99")
45.  plt.legend(loc="upper right")
46.  plt.show()
```

运行上述代码，将得到图 2.17 所示的 gamma 值分别为 0.98、0.90 和 0.99 的学习率衰减曲线。

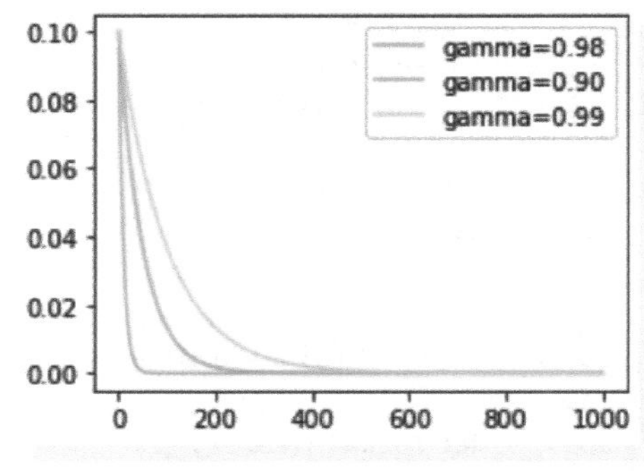

图 2.17　固定步长学习率调整曲线（见彩插）

（2）StepLR

如果希望学习率按照一定步数间隔进行衰减，则需要选择 SetpLR 衰减类。SetpLR 允许指定衰减间隔 step_size，每隔 step_size 次学习率将减少为原来的 gamma 分之一。使用 StepLR 的方式与 ExponentialLR 相同，首先需要定义绑定了网络参数的优化器，然后再给 StepLR 对象绑定优化器。

```
1.  optimizer_StepLR = torch.optim.SGD(net.parameters(), lr=0.1)
2.  StepLR = torch.optim.lr_scheduler.StepLR(optimizer_StepLR,
3.                                          step_size=step_size, gamma=0.65)
```

固定步长 step_size，选取不同的 gamma 值，将得到图 2.18 所示的不同学习率对应的衰减曲线。

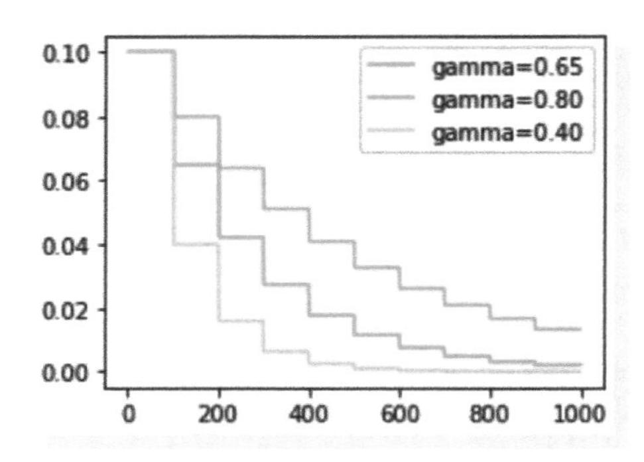

图 2.18　多步长学习率调整曲线（见彩插）

2.13.2　获取网络的命名参数

通过 nn. Module 类的 named_parameters 方法可以获得网络中包含的命名参数，该方法返回的是生成器。下面代码中定义了继承 nn. Module 的两个神经网络类，Net 类中包含了 MiniConv 类的实例。

```
1.  import torch
2.  import torch.nn as nn
3.
4.  class MiniConv(nn.Module):
5.      def _init_(self):
6.          super()._init_()
7.          self.conv = nn.Conv2d(1, 1, 1)
8.
9.  class Net(nn.Module):
10.     def _init_(self):
11.         super()._init_()
12.         self.conv = nn.Conv2d(1, 1, 1)
13.         self.mini =MiniConv()
14.
15.     def forward(self):
16.         return 0
```

现在，可以通过 Net 的 named_parameters 方法获取它自身包含的所有命名参数。从生成器中获取的每个元素都是元组类型，元组的第一个值是参数的名字，第二个值是对应的参数，代码如下。

```
1.  net = Net()
2.  for param in net.named_parameters():
3.      print(param)
```

```
4.  # 输出结果:
5.  # ('conv.weight', Parameter containing:
6.  # tensor([[[[-0.8251]]]], requires_grad=True))
7.  # ('conv.bias', Parameter containing:
8.  # tensor([0.7367], requires_grad=True))
9.  # ('mini.conv.weight', Parameter containing:
10. # tensor([[[[-0.1005]]]], requires_grad=True))
11. # ('mini.conv.bias', Parameter containing:
12. # tensor([0.7705], requires_grad=True))
```

2.13.3 参数初始化

初始化的作用是指定参数的初始值，比如全连接层的 w 和 b 值。前面介绍的 nn 模块中卷积层、BN 层和全连接层都包含需要指定初值的参数，PyTorch 在定义模块时自动地完成了参数初始化过程。此外，也可以自定义网络参数的初始化策略，在 torch. nn. init 模块中包含了多种初始化方法，部分代码展示如下。

```
1.  torch.nn.init.uniform_(tensor, a=0.0, b=1.0)
2.  torch.nn.init.normal_(tensor, mean=0.0, std=1.0)
3.  torch.nn.init.constant_(tensor, val)
4.  torch.nn.init.ones_(tensor)
5.  torch.nn.init.zeros_(tensor)
```

上面 5 个初始化函数的作用分别是均匀初始化、正态分布初始化、常量初始化、全 1 初始化、全 0 初始化。下面定义的 Net 网络包含两个全连接层，其中一个全连接层是 nn. Linear 类对象，另一个全连接层是自定义的 Linear 对象。

```
1.  import torch
2.  import torch.nn as nn
3.  
4.  class Linear(nn.Module):
5.      def _init_(self, ch_in, ch_out):
6.          super()._init_()
7.          self.conv = nn.Linear(ch_in, ch_out)
8.      def forward(self, x):
9.          return self.conv(x)
10. 
11. 
12. class Net(nn.Module):
13.     def _init_(self, ch_in, ch_out):
14.         super()._init_()
15.         # 嵌套 Linear 类实例,属于定义网络常见的情况
```

```
16.         self.linear_inner = Linear(ch_in, ch_in)
17.         self.linear_outer = nn.Linear(ch_in, ch_out)
18.     def forward(self, x):
19.         out = self.linear_inner(x)
20.         out = self.linear_outer(x)
21.         return out
```

接下来，需要通过调用 self. modules 方法来获得网络的所有操作（module），并对不同操作使用不同的初始化策略。下面的 init_weights 方法使用了 isinstance（判断当前操作属于哪个类的实例，如果操作是 nn. Linear 类对象，那么对这个操作的 weight 使用常量 1 进行初始化，并对操作的 bias 使用常量 0 初始化）。

```
1.  def init_weights(self):
2.      # 递归获得网络的所有子代 Module
3.      for op in self.modules():
4.          # 针对不同类型操作采用不同初始化方式
5.          if isinstance(op, nn.Linear):
6.              nn.init.constant_(op.weight.data, val=1)
7.              nn.init.constant_(op.bias.data, val=0)
8.          # 这里可以对 Conv 等操作进行其他方式的初始化
9.          else:
10.             Pass
```

下面代码定义了 net 对象，并调用了 net 的初始化方法 init_weights，使用 named_parameters 方法返回 net 的所有命名参数，根据 init_weights 方法中设定的初始化值，可以获得下面的结果。

```
1.  # 定义网络
2.  net = Net(1, 1)
3.  # 执行初始化函数
4.  net.init_weights()
5.  # 遍历网络包含的所有参数,观察初始化结果
6.  for param in net.named_parameters():
7.      print(param)
8.  # 输出结果:
9.  #('linear_inner.conv.weight', Parameter containing: tensor([[1.]],requires_grad=
True))
10. # ('linear_inner.conv.bias', Parameter containing: tensor([0.], requires_grad=
True))
11. # ('linear_outer.weight', Parameter containing: tensor([[1.]], requires_grad=
True))
12. # ('linear_outer.bias', Parameter containing: tensor([0.], requires_grad=True))
```

2.14 本章小结

本章介绍了 PyTorch 的基本功能和使用方式，包含了搭建常规神经网络所需要的整体知识。本章各节的知识是具有前后的承接关系的，首先介绍了神经网络框架的现状和 PyTorch 的发展历程，以及如何安装 PyTorch；然后具体地介绍了 Tensor 数据类型、数据读取和数据增强；接下来介绍了卷积模块的使用、Normalization 方法、常见激活函数的选择以及优化器绑定方法等；继而给出了卷积神经网络的构建、可视化、训练、保存和加载过程；最后以动态学习率调整和参数初始化为例，讨论了优化神经网络训练的策略。

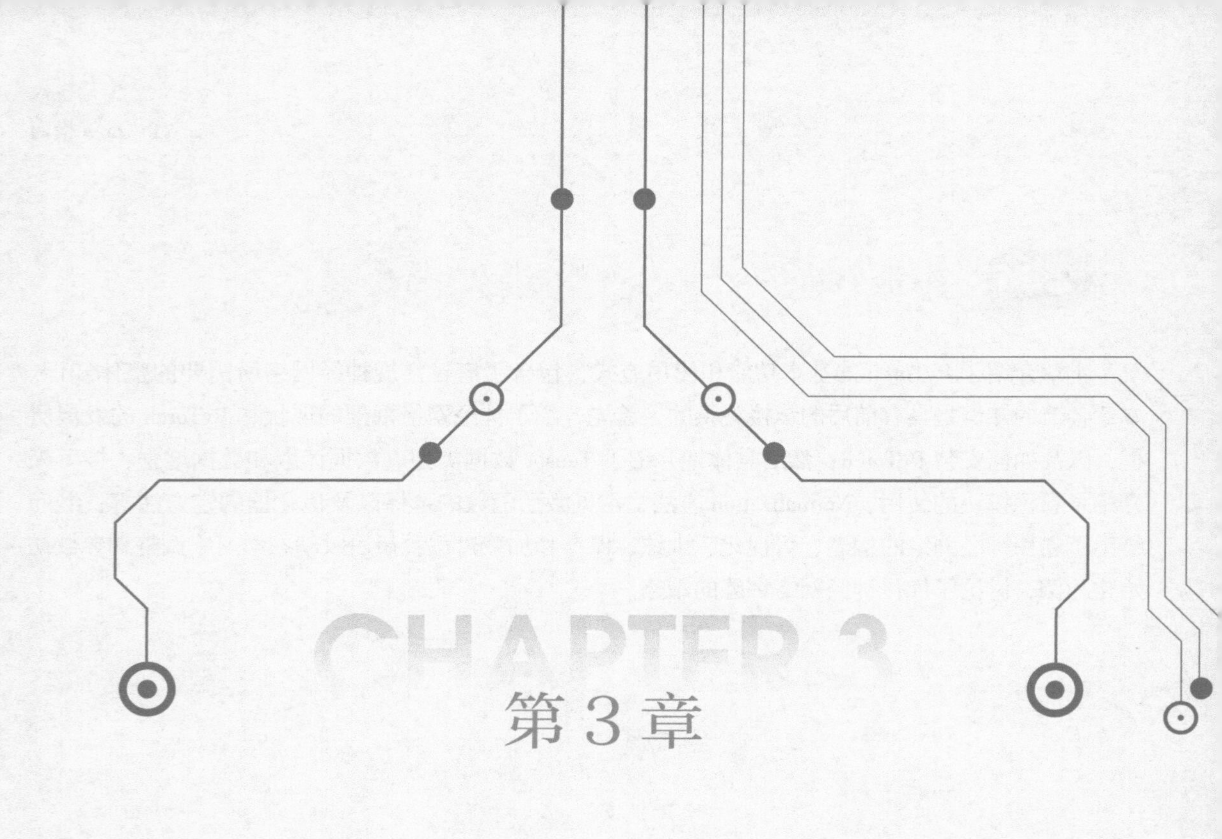

CHAPTER 3

第3章

Android应用构建

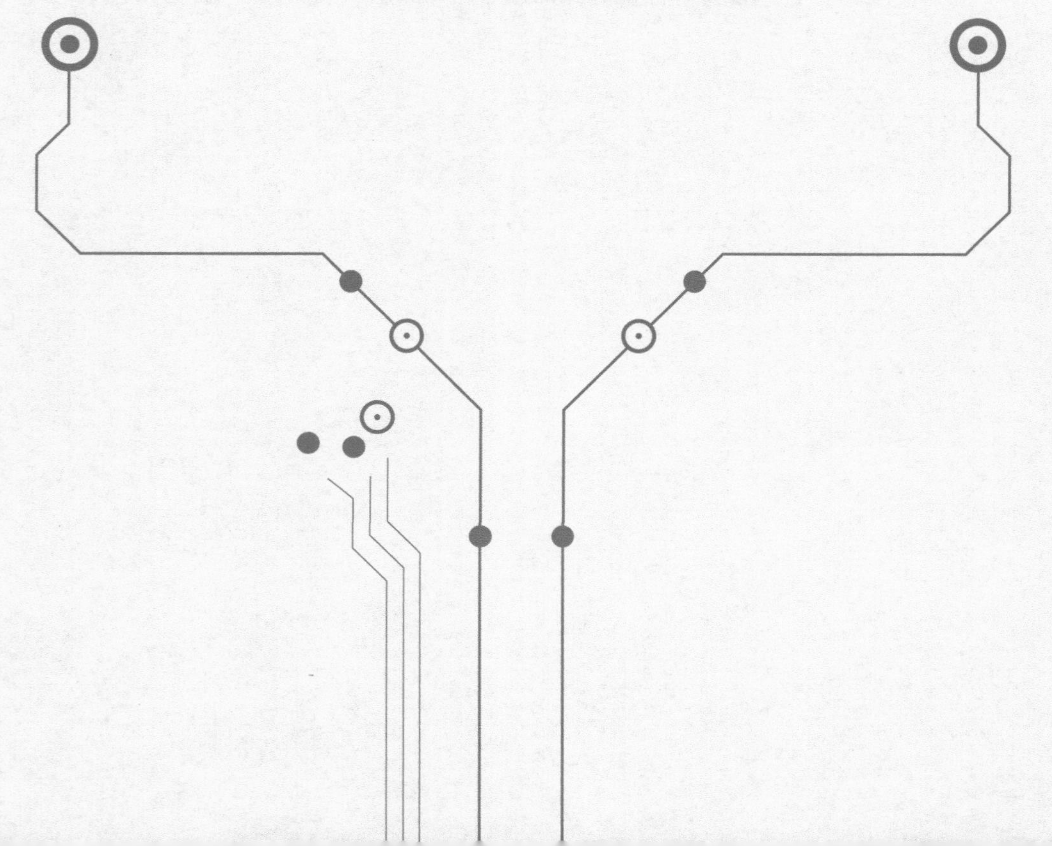

智能手机已经成为人们生活中的重要组成部分，各大厂商的 App Store 中每天都有大量的新应用上架。本书的实践环节是将深度神经网络算法部署到手机端，想象一下，自己做出一款人工智能应用，并将它分享给身边的朋友，是一件多么有趣的事情。

神经网络的代码编写使用的是 Python 语言，Android 软件设计主要使用的是 Java 语言。当然，已出版的介绍 Android 手机应用开发的书籍非常多，这些书籍大多数都具有非常深的理论和实战知识，对于算法从业人员来说通常具有较大的难度，读者也没有必要完全精通 Android 开发的知识。为了便于读者快速地达到构建手机应用的目标，本书将对 Android 应用开发的基本内容进行介绍，这些基本内容足以完成本书的全部 AI（人工智能）示例。需要指出的是，由于本书的目标是最小化读者所需的 Android 知识，所以实现具体功能的原则是使用“最简单”的方式，而不是“最高效”或者“最稳定”的方式。如果读者掌握的 Android 开发知识大于本章所介绍的内容，完全可以对本书的示例进行改进。

当前主流的 Android 开发语言有两种，分别是 Java 和 Kotlin。相比于新推出不久的 Kotilin 语言，Java 语言在互联网上拥有更多的开发资料和教程，所以本书的案例都是基于 Java 语言的。本章假定读者是具有一定的 Java 基础的，至少能够掌握 Java 的基本语法。所以，对于 JDK 安装、环境变量的设置本章将不做赘述，建议读者参考 Java 入门的相关书籍。本章的代码可以在第 3 章的代码仓库中找到。在每一节展示完整的代码会带来众多重复，为了避免这种重复，本书只展示了每一节的核心代码，所以读者在学习本章时需要结合源码进行阅读。

本章以完整案例的方式介绍了 Android 的基础知识，所以各节之间的代码是有很强的前后依存关系的。本章包含的主要知识点如下。

- 搭建 Android 开发环境。
- Java 文件和布局文件。
- 文字、图片和按钮控件的使用。
- 如何调用系统相册、相机并保存文件到本地。
- 移动端部署流程。

3.1 Android Studio 安装与项目构建

本书使用的开发环境是 Android Studio，它是一款为开发者设计的集成开发工具。早期的 Android 开发者们可能会使用 Eclipse+ADT 的模式，但是这种开发方式截止本书写作之时已经很少被使用了。读者可以访问 Android 开发的支持网站，https：//developer. android. google. cn/，查看相关资料。

3.1.1 Android Studio 的下载和安装

Android Studio 是当前开发者们使用最多的开发工具，熟练地使用它是完成本书案例的基本条件。App 的开发和神经网络的部署都可以通过 Android Studio 完成。首先访问安卓开发的网站 https：//developer. android. google. cn/studio，在下载界面可以找到不同平台下的开发包，如图 3.1 所示。

Platform	Android Studio package	Size	SHA-256 checksum
Windows (64-bit)	android-studio-ide-202.7351085-windows.exe Recommended	933 MiB	1db6aef39055d4cd69de26026aa0d3f17d10dd2b66051004580eb5175039934f
	android-studio-ide-202.7351085-windows.zip No .exe installer	935 MiB	c5bf48735fcd8626b8d2263074d9728797a7fa7ea1de6e689fa2ed3331b97fbf
Mac (64-bit)	android-studio-ide-202.7351085-mac.dmg	936 MiB	d993eab5751c2bac5caa7f3b2aa0bb6e8c20477ce67f9ed1b8d87ad6172c92da
Linux (64-bit)	android-studio-ide-202.7351085-linux.tar.gz	951 MiB	66e06233349d07ac0fd53a23accc1bba5146488d0221bdf793557d0441349e1c
Chrome OS	android-studio-ide-202.7351085-cros.deb	810 MiB	6263ed1c69c358dd4708c0ee8b65144c2b7681e79f4ec2a4954144020664f5c3

See the Android Studio release notes. More downloads are available in the download archives.

● 图 3.1 Android Studio 安装包下载界面

本书的开发平台是 Windows，所以下载的是标有 Recommend 字样的 android-studio-ide-202. 7351085-windows. exe。如果读者不想使用推荐版本的安装包，可以单击下方的“download archives”选项，弹出的界面会提供 Android Studio 的历史发行版本。双击下载好的 exe 文件，按照提示信息逐步完成 Android Studio 的安装即可。

3.1.2 创建 Android 项目

打开 Android Studio 以后，单击左上角的 File->New->New Project 命令，会打开“Create Android Project”界面，根据界面的内容创建新项目，如图 3.2 所示。

创建项目时需要注意下面几点。

- Application Name：也就是应用名称，建议起名字的时候能够体现出当前项目的用途，不建议使用默认的 My Application 1 这种无法体现项目信息的名字。
- Company Domain：对于个人开发者，在此可以使用默认的值。
- Project Location：建议将项目存储路径设置为 C 盘以外的盘，因为项目文件可能会占用非常大的空间。

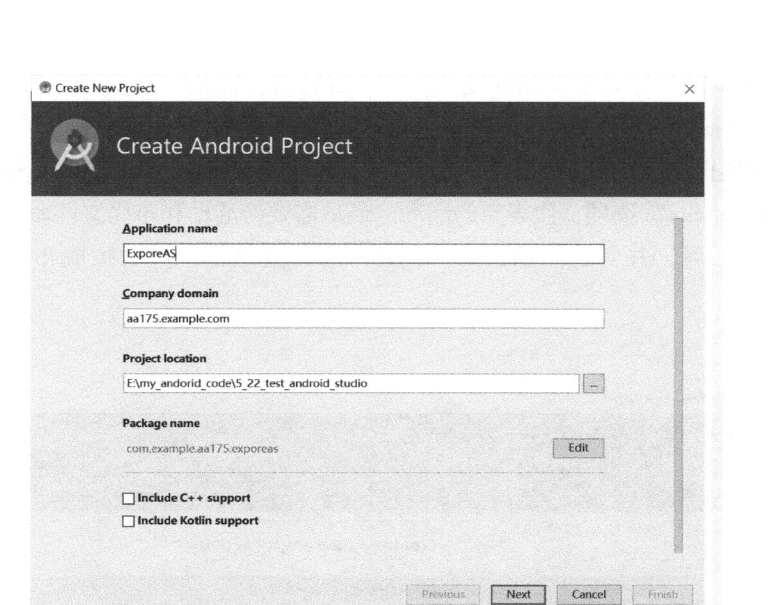

● 图 3.2　创建项目界面

● C++和 Kotlin 并不在本书的示例中使用，所以读者可以不用勾选这两个复选框。

接下来需要选择目标开发平台，单击“Nest”按钮，在打开的“Target Android Devices”界面中勾选“Phone and Tablet”复选框，代表手机应用的开发，如图 3.3 所示。这一步非常关键，

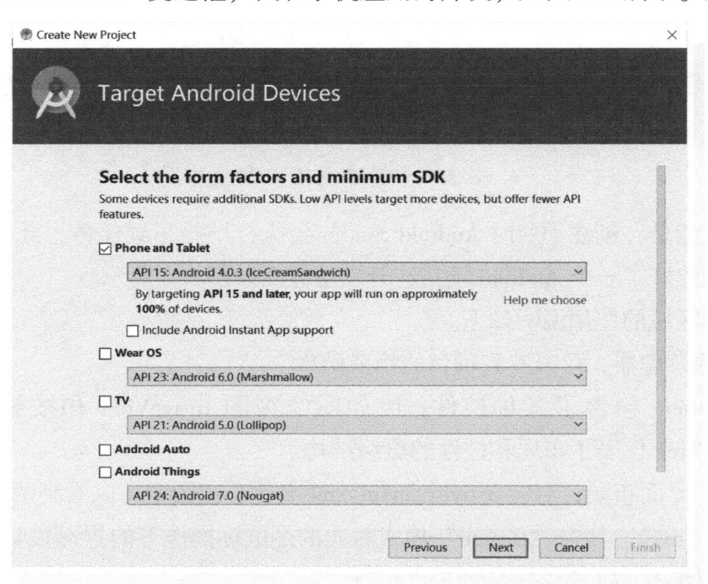

● 图 3.3　目标平台与 API 版本

选择太陈旧的 API 版本可能导致 App 过于落伍，选择过于新的 API 将会造成 App 在一些相对较旧的设备上无法运行。建议读者选择 Android Studio 推荐的 API 版本，不要更改此默认选项。

接下来需要选择创建的活动类型，单击“Next”按钮，在打开的“Configure Activity”界面中选择“Empty Activity”选项，代表空的活动。最后需要给活动和布局文件命名，在此按照系统提供的默认名称即可，并勾选“Generate Layout file”复选框，代表生成布局文件，如图 3.4 所示。

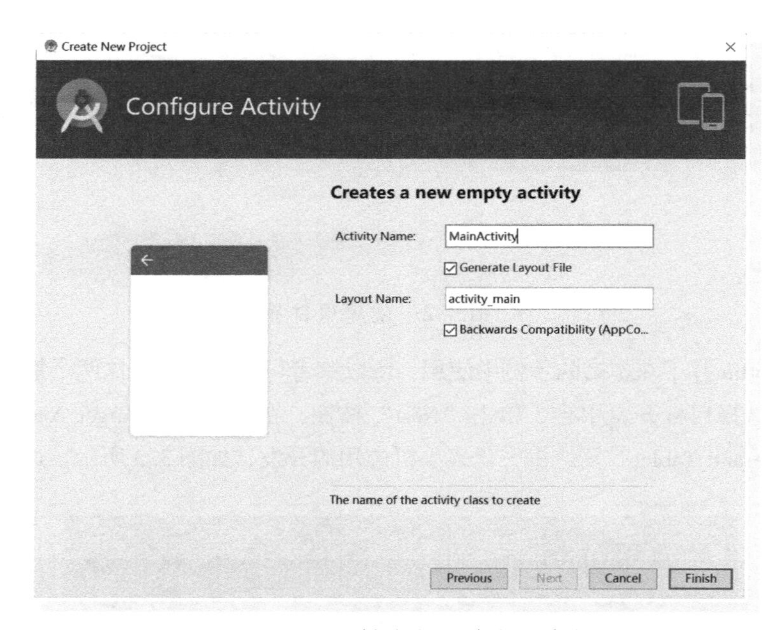

• 图 3.4　创建主活动和主布局

特别需要注意的是，创建项目时 Android Studio 会执行一些下载任务，此时必须保证网络通畅。现在，已经创建好了一个 Android 项目，开发主界面如图 3.5 所示。

开发界面的各区域的作用说明如下。

- 左侧是资源管理器，可以看到项目的组成结构。
- 中间的 Palette 包含了各种控件，比如图像视图 ImageView 和按钮 Button 等；中间 Component Tree 代表了布局和控件的层级结构。
- 右侧展示了界面布局，对应 activity_main.xml 文件。在图中可以看到两种设计模式：“Design”和“Text”，其中“Design”模式对应的是鼠标操作下的界面设计，“Text”模式对应的是通过编写 xml 文件进行的界面设计。

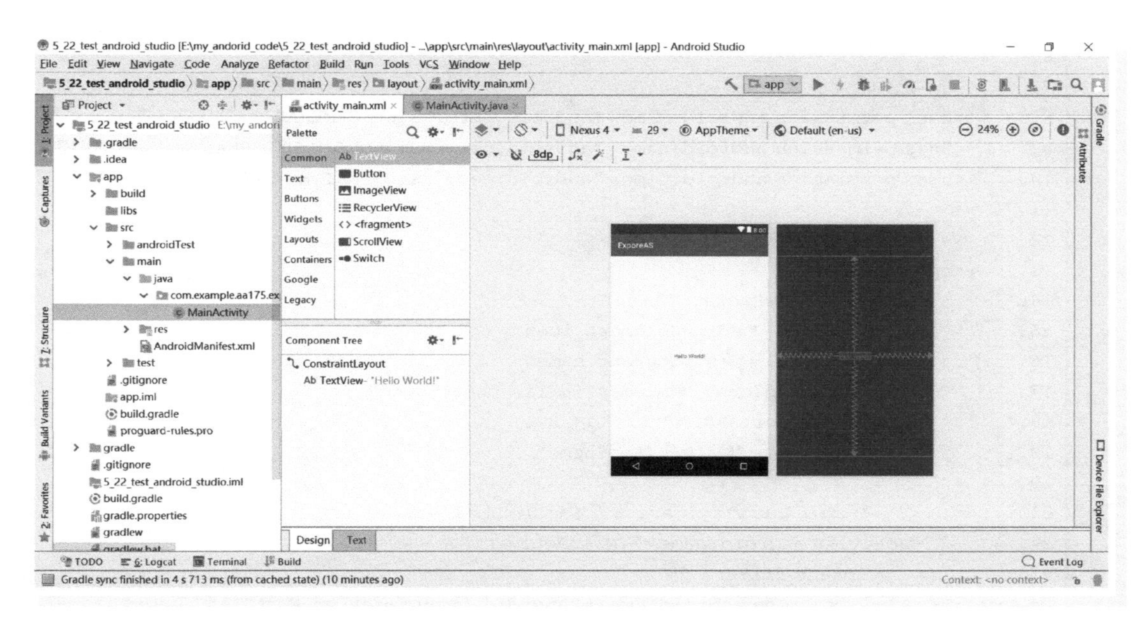

图 3.5　Android Studio 开发主界面

3.2 Manifest 文件

正式介绍各类组件的基本概念和使用方式之前，首先需要了解配置清单文件 AndroidManifest. xml，它提供了项目的全局描述。对于每一个 AS（Android Studio）项目来说，AndroidManifest. xml 都是必不可少的，在该文件声明下面必须配置的信息。

- App 的包名，在构建项目过程中作为代码入口。
- App 包含的组件：Activities、Services、Broadcast Receivers 和 Content Providers，复数代表此类组件可以包含多个。
- App 需要使用的系统权限。随着 Android 系统的升级，权限的申请和使用方式存在较大差别，有时需要对不同的 Android 系统使用不同的权限申请策略。
- 应用程序所支持的最低版本。

在上一节所创建项目的 Android Manifest. xml 代码如下。

```
1.  <? xml version="1.0" encoding="utf-8"? >
2.
3.  <! --package 是应用程序的包名-->
4.  <manifest xmlns:android="http://schemas.android.com/apk/res/android"
5.      package="com.example.aa175.as_demo">
```

```
6.
7.      <! --应用需要申请的权限-->
8.      <uses-permission android:name="android.permission.CAMERA"/>
9.      <uses-permission android:name="android.permission.READ_EXTERNAL_STORAGE"/>
10.     <uses-permission android:name="android.permission.WRITE_EXTERNAL_STORAGE"/>
11.
12.     <! --指定应用的名称、图标和主题等-->
13.     <application
14.         android:allowBackup="true"
15.         android:icon="@drawable/app_icon"
16.         android:label="@string/app_name"
17.         android:roundIcon="@mipmap/ic_launcher_round"
18.         android:supportsRtl="true"
19.         android:theme="@style/AppTheme">
20.
21.         <! --将 MainActivity.java 设置为应用程序入口-->
22.         <activity android:name=".MainActivity">
23.             <intent-filter>
24.                 <action android:name="android.intent.action.MAIN" />
25.                 <category android:name="android.intent.category.LAUNCHER" />
26.             </intent-filter>
27.         </activity>
28.     </application>
29. </manifest>
```

3.3 界面布局

手机应用程序通常以界面的方式与用户进行交互，所以需要对布局方式进行设计和选择。常用的布局有以下 7 种。

1）线性布局 LinearLayout。

2）表格布局 TableLayout。

3）帧布局 FrameLayout。

4）相对布局 RelativeLayout。

5）网格布局 GridLayout。

6）绝对布局 AbsoluteLayout。

7）约束布局 ConstraintLayout。

不同的布局模式适用于不同的业务需求，为了降低各种界面的实现难度，书中统一使用线性布局 LinearLayout 完成所有示例应用界面的设计。线性布局在某些场景下可能会增加代码复杂性，但是它的开发难度是最低的，有助于保持本书代码的一致性。

在创建完成项目后，默认生成的 activity_main. xml 使用的是约束布局 ConstraintLayout。首先删除默认生成的“Hello World”并单击“Text”模式，将会得到下面的代码。

```
1.  <? xml version="1.0" encoding="utf-8"? >
2.
3.  <android.support.constraint.ConstraintLayout xmlns:android="http://schemas.an-
droid.com/apk/res/android"
4.      xmlns:app="http://schemas.android.com/apk/res-auto"
5.      xmlns:tools="http://schemas.android.com/tools"
6.      android:layout_width="match_parent"
7.      android:layout_height="match_parent"
8.      tools:context=".MainActivity">
9.
10. </android.support.constraint.ConstraintLayout>
```

然后，将 ConstraintLayout 替换为 LinearLayout，当键盘输入“<LinearLayout”时 Android Studio 会自动地给出代码补全提示。这样就不需要手动输入所有的内容了，使用代码补全将得到下面的代码。

```
1.  <? xml version="1.0" encoding="utf-8"? >
2.  <LinearLayout
3.      xmlns:android="http://schemas.android.com/apk/res/android"
4.      android:layout_width="match_parent"
5.      android:layout_height="match_parent"
6.      android:orientation="vertical"
7.      >
8.  </LinearLayout>
```

上面代码中的 LinearLayout 有 3 个非常重要的属性：layout_width、layout_height 和 orientation。layout_width 和 layout_height 代表布局的宽度和高度。这两个属性都具有两种常用取值，第一个是“wrap_content”，即它的尺寸只需要包裹住它的内容即可，第二个是“match_parent”，即它的尺寸和父组件的尺寸保持一致。orientation 用于指定线性布局是水平的（horizontal）还是垂直的（vertical），水平布局中包含的控件按照横向排列，垂直布局中包含的控件按照纵向排列。下面的代码展示了如何在线性布局中添加横向排列和纵向排列的按钮。

```
9.  <? xml version="1.0" encoding="utf-8"? >
10. <LinearLayout
11.     xmlns:android="http://schemas.android.com/apk/res/android"
12.     android:layout_width="match_parent"
13.     android:layout_height="match_parent"
14.     android:orientation="vertical"
```

```
15.    >
16.    <LinearLayout
17.        android:layout_width="match_parent"
18.        android:layout_height="wrap_content"
19.        android:orientation="horizontal"
20.        android:gravity="center"
21.        >
22.
23.        <Button
24.            android:layout_width="wrap_content"
25.            android:layout_height="wrap_content"
26.            android:text="按钮 1"
27.            />
28.        <Button
29.            android:layout_width="wrap_content"
30.            android:layout_height="wrap_content"
31.            android:text="按钮 2"
32.            />
33.
34.        <Button
35.            android:layout_width="wrap_content"
36.            android:layout_height="wrap_content"
37.            android:text="按钮 3"
38.            />
39.
40.        <Button
41.            android:layout_width="wrap_content"
42.            android:layout_height="wrap_content"
43.            android:text="按钮 4"
44.            />
45.    </LinearLayout>
46.
47.    <LinearLayout
48.        android:layout_width="match_parent"
49.        android:layout_height="wrap_content"
50.        android:orientation="vertical"
51.        android:gravity="center"
52.        >
53.        <Button
54.            android:layout_width="wrap_content"
55.            android:layout_height="wrap_content"
56.            android:text="按钮 5"
57.            />
58.
59.        <Button
```

```
60.             android:layout_width="wrap_content"
61.             android:layout_height="wrap_content"
62.             android:text="按钮 6"
63.             />
64.
65.         <Button
66.             android:layout_width="wrap_content"
67.             android:layout_height="wrap_content"
68.             android:text="按钮 7"
69.             />
70.
71.         <Button
72.             android:layout_width="wrap_content"
73.             android:layout_height="wrap_content"
74.             android:text="按钮 8"
75.             />
76.     </LinearLayout>
77.</LinearLayout>
```

上述的 xml 代码生成的界面如图 3.6 所示。横向分布的 4 个按钮处于水平布局之中，纵向分布的 4 个按钮处于垂直布局之中。

● 图 3.6　水平和垂直布局示例

3.4 项目主活动与 App 启动

在本书采用的 Android 工程中需要创建一个“程序入口”，这可以由活动（Activity）类实现。首先打开默认生成的 MainActivity.java，在此文件中包含了继承 AppCompatActivity 类的 MainActivity 类，需要实现其 onCreate 函数，并在 onCreate 函数中执行各项初始化操作。按照前面创建工程的步骤新建一个工程，在 MainActivity.java 中将生成如下代码。

```
1.  import android.support.v7.app.AppCompatActivity;
2.  import android.os.Bundle;
3.
4.  publicclass MainActivity extends AppCompatActivity {
5.      @Override
6.      protected void onCreate(Bundle savedInstanceState) {
7.          super.onCreate(savedInstanceState);
8.          #定义活动显示的布局文件
9.          setContentView(R.layout.activity_main);
10.     }
11. }
```

上述代码中 setContentView（R. layout. activity_main）完成了此活动布局文件的设置，启动 App 后将在屏幕显示 R. layout. activity_main。这里的 R. layout. activity_main 指默认生成的布局文件 activity_main. xml。

在代码中可以创建多个 Activity 类，所以需要指定哪一个是 App 启动的入口类。打开当前工程的 manifest. xml 文件，可以看到如下代码。

```
1.  <activity android:name=".MainActivity">
2.        <intent-filter>
3.          <action android:name="android.intent.action.MAIN" />
4.          <category android:name="android.intent.category.LAUNCHER" />
5.        </intent-filter>
6.  </activity>
```

第一行的 android：name =" . MainActivity" 指明了该标签代表 MainActivity，其中" android. intent. action. MAIN" 代表此活动是 App 的入口，" android. intent. category. LAUNCHER" 代表此活动允许被启动。

3.5 资源文件

在开发 AI 应用的过程中，需要进行编写的文件主要包含下面 3 大类。

1）xml 布局源文件：通过 xml 代码完成界面的设计。

2）Java 源文件：主要是 Activity 类的实现，并提供相关的辅助功能类，实现逻辑功能。

3）资源文件：包含各类的工程资源文件，比如 App 图标，颜色配置文件等。

xml 布局源文件和 Java 源文件在 3. 3 节和 3. 4 节已经介绍过了，本节主要介绍的是第三类资源文件，它主要由 xml 和各类图片格式（如 png、bmp 和 jpg 等）的文件组成。建议读者在阅读本节时打开 Android Studio 工具，并将左侧资源管理器切换到“Android”模式，下面将要介绍的资源文件都存放在 app->res 文件夹下面。

3.5.1 颜色定义文件

颜色值通过 16 进制的红色（Red）、绿色（Green）、蓝色（Blue）和透明度（Alpha）来表示，采用“#”符号开头。颜色值包含多种形式，本书的示例使用的是比较容易理解的形式：#RRGGBB。读者可以查阅 16 进制的颜色表，据此选取不同的颜色。颜色定义文件 colors. xml 在 res->values 文件夹下，比如下面是 Android Studio 自动生成的 3 种颜色的代码。

```
1. <? xml version="1.0" encoding="utf-8"? >
2. <resources>
3.     <color name="colorPrimary">#008577</color>
4.     <color name="colorPrimaryDark">#00574B</color>
5.     <color name="colorAccent">#D81B60</color>
6. </resources>
```

3.5.2 字符串定义文件

如果代码中需要使用一些字符串，最好不要随意地在代码中书写这些字符串，而是在一个文件中进行统一定义。下面代码中的<resources>是字符串资源文件的根元素，通过添加子元素<string>来新增字符串，其中 name 属性代表该字符串常量的名称，字符串的值写在开始标签和结束标签之间。

```
1. <resources>
2.     <string name="app_name">AI+APP</string>
3.     <string name="app_info">This app is designed by Me</string>
4. </resources>
```

3.5.3 形状定义文件

系统默认生成的按钮是矩形的，为了设计更加美观的按钮，可以自定义椭圆形的按钮。为此，需要在 res->drawable 文件夹下新建 corner_button. xml 文件，并输入下面的代码。本书所制作的应用界面中的按钮都将使用下面创建的椭圆形。

```
1. <? xml version="1.0" encoding="utf-8"? >
2. <! --设置形状为椭圆形-->
3. <shape xmlns:android="http://schemas.android.com/apk/res/android"
4.     android:shape="oval">
5.     <! --设置颜色为黑色-->
6.     <stroke
7.         android:color="#FF6F00"
```

```
8.          android:width="1dip"/>
9.      <solid android:color="#F0FFFF"/>
10.     <! --设置长轴和短轴分别为 80dp-->
11.     <size android:width="80dp" android:height="80dp"/>
12. </shape>
```

3.5.4 图像文件

在 Android Studio 中，图像文件可以存放在 mipmap 或者 drawable 文件夹下，二者的使用原理存在一定的差异性。本书中遵循所有图像文件均存放在 drawable 文件夹的原则，读者可以将图像文件直接复制到 drawable 文件夹中。

3.6 核心控件使用

控件是用户和手机交互的界面组件，Android 为开发者提供了很多控件，不同的控件可以完成不同的功能，用以开发不同的图像用户界面（Graphics User Interface，GUI）。本书应用示例需要的功能如下。

- TextView：显示文字，比如向用户展示一些提示信息。
- ImageView：显示图片，比如展示用户拍摄的图片。
- Button：按钮，用户单击按钮后，将执行特定的动作。

上述 3 个功能可以通过对应的控件实现，本节将对上述 3 种控件的使用方式进行介绍。

3.6.1 展示文字

文本框 TextView 是最常用的组件之一，它可以将文字信息展示给用户，如在应用界面上指导用户如何使用某项功能。TextView 的 XML 属性非常多，下面的示例代码展示了几种使用频率较高的属性。

```
1.  <LinearLayout
2.      android:layout_width="match_parent"
3.      android:layout_height="wrap_content"
4.      android:orientation="vertical"
5.      >
6.      <TextView
7.          android:layout_width="match_parent"
8.          android:layout_height="wrap_content"
9.          android:text="@string/app_info"
10.         android:gravity="center_horizontal"
```

```
11.            android:textSize="20dp"
12.            android:id="@+id/text_info"
13.            android:textColor="@color/colorMediumSpringGreen"
14.            android:background="@color/colorBeige"
15.            />
16.    </LinearLayout>
```

上述代码中，text 指定了文本内容，其具体内容在 string. xml 文件中定义；textSize 和 textColor 分别设置了文字的尺寸和颜色；background = "@ color/colorBeige" 指定了 TextView 的背景是米色，颜色的定义来自前面介绍的 color. xml 文件；id 指定了此 TextView 的唯一标识，在 Java 代码中将通过 id 来访问这个 TextView。

3.6.2 展示图像

本书的案例都是基于图片数据的，所以需要在应用界面上展示图像文件。展示图像的功能可以通过 ImageView 来实现，首先在布局文件 activity_main. xml 中添加一个 ImageView。这个 ImageView 的 id 是 show_image_view。

```
1.  <ImageView
2.      android:layout_width="wrap_content"
3.      android:layout_height="wrap_content"
4.      android:id="@+id/show_image_view"
5.      android:layout_gravity="center_horizontal"
6.      android:adjustViewBounds="true"
7.      />
```

然后，在 MainActivity. java 文件中定义一个 ImageView 对象 showImage，并使用 findViewById 对 showImage 进行初始化。showImage 将指向前面定义的 id 为 show_image_view 的控件。

```
1.  public class MainActivity extends AppCompatActivity {
2.      //(略)
3.      //创建 ImageView 对象
4.      private ImageView showImage;
5.  
6.      @Override
7.      protected void onCreate(Bundle savedInstanceState) {
8.          super.onCreate(savedInstanceState);
9.          setContentView(R.layout.activity_main);
10.         //(略)
11.         //绑定在 activity_main.xml 中定义的 show_image_view
12.         showImage = (ImageView) findViewById(R.id.show_image_view);
13.         Bitmap bmp = Bitmap.createBitmap(224, 224, Bitmap.Config.ARGB_8888);
14.         bmp.eraseColor(Color.parseColor("#00000000"));
```

```
15.             // 创建默认的背景
16.             showImage.setImageBitmap(bmp);
17.         }
18.         // (略)
19.     }
```

上面代码运行后，将会在用户界面中显示一张纯黑色的图像，代码中创建了一个临时的 Bitmap 对象，关于 Bitmap 的具体知识将在后文介绍。

3.6.3 按钮和监听机制

应用程序需要与用户进行交互，所以它需要对用户的动作进行处理。面对用户的不同动作，应给出不同的响应。这种对用户的动作产生响应的模式，被称为事件处理机制。Android 包含了回调机制和监听机制，本节介绍的按钮采用的是监听机制，回调机制不在本书的讨论范围内，感兴趣的读者可查阅相关资料。

（1）定义按钮

在 main_activity. xml 中，添加下面的按钮定义代码。需要注意的是必须要给这个按钮指定 id 的值为 test_button，这样才能在 Java 代码中访问到这个按钮。

```
1.  <Button
2.      android:layout_width="wrap_content"
3.      android:layout_height="wrap_content"
4.      android:text="@string/text_button"
5.      android:id="@+id/test_button"
6.      android:textSize="20dp"
7.      android:layout_gravity="center_horizontal"
8.      android:background="@drawable/corner_button"
9.  />
```

在最后一行中，定义了按钮的 background 是 drawable 文件中的 corner_button，即前面已经定义过的椭圆形。

（2）给按钮绑定监听器

定义按钮以后，需要给这个按钮绑定一个事件监听器，当相应的事件发生后，系统会通知事件监听器，由事件监听器完成指定的动作。所以，需要在事件监听器内编写动作代码，当相应事件出现时由事件监听器执行此代码，代码如下。

```
1.  public class MainActivity extends AppCompatActivity {
2.      // 定义用于计时的变量,每次按钮被单击时更新此变量的值
3.      private Integer clickTimes = new Integer(0);
4.      //创建按钮引用,在 main_activity.xml 中定义的按钮 test_button
5.      Buttonbtn = findViewById(R.id.test_button);
```

```
6.
7.     @Override
8.     protected void onCreate(Bundle savedInstanceState) {
9.         super.onCreate(savedInstanceState);
10.        setContentView(R.layout.activity_main);
11.
12.        // 给按钮绑定监听器 TestButtonOnClickListener 实例
13.        btn.setOnClickListener(new TestButtonOnClickListener());
14.    }
15.
16.    // 定义继承 View.onClickListen 的事件监听器,用于实现按钮被单击后的动作
17.    class TestButtonOnClickListener implements View.OnClickListener{
18.        @Override
19.        // onClick()将会在用户单击后被执行,期望完成的动作可以在 onClick()函数内实现
20.        public void onClick(View v){
21.            btn.setText("I was clicked by " + clickTimes.toString() + " times");
22.            clickTimes += 1;
23.        }
24.    }
25. }
```

上面代码中，定义的监听器 TestButtonOnClickListener 实现了 View. OnClickListener，并重写了 onClick 方法。当用户单击按钮时，将触发 onClick 方法，其中调用的 btn. setText 方法将更新按钮上显示的文字。

3.7 相机、相册和图像保存

本节介绍的是 Android 系统中图像的“输入”和“输出”操作，目标是实现 3 种功能：调用系统相机拍摄图像；调用系统相册获取图像；将图像保存到手机中。首先，在 activity_main. xml 中添加如下代码。

```
1.  <LinearLayout
2.      android:layout_width="match_parent"
3.      android:layout_height="wrap_content"
4.      android:gravity="end"
5.      android:orientation="horizontal">
6.
7.      <Button
8.          android:id="@+id/button_start_camera"
9.          android:layout_width="0dp"
10.         android:layout_height="wrap_content"
```

```
11.          android:layout_weight="1"
12.          android:background="@drawable/corner_button"
13.          android:text="@string/start_camera"
14.          android:textSize="20sp" />
15.
16.      <Button
17.          android:id="@+id/button_start_album"
18.          android:layout_width="0dp"
19.          android:layout_height="wrap_content"
20.          android:layout_weight="1"
21.          android:layout_gravity="center_horizontal"
22.          android:background="@drawable/corner_button"
23.          android:text="@string/start_album"
24.          android:textSize="20sp" />
25.
26.      <Button
27.          android:id="@+id/button_save_image"
28.          android:layout_width="0dp"
29.          android:layout_height="wrap_content"
30.          android:layout_weight="1"
31.          android:layout_gravity="center_horizontal"
32.          android:background="@drawable/corner_button"
33.          android:text="@string/save_image"
34.          android:textSize="20sp" />
35.  </LinearLayout>
```

上面的代码共定义了 3 个按钮，它们的 id 分别是 button_start_camera、button_start_album 和 button_save_image，这 3 个按钮对应的功能分别是开启相机、调用相册和保存图像。接下来，在 MainActivity. java 文件中添加如下相应的逻辑代码。

```
1.  public class MainActivity extends AppCompatActivity {
2.      //(略)
3.      // 开启相机和调用相册的请求码
4.      private static final int START_CAMERA_CODE = 1111;
5.      private static final int START_ALBUM_CODE = 1112;
6.      // 请求权限的请求码
7.      private static  final int REQUIRE_PERMISSION = 111;
8.
9.      // 创建用于开启相机的按钮
10.     private Button btnStartCamera;
11.     // 创建用于调用系统相册的按钮
12.     private Button btnStartAlbum;
13.     // 创建用于保存 ImageView 内容的按钮
14.     private Button btnSaveImage;
```

```
15.
16.     //定义 ImageView 对象 showImage 展示的图片的路径
17.     private String showImagePath;
18.     //定义相机拍摄图像的路径
19.     private String cameraImagePath;
20.     //定义从相册选择图像的路径
21.     private String albumImagePath;
22.
23.     @Override
24.     protected void onCreate(Bundle savedInstanceState) {
25.         super.onCreate(savedInstanceState);
26.         requestPermissions();
27.         setContentView(R.layout.activity_main);
28.         // (略)
29.         // 绑定开启相机的按钮
30.         btnStartCamera = (Button) findViewById(R.id.button_start_camera);
31.         btnStartCamera.setOnClickListener(new StartCameraOnClickListener());
32.         // 绑定调用相册的按钮
33.         btnStartAlbum = (Button) findViewById(R.id.button_start_album);
34.         btnStartAlbum.setOnClickListener(new StartAlbumOnClickListener());
35.         // 绑定保存图片的按钮
36.         btnSaveImage = (Button) findViewById(R.id.button_save_image);
37.         btnSaveImage.setOnClickListener(new SaveImageOnClickListener());
38.         // (略)
39.     }
40. }
```

在 onCreate 中调用了 requestPermissions 函数，这个函数的作用是向用户请求权限。在早期版本的 Android 中只需要在 Manifest. xml 中申请相机等权限即可，但是在较新版本的 Android（自 6. 0 版本开始）中需要动态地申请权限，它的实现代码如下。

```
1. private void requestPermissions() {
2.     // 定义容器,存储需要申请的权限
3.     List<String>permissionList = new ArrayList<>();
4.     // 检测应用是否具有 CAMERA 的权限
5.     if (ContextCompat.checkSelfPermission(this, Manifest.permission.CAMERA) !=
PackageManager.PERMISSION_GRANTED) {
6.         permissionList.add(Manifest.permission.CAMERA);
7.     }
8.     // 检测应用是否具有 READ_EXTERNAL_STORAGE 的权限
9.     if (ContextCompat.checkSelfPermission(this, Manifest.permission.READ_EXTERNAL
_STORAGE) != PackageManager.PERMISSION_GRANTED) {
10.        permissionList.add(Manifest.permission.READ_EXTERNAL_STORAGE);
11.    }
```

```
12.
13.      // 检测应用是否具有 WRITE_EXTERNAL_STORAGE 的权限
14.      if (ContextCompat.checkSelfPermission(this, Manifest.permission.WRITE_EXTER-
NAL_STORAGE) != PackageManager.PERMISSION_GRANTED) {
15.          permissionList.add(Manifest.permission.WRITE_EXTERNAL_STORAGE);
16.      }
17.
18.      // 如果 permissionList 不为空,则说明前面检测的 3 种权限中至少有一个是应用不具备的
19.      // 则需要向用户申请使用 permissionList 中的权限
20.      if (! permissionList.isEmpty()) {
21.              ActivityCompat. requestPermissions (this, permissionList. toArray (new
String[permissionList.size()]), REQUIRE_PERMISSION_CODE);
22.      }
23.  }
```

接下来，需要实现回调方法 onRequestPermissionsResult 处理权限的申请结果，requestCode 参数代表请求码，permissions 代表请求的权限，grantResults 是返回的请求结果。如果申请的权限被拒绝，则通过 Toast. makeText 方法提示用户，代码如下。

```
1.  @Override
2.  public void onRequestPermissionsResult (intrequestCode, @NonNull String[] permis-
sions, @NonNull int[] grantResults) {
3.      super.onRequestPermissionsResult(requestCode, permissions, grantResults);
4.      // 判断请求码
5.      switch (requestCode) {
6.          // 如果请求码是设定的权限请求代码值,则执行下面代码
7.          case REQUIRE_PERMISSION_CODE:
8.              if (grantResults.length > 0) {
9.                  for (int i = 0; i < grantResults.length; i++) {
10.                     // 如果请求被拒绝,则弹出下面的 Toast
11.                     if (grantResults[i]== PackageManager.PERMISSION_DENIED) {
12.                         Toast.makeText(this, permissions[i]+ " was denied", Toast.
LENGTH_SHORT).show();
13.                     }
14.                 }
15.             }
16.             break;
17.     }
18. }
```

此外，在绑定 3 个按钮时还绑定了 3 个监听器 StartCameraOnClickListener、StartAlbumOnClickListener 和 SaveImageOnClickListener，监听器代码实现如下。

```
1.  class StartCameraOnClickListener implements View.OnClickListener {
2.      @Override
```

```
3.      public void onClick(View v) {
4.          // 开启相机,返回相机拍摄图像的路径,传入的请求码是 START_CAMERA_CODE
5.          cameraImagePath = Utils.startCamera(MainActivity.this,START_CAMERA_CODE);
6.      }
7.  }
8.
9.  class StartAlbumOnClickListener implements View.OnClickListener {
10.     @Override
11.     public void onClick(View v) {
12.         // 调用相册,传入的请求码是 START_ALBUM_CODE
13.         Utils.startAlbum(MainActivity.this, START_ALBUM_CODE);
14.     }
15. }
16.
17. class SaveImageOnClickListener implements View.OnClickListener {
18.     @Override
19.     public void onClick(View v) {
20.         // 获取 show Image 展示的图片
21.         Bitmap bitmap = ((BitmapDrawable) showImage.getDrawable()).getBitmap();
22.         // 通过 saveImage 函数生成图像的保存路径
23.         StringimageSavePath = saveImage(bitmap, 100);
24.         // 提示用户图片已经被保存
25.         if (imageSavePath != null) {
26.              Toast.makeText(MainActivity.this,"save to: " + imageSavePath, Toast.
LENGTH_LONG).show();
27.         }
28.     }
29. }
```

上面代码对 **btnStartCamera**、**btnStartAlbum** 和 **btnSaveImage** 都设定了监听器，并在这 3 个监听器中调用了开启相机 Utils. startCamera 方法、调用相册 Utils. startAlbum 方法和保存图片 saveImage 方法。关于 Utils 中的辅助代码，读者可以在代码仓库中找到，在此不作赘述。

3.8 生成 APK

在 Android Studio 中提供了 APK 文件的生成功能，这样可以很方便地将制作好的安卓应用分享给他人，本节将介绍 APK 图标的设置和 APK 文件的生成过程。

3.8.1 自定义 APK 图标与名称

完成应用的制作后，可以给应用起一个有趣的名字，并设置一张符合应用功能的图标。名称和图标的设置在 manifest. xml 文件中进行，首先在此文件中找到如下代码。

```
1.  <application
2.      android:icon="@mipmap/ic_launcher"
3.      android:label="@string/app_name"
4.  </application>
```

上面的 icon 标签代表应用的图标，label 标签代表应用的名称。在 string. xml 文件中，重新定义 label 标签中 app_name 的值，此时的名称将变为“AS_Demo”，代码如下。

```
1.  <resources>
2.      <string name="app_name">AS_Demo</string>
3.  </resources>
```

然后，在 drawable 文件夹下放置 app_icon. png，读者可以自行选择图片，并重新定义 icon 的值为 app_icon，代码如下。

```
1.  android:icon="@drawable/app_icon"
```

完成上述步骤后，应用的名称和图标都将是自定义的了。

3.8.2 创建发布版 APK

Android Studio 提供了在模拟器运行代码的模式，读者可以单击模拟器创建图标进行模拟器的创建。为了提高案例的趣味性，本书的应用案例均采用真机运行的模式。首先，单击菜单栏“Build”，选择“Generate Signed Bundle or APK”命令，然后选择“APK”模式，需要在弹出的界面中完成图 3.7 所示的路径设置和密码设置。

接下来在图 3.8 中的“Build Type”一栏选择“debug（调试）”或者“release（发布）”选项。在此选择“release”模式，“Signature Versions”选择“V2（Full APK Signature）”。设置完成后单击“Finish”按钮，将生成最终的 APK 文件。

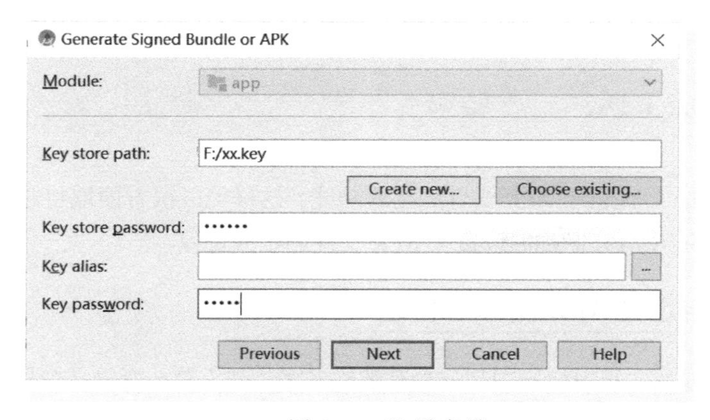

● 图 3.7　设置密匙

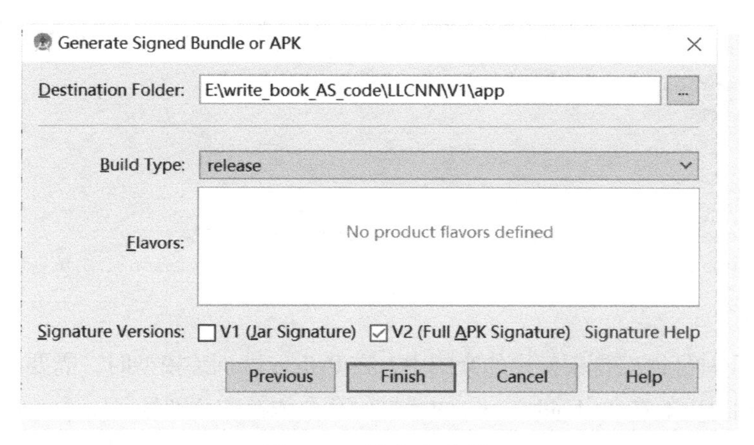

● 图 3.8 创建发布版 APK

3.9 Bitmap 格式

Bitmap 译为位图，又称为栅格图，是一种图像存储格式。在 Android 开发中，Bitmap 是一个非常重要的图像处理类，可以用于旋转、裁剪、缩放和文件信息获取等操作。下面是 Bitmap 的几个常用操作。

- static Bitmap CreateBitmap（Bitmap source, int x, int y, int width, int height），此函数的作用是从位图 source 中以参数指定的位置坐标（x，y）为起始点，裁剪尺寸为（width，height）的子图像。
- static Bitmap CreateScaledBitmap（Bitmap src, int dstWidth, int dstHeight, Boolean filter），此函数主要用于位图的缩放，即根据当前输入的位图 src 获取尺寸为（dstWidth，dstHeight）的新位图。这里 filter 参数的作用是指定缩放的方式，当 filter=True 时，使用的是 bilinear（图像质量高，但速度慢）；而当 filter=False 时，使用的是 nearest-neighbor（图像质量低，但速度快）。
- boolean isRecycled()：该函数的返回值代表当前 Bitmap 是否被回收，是一个重要的检测标志。
- void recycle()，该函数的作用释放 Bitmap。

在后续应用实例的代码编写中，需要使用 Bitmap 构建输入数据，并转化为张量类型。

3.10 部署库下载

PyTorch 支持 Android 和 iOS 两种操作系统，本书的例子都是基于 Android 的。在部署的过程中需要在 build. gradle 添加如下代码所示的依赖项，以完成 PyTorch 和 torchvision 的下载。

```
1.  repositories {
2.  jcenter()
3.  }
4.
5.  dependencies {
6.    implementation'org.pytorch:pytorch_android:1.5.0'
7.    implementation'org.pytorch:pytorch_android_torchvision:1.5.0'
8.  }
```

在第 2 章关于神经网络框架使用的介绍中，在 Python 端训练模型时，需要导入 torch 和 torchvision 两个库，相对应的在 Android Studio 中添加的两个依赖库分别是 org. pytorch：pytorch_android 和 org. pytorch：pytorch_android_torchvision，后面的“1. 5. 0”是对应的版本号。在 Python 端进行 import 时，不需要指定版本号，这是因为在安装 torch 和 torchvision 时已经确定了版本号。Java 端和 Python 端使用的 PyTorch 和 torchvision 版本尽量保持一致，避免出现不兼容问题。

3.11 移动端神经网络实例

在移动端部署神经网络模型的流程相对复杂，需要完成 Python 端和 Java 端两方面的工作。本节将对移动端神经网络的构建和部署流程进行详细的介绍，并以“计算均值的神经网络”为例制作了一款简单的移动端应用。

3.11.1 定义神经网络

本节定义了一个不包含可训练参数的神经网络 MeanNet，它的作用是计算输入张量的均值。所以，在“_init_”方法中不需要进行任何网络模块的定义，只需要在 forward 方法中调用张量的 mean 方法获取它自身的均值，代码如下。

```
1.  import torch
2.  import torch.nn as nn
3.  from PIL import Image
4.  import numpy as np
5.  import torchvision.transforms as transforms
6.
7.  #定义用于计算输入均值的神经网络
8.  class MeanNet(nn.Module):
9.      def _init_(self):
10.         super()._init_()
11.
```

```
12.     def forward(self, x):
13.         # 计算均值
14.         mean = x.mean().unsqueeze(0)
15.         out = torch.cat([mean])
16.     return mean
```

接下来使用 MeanNet 计算一张图像的均值信息。在将图像送入神经网络之前需要进行预处理操作，这个过程由 transforms 模块完成。需要注意的是，在 Java 端进行的预处理过程应该与 Python 端相同。然后，使用 torch. save 函数将模型文件保存到本地，代码如下。

```
1. if _name_ == "_main_":
2.     device = torch.device("cpu")
3.
4.     # 读取图片并转为 Tensor 类型
5.     image = Image.open("desk.jpg")
6.     image = image.resize((256, 256))
7.     # 对输入图像进行预处理
8.     trans = transforms.Compose([
9.         transforms.ToTensor(),
10.        transforms.Normalize(mean=[0.0, 0.0, 0.0], std=[1.0, 1.0, 1.0])]
11.        )
12.    image = trans(image)
13.    image = image.to(device)
14.
15.    # 通过 mean_net 统计图像的信息
16.    mean_net =MeanNet().to(device)
17.    mean = mean_net(image)
18.    print("mean is {:.4}".format(mean.item() * 255))
19.    # 保存模型
20.    torch.save(mean_net.state_dict(), "mean_net.pth")
21.    # 输出结果:
22.    # mean is 118.9
```

至此，已经完成了用于计算输入均值的神经网络的构建，并对“desk. jpg”进行了测试。将模型部署到移动端以后，将对“desk. jpg”再次进行测试，判断部署的模型是否能完成预期的均值计算功能。

3.11.2 Python 端导出 pt 文件

在进行 Android 端部署之前，首先要在 Python 环境下生成后缀为“. pt”的数据文件，这个数据文件将会在 Java 端被调用。在 PyTorch 的文档示例中展示了如何根据 torchvision 模块提供的标准模型生成“model. pt”文件，代码如下。

```
1.  import torch
2.  import torchvision
3.
4.  model =torchvision.models.resnet18(pretrained=True)
5.  model.eval()
6.  x = torch.rand(1, 3, 224, 224)
7.  traced_script_module =torch.jit.trace(func=model,example_inputs=x)
8.  traced_script_module.save("model.pt")
```

上面代码展示了获取 pt 文件的通用流程。本书全部示例应用的 pt 文件均可采用上面的流程来实现，可以将代码总结为下述 5 个部分。

1）torchvision. models. resnet18 （pretrained = True） 是 torchvision 提供的标准 resnet18 网络，pretrained 代表这个模型是预训练好的。

2）model. eval( )代表当前的模式是评估模式（测试或者验证）。

3）定义张量 x 作为追踪计算图的输入，x 可以是随机的数值。

4）torch. jit. trace 函数将训练好的模型 model 和张量 x 作为参数，它接收的第一个参数 func 可以是继承 torch. nn. Module 的实例或者是 Python 函数，本书研究的是如何将训练好的模型导出为 pt 文件，所以 func 参数总是继承 torch. nn. Module 神经网络对象；第二个参数 example_inputs 代表输入的张量。

5）上一个步骤中返回的 traced_script_module 是 ScriptModule 类的实例，它包含的 submodules 和 parameters 与训练好的模型是一致的，调用它的 save 方法即可完成 pt 文件的保存。

根据上面的示例可完成 mean_net 模型生成“. pt”文件的功能，代码如下。

```
1.  #定义网络模型
2.  mean_net =MeanNet()
3.  #加载之前保存的网络参数
4.  mean_net.load_state_dict(torch.load("mean_net.pth", map_location=device))
5.  #将网络切换到 eval 模式
6.  mean_net.eval()
7.  #构建用于追踪的输入
8.  x = torch.rand(1, 3, 256, 256)
9.  traced_script_module = torch.jit.trace(func=mean_net, example_inputs=x)
10. traced_script_module.save("mean_net.pt")
```

3.11.3 将 pt 文件移入 Android 开发环境

在 Android Studio 中，需要在 AS_Demo \ app \ src \ main \ 中新建 assets 文件夹，并将 mean_net. pt 文件放入图 3. 9 所示的文件夹中。

图 3.9 pt 文件存储路径

3.11.4 在 Java 代码中加载神经网络模型

在 Java 端需要引入模型加载模块，通过导入 org.pytorch.Module 可以完成 mean_net.pt 文件的加载。

```
1. import org.pytorch.Module;
```

在 Java 端并不需要定义网络的具体结构，只需要使用 Module.load 直接加载 mean_net.pt 文件。为了便于调试，如果加载失败则输出 Log 信息，代码如下。

```
1. try {
2.     filePath = assetFilePath(this, "mean_net.pt");
3.     meanNet = Module.load(filePath);
4. }catch (Exception e) {
5.     Log.d("LOG", "can not load pt" + filePath);
6. }
```

3.11.5 读取图像并进行缩放

用户可以通过相机或者相册选择一张要被处理的图像，这张图像在手机中的路径由 imagePath 表示。一方面，通过相机或者相册所获取的图像的长度和宽度可能会是很大的数值，如果不进行缩放操作可能会导致运算太慢或者根本无法完成运算；另一方面，对于具有全连接层的图像分类网络来说，需要确保输入图像的尺寸是确定的。所以，需要对图像进行缩放操作，将网络输入的图像尺寸统一为固定的数值，这可以通过调用 Bitmap. createScaledBitmap 方法实现，inDims 数组是包含尺寸信息的数组。如果图像的读取和缩放出现异常，则通过 Log. d 方法输出读取异常提示，代码如下。

```
1.  try {
2.      BufferedInputStream bis = new BufferedInputStream(new FileInputStream(imagePath));
3.      bmp =BitmapFactory.decodeStream(bis);
4.      scaledBitmap = Bitmap.createScaledBitmap(bmp, inDims[1], inDims[2], true);
5.      bis.close();
6.  }catch (Exception e) {
7.      Log.d("LOG", "can not read bmp");
8.  }
```

3.11.6 构建输入张量

构建输入张量需要引入两个重要的模块，第一个模块是 org. pytorch. Tensor，它提供了张量类；第二个模块是 org. pytorch. torchvision. TensorImageUtils，它包含了图像预处理的功能，代码如下。

```
1.  import org.pytorch.Tensor;
2.  import org.pytorch.torchvision.TensorImageUtils;
```

在上一节中获得了 Bitmap 对象 scaledBitmap，它还不能直接作为神经网络的输入数据，还需要通过 TensorImageUtils. bitmapToFloat32Tensor 将 scaledBitmap 转为 32 位浮点类型的输入张量 inputTensor。下面代码中 meanRgb 和 stdRgb 分别代表转换过程中的均值和方差，这里的设置方式和 Python 代码中的设置方式相同。

```
1.  float[] meanRgb = {0.0f, 0.0f, 0.0f};
2.  float[] stdRgb = {1.0f, 1.0f, 1.0f};
3.  Tensor inputTensor = TensorImageUtils.bitmapToFloat32Tensor(scaledBitmap,
4.      meanRgb, stdRgb);
```

3.11.7 进行前向推理

前向推理时，需要调用 meanNet 的 forward 方法，需要注意的是还应对 inputTensor 使用 Ivalue. from 方法进行一次类型转换。然后，使用 outputTensor 的 getDataAsFloatArray 方法将输出的张量类型转为 Java 的浮点数组，代码如下。

```
1.  Tensor outputTensor = meanNet.forward(IValue.from(inputTensor)).toTensor();
2.  float[] outArray = output_tensor.getDataAsFloatArray();
```

3.11.8 处理输出结果

meanNet 的输出是图像像素的平均值，所以获得的数组 outArray 中只有一个元素，将这个数值乘以 255，就是图像的像素平均值，代码如下。

```
1. float mean = out_array[0]* 255;
```

3.11.9 界面设计

MeanNet 的作用是计算输入图像的均值，它的界面除了前面设计的 4 个按钮以外，还需要下面的两个功能。

- 展示原始图像的 ImageView。
- 展示图像均值计算结果的 TextView。

布局界面采用的是嵌套的 LinearLayout，展示原始图像 ImageView 的 id 值是 image_view_show_original；展示图像均值 TextView 的 id 值为 text_view_statistics。

```
1.  ? xml version="1.0" encoding="utf-8"? >
2.  <LinearLayout xmlns:android="http://schemas.android.com/apk/res/android"
3.      xmlns:app="http://schemas.android.com/apk/res-auto"
4.      xmlns:tools="http://schemas.android.com/tools"
5.      android:layout_width="match_parent"
6.      android:layout_height="match_parent"
7.      android:orientation="vertical"
8.      tools:context=".MainActivity">
9.
10.     <LinearLayout
11.         android:layout_width="match_parent"
12.         android:layout_height="wrap_content"
13.         android:orientation="vertical"
14.         android:layout_weight="1"
15.         >
16.
17.         <TextView
18.             android:id="@+id/text_view_statistics"
19.             android:layout_width="match_parent"
20.             android:layout_height="0dp"
21.             android:layout_weight="1"
22.             android:gravity="center"
23.             android:layout_gravity="center"
24.             android:text="@string/predict_tip"
25.             android:textColor="@color/colorBlack"
```

```
26.           android:textSize="20sp" />
27.
28.       <LinearLayout
29.           android:layout_width="match_parent"
30.           android:layout_height="wrap_content"
31.           android:orientation="vertical"
32.           android:layout_weight="1"
33.           >
34.           <TextView
35.               android:id="@+id/text_show_original_image"
36.               android:layout_width="wrap_content"
37.               android:layout_height="wrap_content"
38.               android:gravity="center_horizontal"
39.               android:text="@string/original_image_tip"
40.               android:textColor="@color/colorBlack"
41.               android:textSize="20sp" />
42.
43.           <ImageView
44.               android:id="@+id/image_view_show_original"
45.               android:layout_width="match_parent"
46.               android:layout_height="match_parent"
47.               />
48.     <! --省略-->
49. </LinearLayout>
```

3.11.10 完整代码与界面效果

下面是 **meanNet** 前向推理的完整代码，控件和按钮等定义见本书源码库。本书实例章节的代码实现模式均遵循 **predictMean** 的编写模式。

```
1.  private void predictMean(String imagePath) {
2.      //设置输入尺寸,和 Python 代码中的设定保持一致
3.      int inDims[] = {256, 256, 3};
4.      Bitmap bmp =null;
5.      BitmapscaledBmp = null;
6.      StringfilePath = "";
7.
8.      //加载 PyTorch 模型,加载失败则抛出异常
9.      try {
10.         filePath = assetFilePath(this, "mean_net.pt");
```

```
11.             meanNet = Module.load(filePath);
12.         }catch (Exception e) {
13.             Log.d("LOG", "can not load pt" + filePath);
14.         }
15.         // 获取输入图像,并进行 resize 操作,使它符合设定的输入图像尺寸
16.         try {
17.             BufferedInputStream bis = new BufferedInputStream(new FileInputStream(imagePath));
18.             bmp =BitmapFactory.decodeStream(bis);
19.             scaledBmp = Bitmap.createScaledBitmap(bmp, inDims[0], inDims[1], true);
20.             bis.close();
21.         }catch (Exception e) {
22.             Log.d("LOG", "can not read bmp");
23.         }
24.         // 构建输入张量,预处理的均值和方差与 Python 中的代码保持一致
25.         float[] meanRGB = {0.0f, 0.0f, 0.0f};
26.         float[] stdRGB = {1.0f, 1.0f, 1.0f};
27.         Tensor inputTensor = TensorImageUtils.bitmapToFloat32Tensor(scaledBmp,
28.             meanRGB, stdRGB);
29.
30.         try {
31.             // 前向推理
32.             Tensor outputTensor = meanNet.forward(IValue.from(inputTensor)).toTensor
();
33.             float[] outArray = outputTensor.getDataAsFloatArray();
34.             // 输出的第一个值就是输入图像的平均值
35.             float mean = outArray[0]* 255;
36.
37.             // 将图像的平均值通过 TextView 显示到手机界面
38.             String result ="";
39.             result +="mean is " + Float.toString(mean);
40.             textViewStatistics.setText(result);
41.
42.         }catch (Exception e) {
43.             Log.e("Log", "fail to predict");
44.             e.printStackTrace();
45.         }
46.  }
```

在模型加载、数据读取和前向推理的过程中，都使用了 try... catch 语法，读者可以尝试使用更加复杂的异常处理机制。按照本章提供的源码，最终的界面实现如图 3.10 所示。

● 图 3.10 计算图像均值 App 主界面

3.12 本章小结

本章以计算图像均值应用的手机应用为例，讲解了本书案例所需的 Android 开发和 PyTorch 移动端部署的基本知识。在 3.1 和 3.2 节中介绍了如何搭建 Android 开发环境，并带领读者创建了实际的项目工程；3.3 节与 3.4 节对 Android 的布局机制和活动机制进行了介绍，指出了 Android 的界面设计和逻辑代码是如何完成的；在 3.5 节讨论了 Android 资源文件的各种类型，并向读者展示了如何添加颜色和字符串资源；3.6 节和 3.7 节讲解了控件使用和系统功能的调用；3.8 节给出了自定义 App 图标和名称的方法，读者可以按照书中给出的步骤来指定具有个性的应用图标和应用名；3.10 和 3.11 节对移动端部署的流程进行了介绍，并展示了计算图像像素均值应用的构建过程。

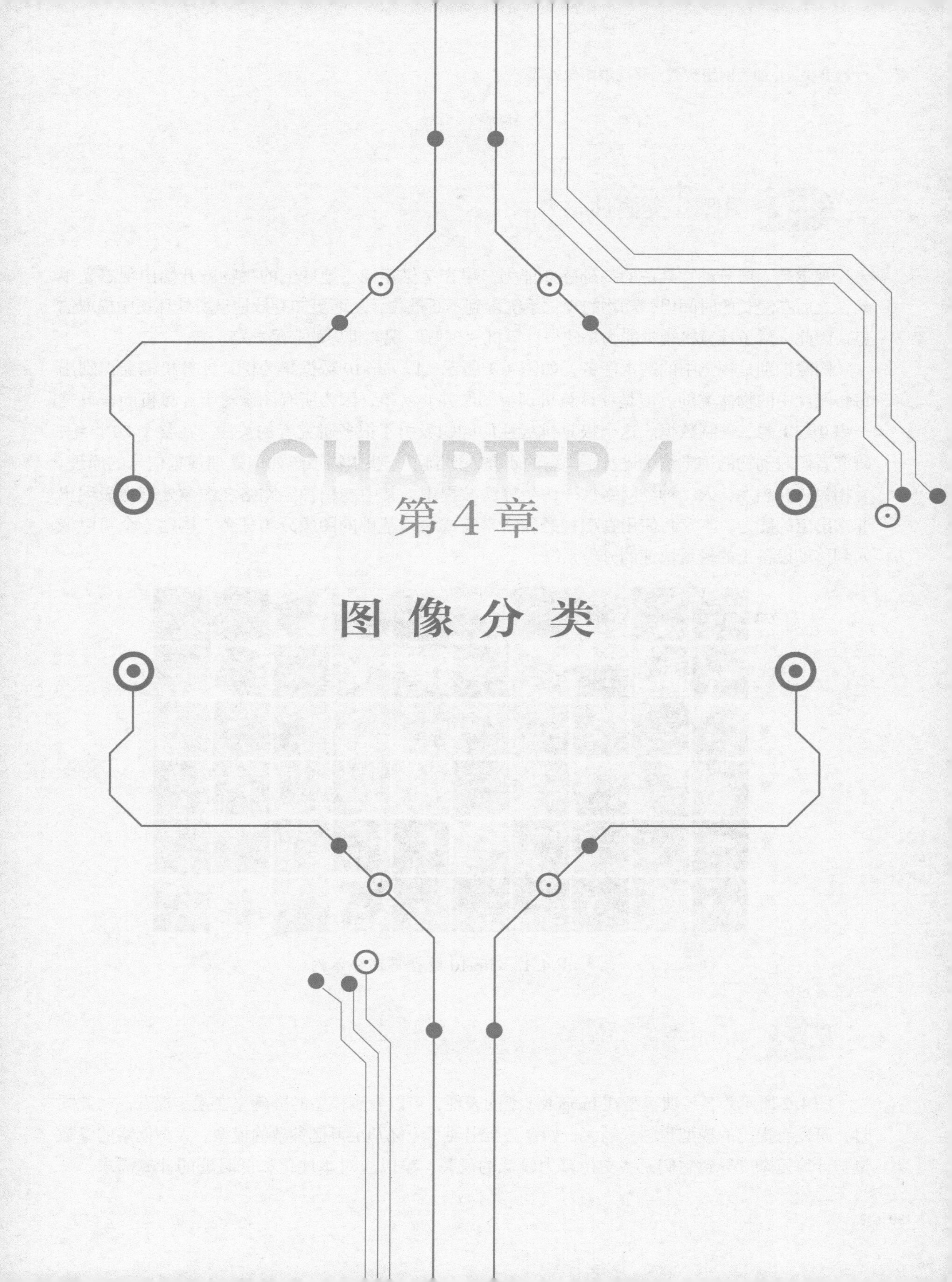

CHAPTER 4

第4章

图像分类

4.1 图像分类概述

视觉是大部分动物具备的基础感知能力。早在7亿年前，地球上的生物就开始出现感光单元，之后在漫长的时间里，动物的视觉系统得到不断进化，从而更加有效地从所处环境中提取信息。因此，赋予计算机视觉能力是使得计算机“理解”现实世界的必经之路。

图像识别是视觉中的基本任务，如图4.1所示，以cifra10数据集为例，计算机需要识别出每张图片中的物体类别。但是让计算机理解图像并非易事，因为所有图像对于计算机而言只是一串0与1的二进制数据。这个极具挑战性的问题吸引了很多研究者的关注。在整个20世纪，研究者们对动物的视觉结构进行了丰富的研究，得到了一些生物系统如何处理视觉信号的原理。受相关研究启发，人工神经网络这一仿生算法被提出，其中卷积神经网络在图像处理上表现出非常出色的能力。本章将使用卷积神经网络来完成最为基础的图像分类任务，构建一个可以嵌入到移动设备上的轻量快速的分类系统。

● 图4.1 cifra10数据集部分示例

4.2 MobileNet 介绍

图4.2所示为各经典模型在ImageNet上的表现，可以看到模型的准确率在逐年提升。与此同时，研发者提出的模型也越来越大，如今甚至出现了千亿乃至万亿参数的模型。大型网络的参数量与计算复杂度导致它们无法支持算力较低的设备，难以应对本地化和低时延的计算需求。一

些涉及隐私的场景，例如手机相册分类，需要在本地运行；一些安全类的场景，如自动驾驶则要求算法时延很低。因此，Google 在 2017 年针对小型化、低时延的需求设计提出了一个轻量化的网络模型 MobileNet，这一网络模型在手机移动设备上也能够流畅运行。本章将基于这一模型构建一个现实可用的分类系统。

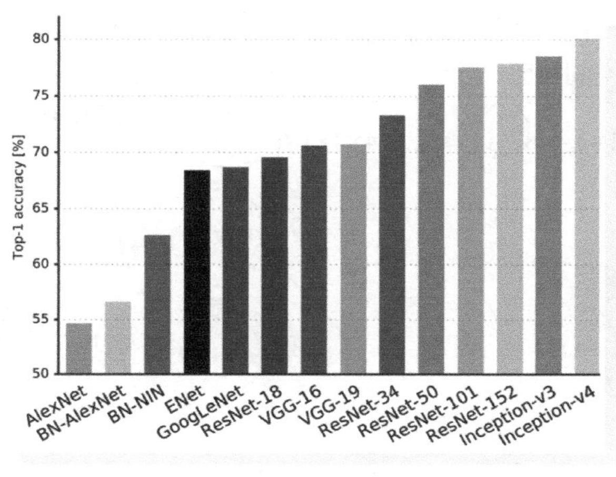

图 4.2 ImageNet 上各模型准确率[5]

4.3 深度可分离卷积

MobileNet 依赖深度可分离卷积降低了参数量和计算量，实现了端上快速计算。首先来分析一下标准的卷积运算，为了分析简单，这里省略了卷积中的偏置项。如图 4.3 所示，假设输入大小为 224×224×3，卷积步长为 2。当需要的输出维度为 111×111×4 时，则标准卷积的卷积核尺寸为 4×4×3，卷积核个数为 4。因此，标准卷积的参数量为 4×4×3×4＝192，对应的计算量为 $4\times4\times3\times\left(\frac{(224-4)}{2}+1\right)\times\left(\frac{(224-4)}{2}+1\right)\times4=2365632$。

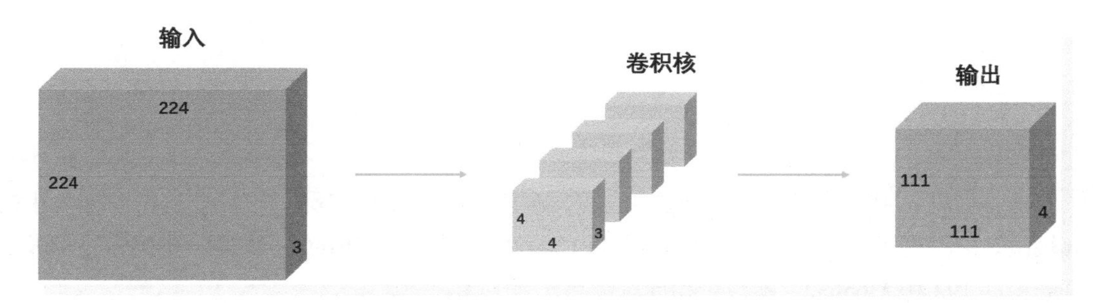

图 4.3 标注卷积流程

那么有没有一种方法在达到类似的计算效果的基础上，同时减小参数量和计算量呢？答案是肯定的，可分离卷积便实现了这个目标，其流程主要分为深度卷积和逐点卷积两个步骤。首先是深度卷积，如图 4.4 所示，深度卷积与标准卷积的不同之处在于卷积核的通道数不再等于输入的通道数，而是为 1，即针对输入的每个通道单独使用一个卷积核进行卷积。因此，可分离卷积的卷积核个数与输入的通道数相等，得到的输出通道数也就等于输入通道数。深度卷积的意义在于收集每个通道内的空间特征。上例中，深度卷积的卷积核尺寸就为 $4\times4\times1$，卷积核个数为 3，参数量也就是 $4\times4\times1\times3=48$，计算量为 $4\times4\times1\times\left(\frac{(224-4)}{2}+1\right)\times\left(\frac{(224-4)}{2}+1\right)\times3=591408$。

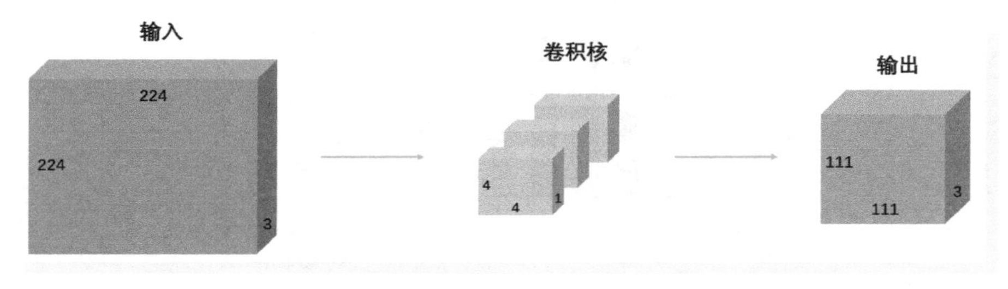

● 图 4.4 深度卷积

可以看到深度卷积和标准卷积在空间处理上的效果是相同的。但深度卷积没有进行通道间的信息聚合，无法建立通道信息间的联系，后续的逐点卷积则是为了处理通道间的计算。

如图 4.5 所示，逐点卷积不再进行空间上的信息聚合，而是单独处理通道信息。因此，逐点卷积中卷积核的空间大小为 1×1，步长为 1，卷积核通道数等于输入通道数，卷积核个数等于输出通道数。针对本例，逐点卷积中的卷积核尺寸为 $1\times1\times3$，卷积核个数为 4，参数量为 $1\times1\times3\times4=12$，计算量为 $1\times1\times111\times111\times4=49284$。

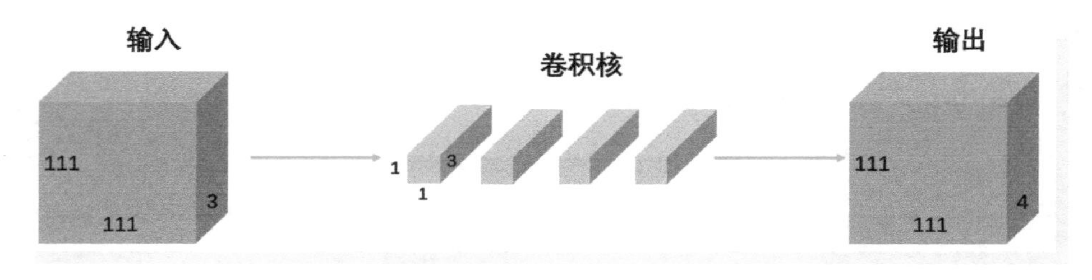

● 图 4.5 逐点卷积

综上，可以看到经过深度卷积与逐点卷积，深度可分离卷积实现了与标准卷积同样大小的计算输出。但深度可分离卷积的参数量为 $48+12=60$，计算量为 $591408+49284=640692$，相较于标准卷积的 192 和 2365632，参数量和计算量都显著下降。

为了量化深度可分离卷积的作用，这里给出参数量与计算量的公式化表达。假设给定输入

大小为 $H\times W\times C$，卷积核的空间大小为 $K\times K$，输出大小为 $M\times N\times D$，在忽略偏置项的条件下，标准卷积的参数量为 $K\times K\times C\times D$，计算量为 $K\times K\times C\times M\times N\times D$。深度可分离卷积的参数量为 $K\times K\times C+C\times D$，计算量为 $K\times K\times C\times M\times N+M\times N\times C\times D$。即深度卷积的参数量和计算量均为标准卷积的 $\frac{1}{D}+\frac{1}{K\times K}$。由此可见，在输出通道数较多，卷积核空间尺寸较大时，深度可分离卷积有明显的参数量与计算量优势。

4.4 MobileNet V1

4.4.1 网络结构

在 MobileNet V1[6] 的设计中，全部采用 3×3 的深度卷积，具体的模型结构如表 4.1 所示。其中第一列为层的类型，Conv dw 代表的是深度卷积，而逐点卷积和标准卷积都使用 Conv 来表示。MobileNet V1 中第一层使用的是步长为 2 的标准卷积，之后便交叠使用深度卷积和逐点卷积来提取特征。同大多数分类模型一样，MobileNet V1 使用全局平均池化将输入图片总结为一个 1024 维的表达。最后通过一个输出维度等于类别数的全连接层和 Softmax 层，将类别输出映射为类别概率。值得注意的是，表 4.1 中为了结构清晰，没有列出批归一化层和激活层，它们的插入方式如图 4.6 所示。也就是说表中每个深度卷积后都有一个批归一化层和激活层，同理逐点卷积后也是如此。

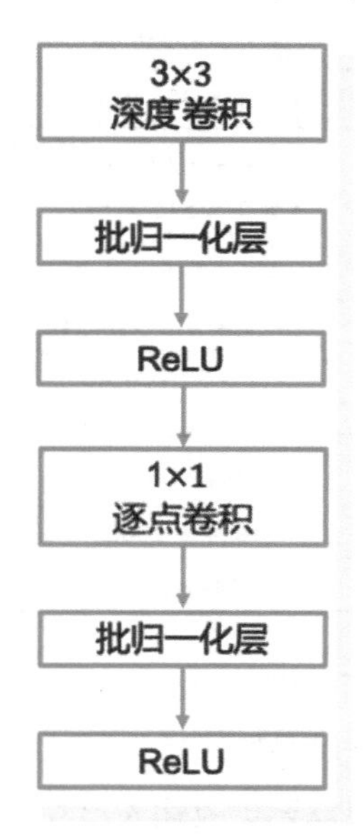

图 4.6 MobieNet 中的批归一化层与激活层

标准的 MobileNet V1 其参数量为 4.2×10^6，计算量为 569×10^6。前面说过，MobileNet V1 的深度可分离卷积带来显著的计算量与参数减少，如果将表 4.1 中的每一对深度卷积和逐点卷积等效替换为一个 3×3 的普通卷积，那么替换后的网络参数量是 429.3×10^6，计算量是 4866×10^6。替换前后的模型在 ImageNet 的准确率分别为 70.6%和 71.7%，可以看到深度可分离卷积仅仅付出了相当小的准确率损耗，却获得了相当大的参数量与计算量的降低效果。

表 4.1　MobileNet 网络结构

类型/步长	卷 积 核	输 入 大 小
Conv / s2	3 × 3 × 3 × 32	224 × 224 × 3
Conv dw / sl	3 × 3 × 32 dw	112 × 112 × 32
Conv / s1	1 × 1 × 32 × 64	112 × 112 × 32
Conv dw / s2	3 × 3 × 64 dw	112 × 112 × 64
Conv / s1	1 × 1 × 64 × 128	56 × 56 x 64
Conv dw / sl	3 × 3 × 128 dw	56 × 56 x 128
Conv / sl	1 × 1 × 128 × 128	56 × 56 × 128
Conv dw / s2	3 × 3 × 128 dw	56 × 56 × 128
Conv / s1	1 × 1 × 128 × 256	28 × 28 × 128
Conv dw / s1	3 × 3 × 256 dw	28 × 28 × 256
Conv / sl	1 × 1 × 256 × 256	28 × 28 × 256
Conv dw / s2	3 × 3 × 256 dw	28 × 28 × 256
Conv / s1	1 × 1 × 256 × 512	14 × 14 ×256
5 × Conv dw / s1 Conv / sl	3 × 3 × 512 dw 1 × 1 × 512 × 512	14 × 14 × 512 14 × 14 × 512
Conv dw / s2	3 × 3 × 512 dw	14 × 14 × 512
Conv / sl	1 × 1 × 512 × 1024	7 × 7 × 512
Conv dw / s1	3 × 3 × 1024 dw	7 × 7 × 1024
Conv / s1	1 × 1 × 1024 × 1024	7 × 7 × 1024
Avg Pool/sl	Pool 7 ×7	7 × 7 × 1024
FC/ s1	1024 × 1000	1 × 1 × 1024
Softmax	Classifier	1 × 1 × 1000

当移动设备的性能或者内存仍然不能满足 MobileNet V1 的要求时，可以考虑更精简的设计策略。为此原始论文提供了两种方式，一种是缩小输入图片分辨率的方式。这种方式实现起来非常简单，因为它不需要更改网络结构，只需要更改输入尺寸。不同分辨率下的算法准确率、参数量以及计算量如表 4.2 所示。注意，这种方式只改变计算量不改变网络的参数量。

表 4.2　不同输入分辨率下的模型表现

分辨率/dpi	ImageNet 准确率	计 算 量	参 数 量
224×224	70.6%	569×10^6	4.2×10^6
192×192	69.1%	418×10^6	4.2×10^6
160×160	67.2%	290×10^6	4.2×10^6
128×128	64.4%	186×10^6	4.2×10^6

第二种方式是更改模型中间层特征的通道数，也就是将每一层的深度乘以一个缩减因子，如表 4.3 所示。在输入尺寸为 224×224 时，可以看到随着网络通道数的减小，参数量以及计算量明显下降，但与此同时模型性能也在明显地衰退。

表 4.3　不同通道数下的模型表现

缩 减 因 子	ImageNet 准确率	计 算 量	参 数 量
1.0	70.6%	569×10^6	4.2×10^6
0.75	68.4%	325×10^6	2.6×10^6
0.5	63.7%	149×10^6	1.3×10^6
0.25	50.6%	41×10^6	0.5×10^6

4.4.2　网络搭建

前面已介绍了 MobileNet V1 的网络组成结构，接下来对照表 4.1，结合第 2 章的知识，使用 PyTorch 进行模型搭建。逐点卷积和深度卷积是 MobileNet 的核心，下面来一一实现。首先实现逐点卷积，代码如下。

```
nn.Conv2d(in_channels, out_channels, kernel_size=1, stride=1, padding=0, bias=False)
```

对于逐点卷积只需调用 PyTorch 的 nn 模块中定义的 Conv2d 函数，其特殊之处在于卷积核尺寸参数 kernel_size 为 1。

深度卷积同样是调用标准的 Conv2d，只是参数略有不同，代码如下。

```
nn.Conv2d(in_channels=in_channels, out_channels=in_channels, kernel_size=3, stride=
stride, padding=1, groups=in_channels, bias=False)
```

与逐点卷积对比可以发现，深度卷积相较于逐点卷积多指定了一个参数 groups，且 groups 的数值等于输入通道数。这在 PyTorch 的内部实现中，会将输入的特征分成 groups 个组，然后分组进行卷积。当 groups 等于输入通道数，也就意味着卷积只在每一个通道上单独进行。在逐点卷积中，这一参数省略，因为缺省默认值为 1，也就意味着不分组。同时还有 padding 值为 1，这是因为当 kernel_size 为 3 时，卷积后的尺寸将会比输入的尺寸长宽都少 2。当 padding 为 1 时，会先将输入的四周补充一圈 0，也就使得输入长宽加 2，之后再进行卷积，可以保证输入和输出的空间大小相同。

因为需要多次调用深度可分离卷积模块，为了避免重复定义，进行模块封装会更加方便，代码如下。这里使用了 nn 模块下的 Sequential 函数，Sequential 函数对于简单封装子模块是一种优雅的方式，第 2 章中已经介绍过其用法。但当网络中存在一些自由度更高的操作时，则需要继承 nn. Module，自定义类并复写其中的几个方法，后文会介绍这种更加自由的方式。

```
1.  def deep_wise_conv_bn(in_channels, out_channels, stride):
2.          return nn.Sequential(
3.              #深度卷积
4.              nn.Conv2d(in_channels=in_channels, out_channels=in_channels, kernel_
size=3, stride=stride, padding=1,groups=in_channels, bias=False),
5.              nn.BatchNorm2d(in_channels),
6.              nn.ReLU(inplace=True),
7.
8.              #逐点卷积
9.              nn.Conv2d(in_channels, out_channels, kernel_size=1, stride=1, padding=
0, bias=False),
10.             nn.BatchNorm2d(out_channels),
11.             nn.ReLU(inplace=True)
12.         )
```

在 deep_wise_conv_bn 中不仅使用了已经定义的深度卷积和逐点卷积，同时加入了 BatchNorm2d 和 ReLU 函数，这正是图 4.6 所描述的结构。对于 ReLU 函数，这里指定了 inplace 参数为 True，将会在很多代码中看到这种写法。该参数的作用是指明了 ReLU 函数在计算时可以直接在输入上进行更改，而不是再分配一块新的内存，因此节约了内存。值得注意的是，这一参数并非对所有模块都有效，因为它覆盖了输入，而一些模块需要保留原始输入以计算梯度，所以需要较为小心地使用 inplace 参数。

如表 4.1 所示，MobileNet 在一开始使用了标准卷积块，下面对标准卷积块进行封装。在标准卷积块中，同样包含批归一化层和 ReLU 层，代码如下。

```
1.  def conv_bn(in_channels, out_channels, stride):
2.      return nn.Sequential(
3.          nn.Conv2d(in_channels=in_channels, out_channels=out_channels, kernel_size
=3, stride=stride, padding=1,bias=False),
4.          nn.BatchNorm2d(out_channels),
5.          nn.ReLU(inplace=True)
6.      )
```

现在可以将上述模块组合起来形成 MobileNet V1 的整体模型。MobileNet 的前向传播中需要将四维的张量转换为二维的，而此前的 Sequential 函数不支持这类操作，因为 Sequential 函数要求其包含的模块是按照顺序排列的，必须确保前一个模块的输出大小和下一个模块的输入大小一致。因此以下代码块中使用了除 Sequential 函数外的第二种搭建网络模型的方法，也就是实现 nn. Module 的自定义类。

nn. Module 类在第 2 章介绍过，使用它时必须复写两个重要的方法，一个是初始化方法_init_。此方法负责定义网络的子模块和参数，这里把整个网络拆分为 model 和 classifier 两个大模块，定义的子模块会被父类 nn. Module 中的方法加入到该类中，调用 modules 方法即可获取所有的子模块。在完成模块定义后，还需要完成参数初始化，第 1 章介绍了良好的参数初始化，能够加快网络的收敛。parameter_init 函数根据 modules 方法提供的接口来判断每一个模块的属性，根据卷积层、全连接层与批归一化层设定不同的初始化方法。这里的 parameter_init 函数可以存储下来，在其他任务中重复使用。

另一个是 forward 方法，该方法定义了网络的前向传播过程。经过 MobileNet 中 model 的前向传播后，特征的维度为 $N\times(1024\times alpha)\times1\times1$，但全连接层要求的特征维度为 $N\times(1024\times alpha)$，因此需要进行维度转换。view 函数是 PyTorch 中最常用的维度转换函数之一。这里指定 view 函数的第一个参数为-1，PyTorch 则会根据其他维度的维数以及特征张量的大小，自动计算第 0 维的维数。一般来说，只有一个维度上的维数可以用-1 进行指定，不可出现两个或多个维度上维数为-1 的声明方式。

```
1.  from torch import nn
2.
3.
4.  class MobileNet(nn.Module):
5.      def _init_(self, class_num=1000, alpha=1):
6.          super(MobileNet, self)._init_()
7.          self.alpha = alpha
8.
9.          self.model = nn.Sequential(
10.             self.conv_bn(3, int(32 * alpha), 2),
11.             self.deep_wise_conv_bn(int(32 * alpha), int(64 * alpha), 1),
12.             self.deep_wise_conv_bn(int(64 * alpha), int(128 * alpha), 2),
13.             self.deep_wise_conv_bn(int(128 * alpha), int(128 * alpha), 1),
14.             self.deep_wise_conv_bn(int(128 * alpha), int(256 * alpha), 2),
15.             self.deep_wise_conv_bn(int(256 * alpha), int(256 * alpha), 1),
16.             self.deep_wise_conv_bn(int(256 * alpha), int(512 * alpha), 2),
17.             self.deep_wise_conv_bn(int(512 * alpha), int(512 * alpha), 1),
18.             self.deep_wise_conv_bn(int(512 * alpha), int(512 * alpha), 1),
19.             self.deep_wise_conv_bn(int(512 * alpha), int(512 * alpha), 1),
20.             self.deep_wise_conv_bn(int(512 * alpha), int(512 * alpha), 1),
```

```
21.             self.deep_wise_conv_bn(int(512 * alpha), int(512 * alpha), 1),
22.             self.deep_wise_conv_bn(int(512 * alpha), int(1024 * alpha), 2),
23.             self.deep_wise_conv_bn(int(1024 * alpha), int(1024 * alpha), 1),
24.             nn.AdaptiveAvgPool2d(1)
25.         )
26.         self.classifier = nn.Linear(int(1024 * alpha), class_num)
27.         self.parameter_init()
28.
29.     def parameter_init(self):
30.         for m in self.modules():
31.             if isinstance(m, nn.Conv2d):
32.                 nn.init.kaiming_normal_(m.weight, mode='fan_out')
33.                 if m.bias is not None:
34.                     nn.init.zeros_(m.bias)
35.             elif isinstance(m, (nn.BatchNorm2d, nn.GroupNorm)):
36.                 nn.init.ones_(m.weight)
37.                 nn.init.zeros_(m.bias)
38.             elif isinstance(m, nn.Linear):
39.                 nn.init.normal_(m.weight,0, 0.01)
40.                 nn.init.zeros_(m.bias)
41.
42.     def forward(self, x):
43.         x =self.model(x)
44.         x = x.view(-1, int(1024 * self.alpha))
45.         x =self.classifier(x)
46.         return x
47.
48.     @staticmethod
49.     def deep_wise_conv_bn(in_channels, out_channels, stride):
50.         return nn.Sequential(
51.             #深度卷积
52.             nn.Conv2d(in_channels=in_channels, out_channels=in_channels, kernel_
size=3, stride=stride, padding=1,groups=in_channels, bias=False),
53.             nn.BatchNorm2d(in_channels),
54.             nn.ReLU(inplace=True),
55.             #逐点卷积
56.             nn.Conv2d(in_channels, out_channels, kernel_size=1, stride=1, padding
=0, bias=False),
57.             nn.BatchNorm2d(out_channels),
58.             nn.ReLU(inplace=True)
59.         )
60.
61.     @staticmethod
62.     defconv_bn(in_channels, out_channels, stride):
63.         return nn.Sequential(
```

```
64.            nn.Conv2d(in_channels=in_channels, out_channels=out_channels, kernel
_size=3, stride=stride, padding=1,bias=False),
65.            nn.BatchNorm2d(out_channels),
66.            nn.ReLU(inplace=True)
67.        )
```

4.5 MobileNet V2

4.5.1 网络结构

Google 后续针对 MobileNet V1 结构进行了升级，推出了 MobileNet V2[7] 结构，不仅提高了准确率，同时减少了模型参数量与计算量。MobileNet V2 的改进之处为 Inverted Residuals（翻转残差）和 Linear Bottleneck（线性瓶颈）。这两者在翻转残差块中可以集中体现，如图 4.7 所示。

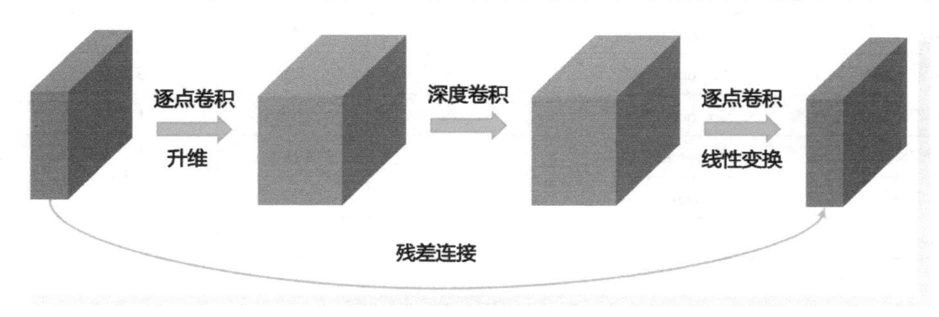

图 4.7　翻转残差块

一般的架构大致遵循先降维压缩再升维的过程，这里的翻转意味着颠倒这个过程，即先升维再降维。对于 $H\times W\times C$ 大小的输入，假设升维倍数为 t，则经过第一个箭头的逐点卷积后，维度变化为 $H\times W\times tc$，再经过第二个箭头处步长等于 s 的深度卷积后，维度变化为$\frac{H}{s}\times\frac{W}{s}\times tc$。第三个箭头处是逐点卷积，起到降维的作用，维度最终变换为$\frac{H}{s}\times\frac{W}{s}\times C'$。第三个箭头处之所以是线性变换是由于不同于前两处的卷积之后都有非线性激活函数。此处的卷积后没有激活函数，谷歌研究者证明了这样的设计，能够减少输出特征中的 0 值，从而避免了压缩过程中的信息丢失。

还有一条从输入到输出的连线，叫作残差连接。它来源于经典的网络结构 ResNet[8]，其操作就是将输出特征和输入特征相加作为新的输出。残差连接能够更好地传递梯度，在后续很多网络中都有采用这个操作。要使得输入和输出能够相加，则输入维度必须等于输出维度，即满足

$C=C'$，且 $s=1$。当不满足这个条件时，翻转残差块则会退化为不带有残差连接的形式。

MobileNet V2 的结构如表 4.4 所示，其中 t 代表升维倍数，c 代表通道数，n 代表此操作的重复次数，s 为步长，bottleneck 则代表翻转残差块。值得注意的是，这里的 s 只对第一个翻转残差块有效。举例来说，表中第 3 行，n 为 2，s 为 2，则该行的第一个翻转残差块的步长为 2，第二个翻转残差块步长为 1。所以该行的第一个翻转残差块是不带有残差连接的退化版本，而第二个翻转残差块才为标准版本。

表 4.4 MobileNet V2 结构

输　入	算　子	t	c	n	s
224×224×3	conv2d	-	32	1	2
112×112×32	bottleneck	1	16	1	1
112×112×16	bottleneck	6	24	2	2
56×56×24	bottleneck	6	32	3	2
28×28×32	bottleneck	6	64	4	2
14×14×64	bottleneck	6	96	3	1
14×14×96	bottleneck	6	160	3	2
7×7×160	bottleneck	6	320	1	1
7×7×320	conv2d 1×1		1280	1	1
7×7×1280	avgpool 7x7			1	
1×1×1×1280	conv2d 1×1		类别数量		

4.5.2 网络搭建

下面来搭建 MobileNet V2 的网络结构。因为除了翻转残差块最后一处的逐点卷积外，其他的卷积后都带有批归一化层和非线性层，这里便将这三层封装在一起，以避免重复定义，代码如下。

```
1.  class ConvBNActivation(nn.Sequential):
2.      def _init_(self, in_planes, out_planes, kernel_size=3, stride=1, groups=1):
3.          padding = (kernel_size -1) // 2
4.          self.out_channels = out_planes
5.          super()._init_(
6.              nn.Conv2d(in_planes, out_planes, kernel_size, stride, padding, groups=
groups, bias=False),
7.              nn.BatchNorm2d(out_planes),
8.              nn.ReLU6(inplace=True)
9.          )
```

代码实现中有一个小细节，即表4.4的MobileNet V2结构中所有特征的通道数都是8的整数倍。从深度学习框架实现来看，通道数为8的倍数时更容易进行加速处理，这里使用一个函数来实现这个功能。该函数在给定的通道数不为8的整数倍时，则四舍五入到8的整数倍，代码如下。

```
1.  def _make_divisible(v, divisor=8):
2.      """
3.      确保所有层的通道数能够被 8 整除
4.      原始实现如下:
    https://github. com/tensorflow/models/blob/master/research/slim/nets/mobilenet/
    mobilenet.py
5.      """
6.      new_v = max(divisor, int(round(v / divisor) * divisor))
7.      # 确保四舍五入后的通道数不会低于给定值的 90%
8.      if new_v < 0.9 * v:
9.          new_v += divisor
10.     return new_v
```

除了四舍五入处理外，上面的代码还确保了四舍五入后的通道数不低于给定值的90%。TesorFlow中内置的MobileNet模型也存在该逻辑，见如上代码中的注释部分。这里为了方便理解，对TesorFlow内置的MobileNet实现做了一些改动，但不改变其本质。

上述两个函数能够更加方便地实现翻转残差块。接下来在初始化方法中依次添加逐点卷积、深度卷积与线性变换，仍然以Sequential函数作为容器进行拼接。之后在forward方法中，根据当前条件是否能够建立残差连接，从而进行不同的前向实现，代码如下。

```
1.  class InvertedResidual(nn.Module):
2.      def _init_(self, inp, oup, stride, expand_ratio):
3.          super(InvertedResidual, self)._init_()
4.          assert stride in [1, 2]
5.          self.stride = stride
6.
7.          hidden_dim = int(round(inp * expand_ratio))
8.          self.use_res_connect = (self.stride ==1 and inp == oup)
9.
10.         layers = []
11.         if expand_ratio != 1:
12.             # 逐点卷积,升维
13.             layers.append(ConvBNActivation(inp, hidden_dim, kernel_size=1))
14.         layers.extend([
15.             # 深度卷积
16.             ConvBNActivation(hidden_dim, hidden_dim, stride=stride, groups=hidden_
dim),
17.             # 线性变换
```

```
18.             nn.Conv2d(hidden_dim, oup, kernel_size=1, stride=1, bias=False),
19.             nn.BatchNorm2d(oup)
20.         ])
21.         self.conv = nn.Sequential(* layers)
22.         self.out_channels =oup
23.
24.     def forward(self, x):
25.         if self.use_res_connect:
26.             return x + self.conv(x)
27.         else:
28.             return self.conv(x)
```

至此得到了所有的必备模块，可以将它们进行整合在一起组成 **MobileNet V2** 网络。如下代码中定义了二维列表 **inverted_residual_setting** 来对应表 4.4 所示的网络结构，网络的前后各有一层普通卷积，通道数分别为 32 和 1280。与翻转残差块不同，这里单独定义这两层，其他层都放入 **inverted_residual_setting** 中。列表每一行代表了不同层，每一列表示 t、c、n、s 这 4 个参数。

和 **MobileNet V1** 相同，**MobileNet V2** 也支持缩放通道数，这一比例因子定义为 **width_mult**，使用它乘以基准通道数即可。**width_mult** 的加权可能会导致非整数通道数，因此前面定义的 **_make_divisible** 便派上了用场。它在取整的基础上更进一步地使得每一层的通道数都为 8 的整数倍。因此，每一处指定卷积通道数的地方都需要先进行 **_make_divisible** 的处理，然后按照之前的规则解析 **inverted_residual_setting**，搭建网络。当网络搭建完成后，仍需进行网络参数初始化，这里的初始化方法也与 **MobileNet V1** 中的实现相同。

```
1.  class MobileNetV2(nn.Module):
2.      def _init_(self, num_classes=1000, width_mult=1.0):
3.
4.          super(MobileNetV2, self)._init_()
5.          input_channel =32
6.          last_channel =1280
7.          inverted_residual_setting = [
8.              # t, c, n, s
9.              [1, 16, 1, 1],
10.             [6, 24, 2, 2],
11.             [6, 32, 3, 2],
12.             [6, 64, 4, 2],
13.             [6, 96, 3, 1],
14.             [6, 160, 3, 2],
15.             [6, 320, 1, 1],
16.         ]
17.         input_channel = _make_divisible(input_channel * width_mult)
18.         self.last_channel = _make_divisible(last_channel * max(1.0, width_mult))
19.
```

```
20.         features = [ConvBNActivation(3, input_channel, stride=2)]
21.         #翻转残差块
22.         for t, c, n, s in inverted_residual_setting:
23.             output_channel = _make_divisible(c * width_mult)
24.             for i in range(n):
25.                 stride = sif i == 0 else 1
26.                 features.append(InvertedResidual(input_channel, output_channel,
stride, expand_ratio=t))
27.                 input_channel = output_channel
28.         features.append(ConvBNActivation(input_channel, self.last_channel,
kernel_size=1))
29.         self.features = nn.Sequential(* features)
30.         self.pool = nn.AdaptiveAvgPool2d((1, 1))
31.         #分类层
32.         self.classifier = nn.Sequential(
33.             nn.Dropout(0.2),
34.             nn.Linear(self.last_channel, num_classes),
35.         )
36.
37.         self.parameter_init()
38
39.     def forward(self, x):
40.         x = self.features(x)
41.         x = self.pool(x)
42.         n = x.shape[0]
43.         x = x.view(n,-1)
44.         x = self.classifier(x)
45.         return x
46.
47.     def parameter_init(self):
48.         for m in self.modules():
49.             if isinstance(m, nn.Conv2d):
50.                 nn.init.kaiming_normal_(m.weight, mode='fan_out')
51.                 if m.bias is not None:
52.                     nn.init.zeros_(m.bias)
53.             elif isinstance(m, (nn.BatchNorm2d, nn.GroupNorm)):
54.                 nn.init.ones_(m.weight)
55.                 nn.init.zeros_(m.bias)
56.             elif isinstance(m, nn.Linear):
57.                 nn.init.normal_(m.weight,0, 0.01)
58.                 nn.init.zeros_(m.bias)
```

4.6 数据处理

4.6.1 数据介绍

至此已经完成了 MobileNet V1 和 MobileNet V2 的搭建，现在可以用它做一些有意思的事情。假设有一位自然风光摄影爱好者，提出想要对手机里拍摄的风景照片分类存放的需求。例如 Iphone 图库就有按照类别展示图片的功能，如图 4.8 所示。本节作为入门任务，不涉及繁多的类别，只对风景照片做分类。

图 4.8　Iphone 图库的分类功能

这个功能要求手机能够理解图片中的内容，可以尝试使用 MobileNet 实现核心的分类任务。首先，找到相关的数据是重要前提，当没有现成数据集的时候就需要自己手动标注，或者设计标注标准交给提供标注服务的众包平台。本章使用已有的自然风光分类数据集——Intel Image Classification，如图 4.9 所示。该数据集可通过 Kaggle 获取 Kaggle 是目前世界上最为流行的数据建模和数据分析竞赛平台，托管了大量的数据集。本数据集地址为 https://www.kaggle.com/puneet6060/intel-image-classification。下面使用这个数据集教会模型如何区分不同场景。

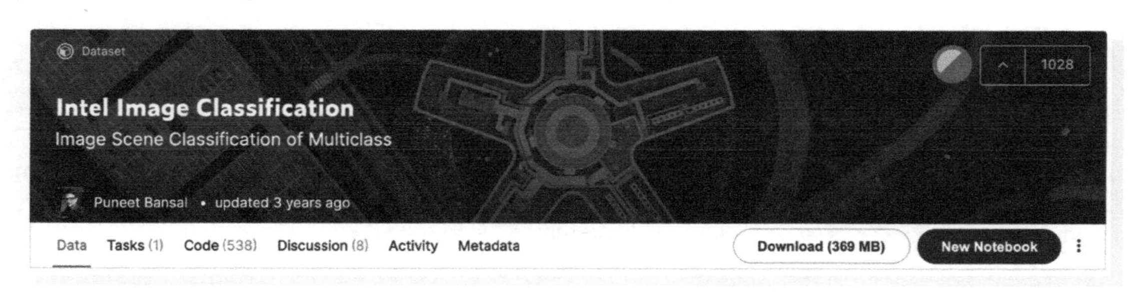

图 4.9　Intel 分类数据集

Intel Image Classification 提供了 6 类场景，分别为建筑物、森林、冰川、山峰、海洋、街道。一共有 1.4 万张图片用作训练，3000 张图片用于测试，同时因为这是一个在线竞赛，所以还提供了 7000 张的预测集。其中只有训练集和测试集提供了标签，因此本书只使用训练集与测试集，而不使用预测集。该数据集目录结构如下所示。

```
Intel_image_classification
        ├── seg_pred
        |    └── seg_pred
        ├── seg_test
        |    └── seg_test
        └── seg_train
             └── seg_train
```

4.6.2 Kaggle API 介绍

如图 4.10 所示，通过单击图中的 Download（369MB）按钮即可下载本数据集。但这里更推荐通过 Kaggle API 的方式，因为并非所有深度学习环境中都有图形化界面，这时候通过命令行下载更方便。此外，Kaggle 是一个主流的竞赛平台，熟练掌握它也比较重要。使用 Kaggle API 下载数据集主要分为以下几步。

1）首先注册 Kaggle 账号，可通过邮箱注册，注册地址为 https://www.kaggle.com/account/login?phase=startRegisterTab。

2）安装 Kaggle API，在对应的深度学习 Python 环境中直接输入 pip install kaggle。

```
cwpeng — -zsh — 141×31
Last login: Mon Nov 22 23:03:36 on ttys000
(base) cwpeng@cwpengdeAir ~ % conda activate pcw
(pcw) cwpeng@cwpengdeAir ~ % pip install kaggle
Collecting kaggle
  Downloading kaggle-1.5.12.tar.gz (58 kB)
     |████████████████████████████████| 58 kB 89 kB/s
Requirement already satisfied: six>=1.10 in ./anaconda3/envs/pcw/lib/python3.7/site-packages (from kaggle) (1.16.0)
Requirement already satisfied: certifi in ./anaconda3/envs/pcw/lib/python3.7/site-packages (from kaggle) (2021.5.30)
Requirement already satisfied: python-dateutil in ./anaconda3/envs/pcw/lib/python3.7/site-packages (from kaggle) (2.8.2)
Requirement already satisfied: requests in ./anaconda3/envs/pcw/lib/python3.7/site-packages (from kaggle) (2.26.0)
Collecting tqdm
  Downloading tqdm-4.62.3-py2.py3-none-any.whl (76 kB)
     |████████████████████████████████| 76 kB 13 kB/s
Collecting python-slugify
  Downloading python_slugify-5.0.2-py2.py3-none-any.whl (6.7 kB)
Requirement already satisfied: urllib3 in ./anaconda3/envs/pcw/lib/python3.7/site-packages (from kaggle) (1.26.6)
Collecting text-unidecode>=1.3
  Downloading text_unidecode-1.3-py2.py3-none-any.whl (78 kB)
     |████████████████████████████████| 78 kB 13 kB/s
Requirement already satisfied: idna<4,>=2.5 in ./anaconda3/envs/pcw/lib/python3.7/site-packages (from requests->kaggle) (3.2)
Requirement already satisfied: charset-normalizer~=2.0.0 in ./anaconda3/envs/pcw/lib/python3.7/site-packages (from requests->kaggle) (2.0.4)
Building wheels for collected packages: kaggle
  Building wheel for kaggle (setup.py) ... done
  Created wheel for kaggle: filename=kaggle-1.5.12-py3-none-any.whl size=73052 sha256=8dc96fd217ceaed5184e0842f92ce90114acc5488047890bcedabc9
4c0fa1259
  Stored in directory: /Users/cwpeng/Library/Caches/pip/wheels/62/d6/58/5853130f941e75b2177d281eb7e44b4a98ed46dd155f556dc5
Successfully built kaggle
Installing collected packages: text-unidecode, tqdm, python-slugify, kaggle
Successfully installed kaggle-1.5.12 python-slugify-5.0.2 text-unidecode-1.3 tqdm-4.62.3
(pcw) cwpeng@cwpengdeAir ~ %
```

图 4.10　安装 Kaggle API

3）这时候虽然已经具备了命令行工具，但还需要对应的账号和密码，也就是登录口令文件 kaggle. json。下载地址为 https：//www. kaggle. com/<ID> /account，需要把链接中的<ID>换成个人的 ID 名称。单击图 4. 11 中的“Create New API Token”按钮即可开始下载。

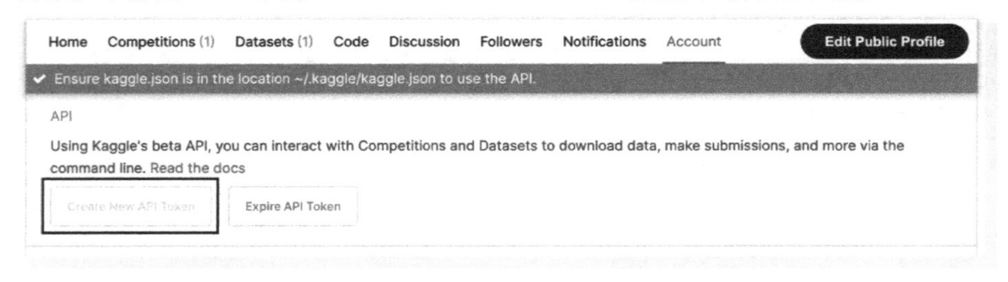

● 图 4. 11　下载 kaggle. json

4）下载好文件之后，需要将其放在合适的位置。浏览器已经给出了提示，根据“~/. kaggle/kaggle. json”提示它应该被移动到“. kaggle”文件夹中。如果没有“. kaggle”文件夹则需要手动新建。

5）使用 Kaggle 命令行执行下载。进入数据集主页，单击最右侧的“：”按钮，在下拉菜单中选择“Copy API command”命令，如图 4. 12 所示。

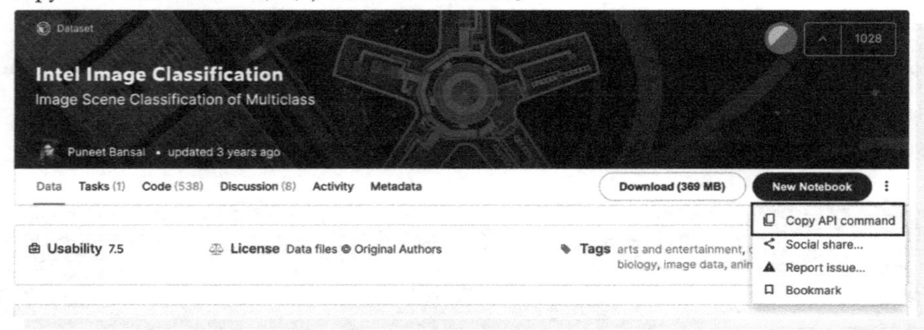

● 图 4. 12　复制数据集的 API 命令

6）激活安装 Kaggle 的 Python 环境。输入 API 命令，这里为“kaggle datasets download -d puneet6060/intel-image-classification”，如图 4. 13 所示，可以看到通过命令行下载速度很快。至此，已经通过 Kaggle API 的方式下载得到了数据集。

```
(base) cwpeng@cwpengdeAir Desktop % conda activate pcw
(pcw) cwpeng@cwpengdeAir Desktop % kaggle datasets download -d puneet6060/intel-image-classification
Warning: Your Kaggle API key is readable by other users on this system! To fix this, you can run 'ch
mod 600 /Users/cwpeng/.kaggle/kaggle.json'
Downloading intel-image-classification.zip to /Users/cwpeng/Desktop
100%|████████████████████████████████████████| 346M/346M [00:55<00:00, 7.34MB/s]
100%|████████████████████████████████████████| 346M/346M [00:55<00:00, 6.58MB/s]
(pcw) cwpeng@cwpengdeAir Desktop %
```

● 图 4. 13　下载本章数据集

4.6.3 数据处理

模型和数据是深度学习能够有效学习的两大基石。可以说在很多场景下数据的重要性丝毫不亚于模型，高准确率的图像标注与有效的数据增强方法能够帮助模型实现更高的准确率。因为本数据集在标注方面已经过了专业机构的校验，所以接下来主要进行数据增强。本书使用第2章介绍的 torchvision 中内置的数据增强方法，常见的数据增强包括水平翻转、边缘填充、随机裁剪、颜色抖动等，下面使用这4者的组合。

首先以50%的概率对原图进行随机水平翻转，再以10个像素进行边缘填充，然后随机裁剪到150×150的大小，最后实行以0.2为各参数的颜色抖动。需要注意的是，一般而言当批大小不为1时，需要将所有图片缩放至统一大小，在下例中为150。这是因为在框架内部需要成批进行向量运算，当批中每个样本的大小相同才方便进行加速处理。另外所有针对图像的操作都需要位于 ToTensor 之前，这是因为 TransForms 调用了一些图像库如 PIL 等支持各种变换。当转换为 tensor 后，便和这些库的支持格式不一致了。紧接着 ToTensor 的是 Normalize 函数，此函数的作用是减去均值除以标准差进行数据归一化，数据归一化后使输入形成一个标准的分布，有利于网络的收敛。常见的均值为［0.485, 0.456, 0.406］，标准差为［0.229, 0.224, 0.225］，此数值代表 ImageNet 数据集的均值与标准差。当图片为自然图片时可以直接使用这组值，但当输入图片来自红外或者其他模式时，针对所使用的数据集去统计均值和标准差便更加合理，代码如下。

```
1.  self.transforms = transforms.Compose([
2.    transforms.RandomHorizontalFlip(p=0.5),
3.    transforms.Resize((150, 150)),
4.    transforms.Pad(10),
5.    transforms.RandomCrop((150, 150)),
6.    transforms.ColorJitter(brightness=0.2, contrast=0.2, saturation=0.2, hue=0.2),
7.    transforms.ToTensor(),
8.    transforms.Normalize([0.485, 0.456, 0.406], [0.229, 0.224, 0.225])
9.  ])
```

下面对变换的结果进行可视化，代码如下，其结果如图4.14所示。

```
1.  from torchvision import transforms
2.  from PIL import Image
3.  import pylab as plt
4.
5.  img_path = "./test_images/605.jpg"
6.
7.  m_transforms = transforms.Compose([
8.      transforms.RandomHorizontalFlip(p=0.5),
9.      transforms.Resize((150, 150)),
10.     transforms.Pad(10),
```

```
11.        transforms.RandomCrop((150, 150)),
12.        transforms.ColorJitter(brightness=0.2, contrast=0.2, saturation=0.2, hue=0.2),
13.    ])
14.
15.    img = Image.open(img_path)
16.    img_0 = m_transforms(img)
17.    img_1 = m_transforms(img)
18.    img_2 = m_transforms(img)
19.
20.    plt.subplot(221)
21.    plt.xticks([]), plt.yticks([])
22.    plt.title('original')
23.    plt.imshow(img)
24.
25.    plt.subplot(222)
26.    plt.xticks([]), plt.yticks([])
27.    plt.title('processed 1')
28.    plt.imshow(img_0)
29.
30.    plt.subplot(223)
31.    plt.xticks([]), plt.yticks([])
32.    plt.title('processed 2')
33.    plt.imshow(img_1)
34.
35.    plt.subplot(224)
36.    plt.xticks([]), plt.yticks([])
37.    plt.title('processed 3')
38.    plt.imshow(img_2)
39.
40.    plt.show()
```

● 图 4.14　经过处理后的图片

可以看到相对左上角的原图，其他的几张图都出现了黑边，这是因为边缘填充使用的是像素为0的值进行填充。此外，色调也都有所不同，以及最后一张图相对原图，水平方向经过了翻转。对于图像识别来说，这些操作在没有改变图片内物体类别的情况下增大了样本量，对于缓解过拟合有显著效果。因此，数据集的样本量比较小的时候，更加需要精心准备一些数据增强方法，以获取高准确率的模型。测试阶段一般不再使用数据增强手段，只进行Resize以及数据归一化。例外的是，有一种提高预测准确率的方法叫作TTA（Test Time Augmentation），即测试时数据增强。这种方法会对测试图片进行数据增强，然后将增强后的不同图片输入到网络中计算预测结果，最后对多个结果值进行平均得到这张图片的最终预测。如图4.14所示，就是将后3张图片分别输入网络，取每次预测的平均值作为第一张原图的预测结果。

深度神经网络在训练的时候读入一批数据，然后根据最小批随机梯度下降算法更新网络参数。在第2章中介绍了PyTorch中的Dataset和Dataloader两个类。下面使用这两个类来实现Intel Image Classification的数据类。

简单回顾一下，实现自定义数据集需要以torch.utils.data.Dataset作为父类，然后复写其中两个重要的方法。一是“_getitem_”方法，这个方法的作用是根据索引返回该索引对应的样本。另一个是_len_方法，该方法定义了该数据集样本量的大小。这一数值将会被Dataloader用来计算单个epoch中step的数目。当样本量为12800、批大小为128时，经过100个step，则认为该数据集迭代了一个epoch。

本书将Intel Image Classification数据集对应的数据集解析类定义为IntelImageClassification。首先实现该类的初始化方法_init_，初始化方法中一般需要定义数据集基本信息，例如数据集位置、transform变换组合以及图片大小等。除此之外，在初始化方法中还调用了gen_collection方法，调用此方法将获得数据集中所有的图片地址列表以及所有图片对应的类别列表。这两个列表的长度一定要相等，且长度为数据集中的样本数，通常这可以作为数据集是否解析正确的初步评判依据，_getitem_方法则会根据索引从这两个列表中得到图片以及对应的类别。同时因为训练和测试时，数据集地址不同，transform的组合也不同，这里定义了一个mode参数进行两种模式的区分，代码如下。

```
1.  import os
2.  from PIL import Image
3.  from torch.utils.data import Dataset
4.  from torchvision import transforms
5.
6.
7.  class IntelImageClassification(Dataset):
```

```
8.
9.   def _init_(self, dataset_path, mode):
10.
11.       self.train_path = os.path.join(dataset_path,"seg_train/seg_train")
12.       self.val_path = os.path.join(dataset_path,"seg_test/seg_test")
13.       self.classes = ['forest','buildings','glacier','street','mountain','sea']
14.       self.id2class, self.class2id = {}, {}
15.
16.       for index, name in enumerate(self.classes):
17.           self.id2class[index] = name
18.           self.class2id[name] = index
19.
20.       if mode == "train":
21.           self.transforms = transforms.Compose([
22.               transforms.RandomHorizontalFlip(p=0.5),
23.               transforms.Resize((150, 150)),
24.               transforms.Pad(10),
25.               transforms.RandomCrop((150, 150)),
26.               transforms.ColorJitter(brightness=0.2, contrast=0.2, saturation=0.2,
hue=0.2),
27.               transforms.ToTensor(),
28.               transforms.Normalize([0.485, 0.456, 0.406], [0.229, 0.224, 0.225])
29.           ])
30.       else:
31.           self.transforms = transforms.Compose([
32.               transforms.Resize((150, 150)),
33.               transforms.ToTensor(),
34.               transforms.Normalize([0.485, 0.456, 0.406], [0.229, 0.224, 0.225])
35.           ])
36.
37.       self.paths, self.categories = self.gen_collection(mode)
38.
39.   def gen_collection(self, mode):
40.       file_paths, file_categories = [], []
41.       folder = self.train_pathif mode =='train' else self.val_path
42.
43.       for name in self.classes:
44.           dir_folder = os.path.join(folder, name)
45.           for file_name in os.listdir(dir_folder):
46.               file_path = os.path.join(dir_folder, file_name)
47.               file_paths.append(file_path)
48.               file_categories.append(name)
49.
50.       return file_paths, file_categories
```

```
51.
52.     def _getitem_(self, item):
53.         image = Image.open(self.paths[item])
54.         data = self.transforms(image)
55.         category = self.categories[item]
56.         label = self.class2id[category]
57.         return data, label
58.
59.     def _len_(self):
60.         return len(self.paths)
```

4.7 模型训练

前面的章节里进行了模型结构的搭建与数据的处理，下面开始进行模型训练。在训练阶段，模型与数据通过前后向传播这一桥梁形成一个整体。从数据中自动捕捉信息，具备了智能的基础，而深度学习框架 PyTorch，让整个过程实现起来尤为简单。

首先导入训练所需要的模块。按照惯例，一般先导入系统模块，再导入第三方模块，最后导入自定义的模块。这一惯例是为了方便阅读，对于计算机来说，不存在差别。训练阶段需要数据加载器 DataLoader，PyTorch 中与数据处理相关的模块大部分都在 torch. utils. data 里。还需要优化方法 Adam 与学习率调度器 lr_scheduler，与优化相关的模块则在 torch. optim 里。torch. nn 中实现了众多常见的损失函数，这里使用的是 CrossEntropyLoss。最后一步是从自定义类中导入模型与数据集，代码如下。

```
1.  import os
2.  import torch
3.  from torch.utils.data import DataLoader
4.  from torch.optim import Adam, lr_scheduler
5.  from torch.nn import CrossEntropyLoss
6.  # from model importMobileNetV1 as MobileNet
7.  from model import MobileNetV2 as MobileNet
8.  from dataset import IntelImageClassification
9.  from utils import LossWriter
```

接下来指定训练中的一些超参数与路径信息。常见的超参数包括 epoch 数量、最小批大小、学习率等；路径则包括数据集路径、模型 checkpoint 存储路径以及日志文件存储路径。这里指定学习率为 0. 01，迭代 epoch 为 30。这两个值可以根据网络的收敛情况来调节，当损失一直波动不下降时，可以考虑适当减小学习率；当结束训练，损失仍然有下降的趋势，且验证集准确率依然在提高时，证明训练还没有进入收敛阶段，可以增加 epoch 数量。这些超参数对最终准确率的影响有时候甚至超过了模型本身，所以当有足够的资源时，进行细致的参数搜索是发挥模型全部能力的最佳方式。但这种方式过于耗时，大家往往都会根据前人经验来进行粗略的超参设定，比如分类任务的 Epoch 数量相较于生成任务会比较小，当数据集规模比较大时，Epoch 数量也可以适当减小，代码如下。

```
1.  LR = 0.01
2.  EPOCH = 30
3.  DATASET_PATH = "../datasets/Intel_image_classification"
4.  MODEL_PATH = "./MobileNetV1.pth"
5.  LOG_PATH = "./LogV1.txt"
```

接着实例化各个模块。首先是判断当前机器是否能够使用 GPU，对于大模型的训练来说，GPU 是必不可少的，因为它会显著节约训练时间。这里使用 Adam 作为优化器，优化模型里所有可训练参数。net. parameters( )能返回当前模型里的所有参数，在并不清楚哪种优化器更适合当前任务的新手阶段时，使用 Adam 是一个不错的选择。因为它的收敛较为稳定，但在后面的章节会看到不同任务倾向于使用不同的优化器。这里还设置了学习率调节器，在很多项目中，不会从头到尾都使用同一个学习率。因为这会导致损失在下降到一定数值后开始震荡，所以需要逐步降低学习率。下面的代码中设置了 4 个阶段，当 epoch 数量为 5、12、20、25 时，分别将上一阶段的学习率乘以 gamma，也就是 0. 1。因为本章的数据集中每张图片只属于一种类别，所以使用的是分类中常见的交叉熵损失 CrossEntropyLoss 作为约束。当图片可能对应到多个类别时，也就是多分类任务时，例如一张图片中同时存在猫和狗这两种动物，就应该使用 BCELoss。最后调用加载器接口，得到训练集加载器和验证集加载器，代码如下。

```
1.  device = torch.device("cuda:0" if torch.cuda.is_available() else "cpu")
2.  net = MobileNet(num_classes=6).to(device)
3.  optimizer = Adam(net.parameters(), lr=LR, betas=(0.9, 0.99))
4.  scheduler = lr_scheduler.MultiStepLR(optimizer, milestones=[5, 12, 20, 25], gamma=0.1)
5.  criterion = CrossEntropyLoss()
6.  train_dataset = IntelImageClassification(dataset_path=DATASET_PATH, mode="train")
7.  val_dataset = IntelImageClassification(dataset_path=DATASET_PATH, mode="val")
8.  train_loader = DataLoader(train_dataset, batch_size=128, shuffle=True)
9.  val_loader = DataLoader(val_dataset, batch_size=128, shuffle=False)
```

训练部分的核心代码如下所示。首先通过数据加载器获得每一批的数据和标签，再通过优化器将模型中的参数梯度清 0，然后进行前向传播得到网络输出的预测值，接着将预测值与真实标签做损失计算，使用该损失进行反向传播。这时候网络中的所有参数都会获得对应的梯度，最后执行优化器的迭代便能够更新整个模型了。训练过程中可以通过打印损失值，检测它的变化来判断训练的程度，另外还需要进行验证集的评估，来判断当前模型是否已经过拟合。这里是每训练一个 epoch 便进行一次验证，也可以迭代多轮再验证一次。每训练一轮都需要调用一下学习率调节器的 step 函数，这样才知道目前已经训练的轮数，根据轮数来对学习率进行调整。

```
1.  for epoch in range(EPOCH):
2.      for imgs, labels in train_loader:
3.          imgs = imgs.to(device)
4.          labels = labels.to(device)
5.          optimizer.zero_grad()
6.          out = net(imgs)
7.          loss = criterion(out, labels)
8.          loss.backward()
9.          optimizer.step()
10.         if step % 5 == 0:
11.             print("Epoch:[{}],Step:[{}/{}], Loss:{}".format(epoch, step % length,
length, loss.item()))
12.             writer.add(loss=loss.item(), i=step)
13.         step += 1
14.     validation()
15.     scheduler.step()
```

验证部分的代码如下所示。首先需要将模型切换到 eval 模式，因为神经网络中某些层在训练和测试的时候会表现出不同的模式，比如 Dropout 层只在训练的时候让部分神经元失活，而批归一化层的均值和方差在训练和测试阶段是通过不同的方式计算得到的，所以在评估时需要手动将模型切换到评估模式。此外，在评估的时候尤其需要注意的是，评估阶段不需要计算梯度，所以这时候所有代码需要被置于 torch. no_grad( ) 的代码块下，否则将导致当前模型累积不必要的梯度，影响训练阶段的效果。在验证代码中，不仅计算了当前模型在验证集上的分类准确率，还保存了在当前验证集上表现最好的模型权重。最后在 torch. save 的参数中加入了_use_new_zipfile_serialization = False 的说明，这一参数是为了兼容新老版本的 PyTorch，使得保存的权重格式相同，之后在搭建 Android 应用时使用不同版本也能够正确加载模型。

```
1.  def validation():
2.      global best_accuracy
3.      net.eval()
4.      correct_num = 0
5.      with torch.no_grad():
6.          for imgs, labels in val_loader:
7.              imgs = imgs.to(device)
8.              out = net(imgs)
9.              prediction = torch.argmax(out, 1).cpu()
10.               correct_num += sum(prediction == labels)
11.         net.train()
12.     accuracy = correct_num / val_dataset._len_()
13.     if accuracy > best_accuracy:
```

```
14.         best_accuracy = accuracy
15.         torch.save(net.state_dict(), MODEL_PATH, _use_new_zipfile_serialization=False)
16.         print("Current Best Accuracy:{}".format(accuracy))
```

此外，监视网络的损失变化也是训练过程中的重要环节。虽然在训练过程中添加了当前损失的打印输出功能，但是损失值在短暂时间内会出现波动情况，从数值上难以看到变化的趋势，图形化能够更加直观地显示损失变化的趋势。损失可视化的主流工具包含 tensorboard 与 visdom。但本例自定义了损失记录器以及对应的可视化函数，这能够更好地分析其原理。首先是损失记录器，其代码如下所示（这里使用 txt 格式进行记录，利用追加模式将损失值以及对应的训练次数写入文本文件中）。

```
1.  class LossWriter:
2.      def _init_(self, save_path):
3.          self.save_path = save_path
4.
5.      def add(self, loss, i):
6.          with open(self.save_path, mode="a") as f:
7.              term = str(i) +" " + str(loss) + "\n"
8.              f.write(term)
9.              f.close()
```

对应的可视化函数就是为了解析保存了损失值的文本文件，代码如下。

```
1.  def plot_loss(txt_path, x_label="iteration", y_label="loss", title="Loss Visual-
ization ", font_size=15,save_name="loss.png", legend=None):
2.      all_i = []
3.      all_val = []
4.      with open(txt_path, "r") as f:
5.          all_lines = f.readlines()
6.          for line in all_lines:
7.              sp = line.split(" ")
8.              i = int(sp[0])
9.                val = float(sp[1])
10.               all_i.append(i)
11.               all_val.append(val)
12.     plt.figure(figsize=(6, 4))
13.     plt.plot(all_i, all_val)
14.     plt.xlabel(x_label, fontsize=font_size)
15.     plt.ylabel(y_label, fontsize=font_size)
16.     if legend:
17.         plt.legend(legend, fontsize=font_size)
18.     plt.title(title, fontsize=font_size)
```

```
19.     plt.tick_params(labelsize=font_size)
20.     plt.savefig(save_name, dpi=200, bbox_inches="tight")
21.     plt.show()
```

下面使用如上方法，可视化了 MobileNet V1 与 MobileNet V2 训练过程中的损失变化过程。如图 4.15 所示，可以看到损失波动下降到趋于平缓的现象，这便是分类任务训练过程中典型的损失变化情况。在其他任务中也可能出现损失长时间缓慢下降，到某个节点开始迅速下降，最终趋于平缓的表现。

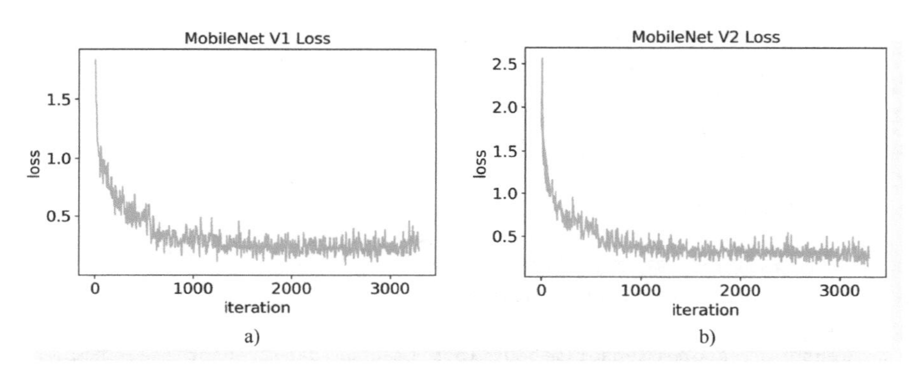

● 图 4.15 训练过程损失可视化

a）MobileNet V1 训练过程中的损失变化 b）MobileNet V2 训练过程中的损失变化

4.8 图像分类 App

4.8.1 分类功能界面设计

本章展示的图像分类功能可以扩展为许多具有实际使用价值的应用，比如可以对手机中的图像进行“智能”分类，按照风景类别对相册进行全面归档。图像分类应用的界面功能如下。

1）在页面底端放置 3 个基础按钮，功能分别是“拍照”“相册”以及“分类”，对应的动作分别是“打开相机”“调用相册”“执行分类运算”。

2）在 3 个基础按钮的上方放置一个用于展示图像的 ImageView 组件，该组件的作用是将用户选中的图像展示到界面上。

3）在 ImageView 组件上方放置一个 TextView 组件，该组件负责展示分类结果。

当用户选择某张图片并进行分类后，会将分数最高的三类显示在该 TextView 上，并给出对应的概率百分数。图像分类 App 界面与第 3 章移动端实例的界面是一致的，详细代码见本书配套的源码资源包。

4.8.2 分类推理与解析

在移动端，设定的分类功能所针对的 6 类数据分别为 forest、buildings、glacier、street、mountain、sea，并且设定输入图像的尺寸为 150x150。通过 forward 函数以及数值类型转换后可以获得分类结果 clsArray，并对 clsArray 进行 softmax 处理。然后使用 getTopThree 函数获取分数最高的前 3 个类别，其作用是获得分数排序名的索引，通过索引值确定对应的类别。分类函数代码具体如下。

```
1. private void classify(String imagePath) {
2.     // MobileNet 权重文件
3.     String ptPath = "mobile_net.pt";
4.     // 设定输入维度
5.     int inDims[] = {150, 150, 3};
6.
7.     // 省略模型加载与数据获取
8.
9.     // 对输入图像预处理,获得输入张量
10.    float[] meanRGB = {0.485f, 0.456f, 0.406f};
11.    float[] stdRGB = {0.229f, 0.224f, 0.225f};
12.    TensorinTensor = TensorImageUtils.bitmapToFloat32Tensor(scaledBmp,
13.        meanRGB, stdRGB);
14.
15.    try {
16.        // 进行分类计算
17.        TensorclsTensor = mobileNet.forward(IValue.from(inTensor)).toTensor();
18.        float[] clsArray = clsTensor.getDataAsFloatArray();
19.        softmax(clsArray);
20.
21.        // 根据分类概率值,解析图像所属类别
22.        int[] top3id = getTopThree(clsArray);
23.
24.        // 根据对应的 6 种图像类别,在文本框中显示前 3 种图像类别和对应概率值
25.        String[] cls = {"forest", "buildings", "glacier", "street", "mountain", "sea"};
26.        String result ="Top 1: " + cls[top3id[0]]+ ", " + String.valueOf(clsArray
[top3id[0]]);
27.        result +="\n" + "Top 2: " + cls[top3id[1]]+ ", " + String.valueOf(clsArray
[top3id[1]]);
28.        result +="\n" + "Top 3: " + cls[top3id[2]]+ ", " + String.valueOf(clsArray
[top3id[2]]);
29.        showClsResultTextView.setText(result);
30.    }catch (Exception e) {
31.        Log.e("Log", "fail to preform classify");
32.        e.printStackTrace();
33.    }
34. }
```

上述代码中使用了 softmax 操作，对应代码如下，读者可以对比 Python 版本的 softmax 理解本函数。

```
1.  private static void softmax(float[] arr){
2.      float sumExp = 0.00001f;
3.      for(int i=0; i<arr.length;i++){
4.          sumExp += Math.exp(arr[i]);
5.      }
6.
7.      for(int i=0; i<arr.length; i++){
8.          arr[i]= (float)(Math.exp(arr[i]) / sumExp);
9.          //保留 4 位有效数字
10.         arr[i]= ((int)(arr[i]* 10000)) / 10000.0f;
11.         if(arr[i]< 0.0001f){
12.             arr[i]= 0.0001f;
13.         }
14.     }
15. }
```

分类功能的界面如图 4.16 所示，单击“分类”按钮后，classify 函数将被执行，并向用户展示图片所属的可能性最高的 3 个图像类别与对应概率值。

图 4.16 图像分类应用

4.9 本章小结

本章以 MobileNet 模型为例介绍了图像分类任务和对应的移动端部署流程。首先在 4.2 节中从轻量化网络的需求出发，引出可分离卷积，在 4.3 节中分析了深度可分离卷积的特性。继而在 4.4 节以及 4.5 节中介绍了 MobileNet V1 和 MobileNet V2 网络的基础原理与实现细节。接着在 4.6 和 4.7 节中展示了分类数据集的数据处理过程以及两代 MobileNet 训练的流程。最后在 4.8 节中将得到的模型进行移动端部署，展示了图像分类 App 的实现效果。

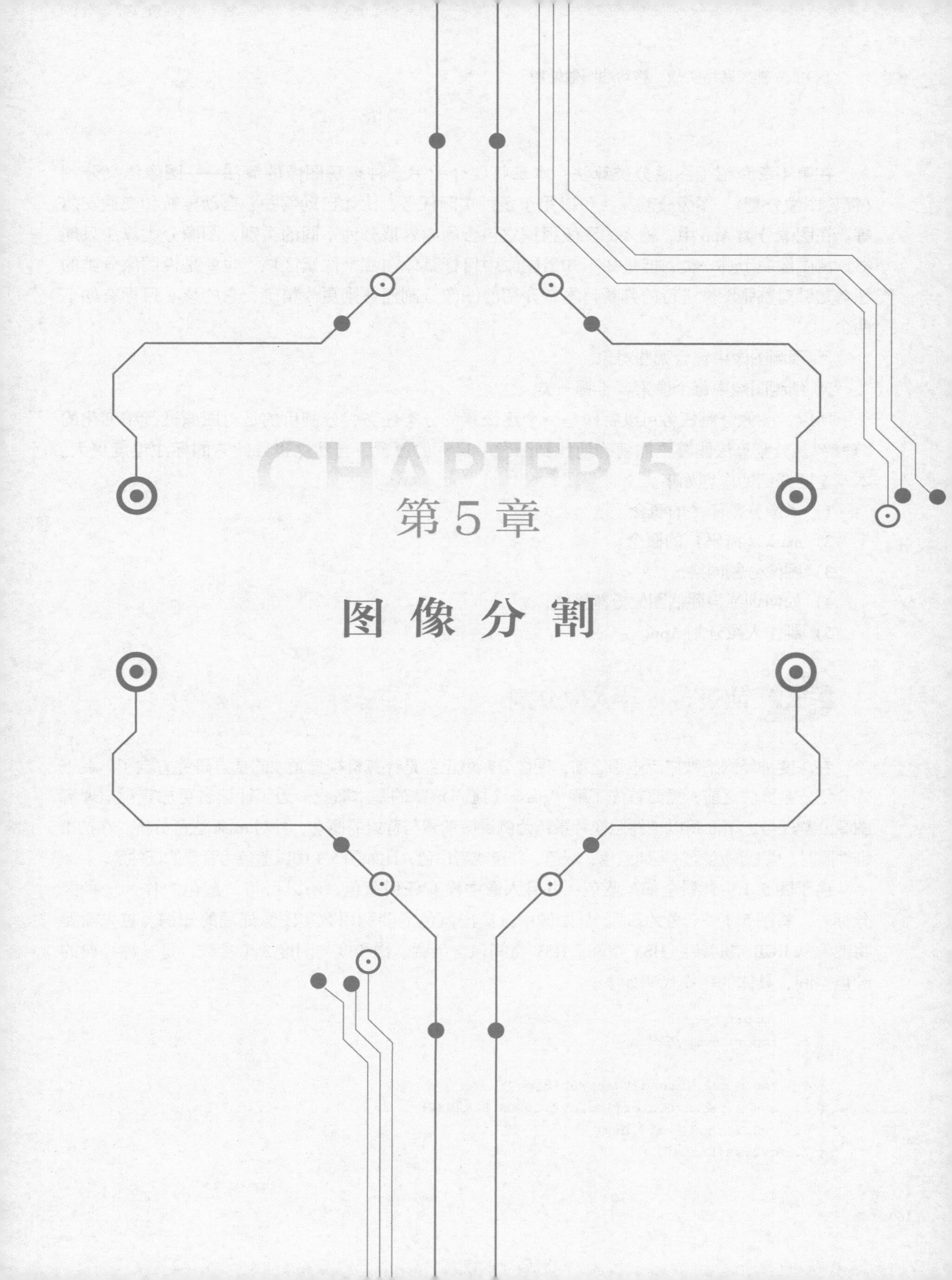

CHAPTER 5

第5章

图像分割

在第 4 章介绍了图像分类算法，本章将要介绍另一种理解图像的算法——图像语义分割（简称图像分割）。图像分割算法可以用于多种实际任务，比如自动驾驶、自动导航和交通安防等。在图像分类 App 中，输入的图像根据它包含的内容被分为不同的类别，图像分类算法只能够预测图像属于哪一类，但是却不知道图像中目标具体在哪个像素区域，也就是说图像分类的任务是针对整张图像进行的判断。本章介绍的图像分割任务则更为精确，它的核心目标有如下两个。

- 预测图像中包含哪些对象。
- 预测图像中每个像素属于哪一类。

所以，图像分割任务可以看作是一个逐像素的分类任务，分割目的是对图像进行精细化的“理解”。分割算法能够更加精确地找到图像中目标的位置，当然这也导致它的标注难度更大。本章主要介绍的内容如下。

1）人像分割任务的概念。

2）mask（掩码）的概念。

3）图像分割网络。

4）如何训练与评估图像分割网络。

5）制作人像分割 App。

5.1 前景背景与人像分割

在深度神经网络被广泛应用之前，图像分割就已经是计算机视觉领域的重点研究方向了。在正式介绍分割算法之前，需要首先了解“mask（掩码）”的基本概念。为了让读者更加直观地理解图像分割任务，下面将以证件照换背景色为例讲解前景与背景的概念，并对 mask 进行分析。在拍摄证件照时，背景颜色经常是纯蓝色、绿色、红色或者白色，比如图 5.1 中以蓝色为背景的证件照。

由于图 5.1 中背景全部是蓝色，并且人像中没有任何蓝色，所以可将“蓝色”作为一种区分标志，将图 5.1“一分为二”。从图像中分离出蓝色需要利用数字图像处理的知识。首先需要将图像从 RGB 空间转到 HSV 空间。HSV 空间包含色调、饱和度与明度 3 个参数，是一种经典的颜色空间，具体的转换代码如下。

```
1.  import cv2
2.  import numpy as np
3.
4.  img = cv2.imread("data/001.jpg")
5.  hsv = cv2.cvtColor(img,cv2.COLOR_BGR2HSV)
6.  cv2.imshow('hsv',hsv)
7.  cv2.waitKey(0)
```

获得的 HSV 颜色空间中的图像如图 5.2 所示。

● 图 5.1 蓝色背景人像图片（见彩插）

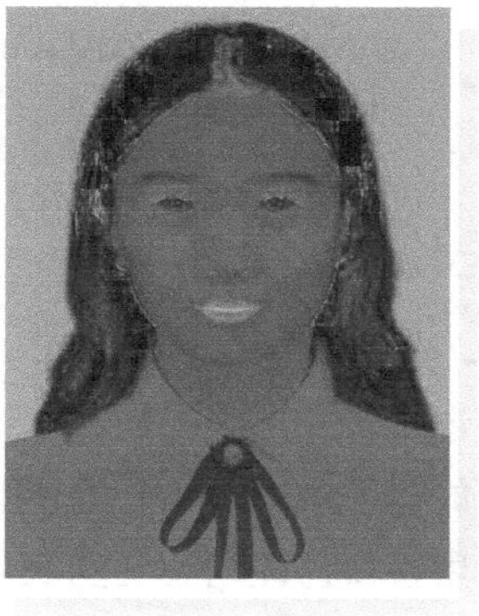

● 图 5.2 HSV 颜色空间的图像（见彩插）

然后，根据蓝色在 HSV 空间的数值范围，筛选出图像中的蓝色区域，使用的核心函数是 cv2.inRange。它的第 1 参数 hsv 是需要操作的数组，第 2 个参数 lower_blue 代表下边界，第 3 个参数 upper_blue 代表上边界。该函数的作用是将数组 hsv 中，数值在 lower_blue 到 upper_blue 之间的像素置为 255（白色），将其他像素置为 0（黑色），代码如下。

```
1.  #蓝色在 HSV 空间的数值范围
2.  lower_blue = np.array([90,70,70])
3.  upper_blue = np.array([110,255,255])
4.  #将属于蓝色数值区间内的像素置 255
5.  #将非蓝色数值区间内的像素置 0
6.  mask = cv2.inRange(hsv, lower_blue, upper_blue)
7.  cv2.imshow('mask',mask)
8.  cv2.waitKey(0)
```

运行上述代码将得到一张 mask，这个 mask 只包含两种颜色：黑色和白色。白色的像素对应原图中的蓝色背景，黑色的像素对应原图中的人像，如图 5.3 所示。

根据 mask 能够知道原图中人出现的位置，将原图每个像素的位置记为 img[i,j]，其中 i 和 j 分别代表行索引和列索引，并将 mask 的每个像素记为 mask[i,j]。现在来逐个地访问原图中的每个像素 img[i,j]，如果在位置[i,j]的 mask[i,j]等于 255 则说明 img[i,j]属于背景；如果在位置[i,j]的 mask[i,j]等于 0 则说明 img[i,j]属于前景。为了将人像的背景替换为红色，需要将 mask[i,j]等于 255 的位置对应的 img[i,j]像素全部置为红色。在 BGR 模式下红色的数值是（0，0，255），进行背景替换的代码如下。

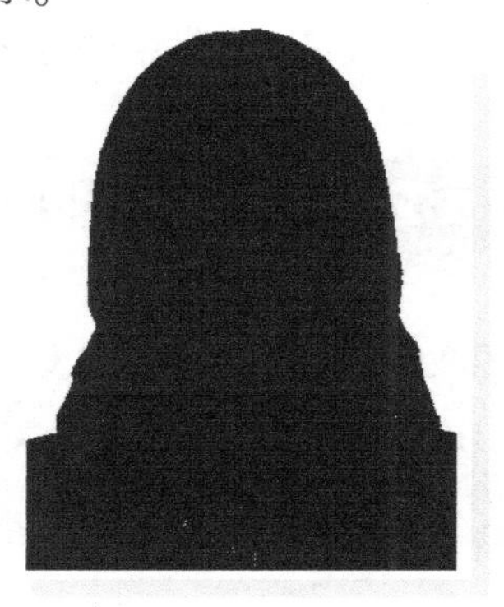

● 图 5.3 人像的 mask

```
1.  for i in range(img.shape[0]):
2.      for j in range(img.shape[1]):
3.          if mask[i,j]== 255:
4.              #将背景像素置为红色
5.              img[i,j]=(0,0,255)
6.  cv2.imshow("red",img)
7.  cv2.waitKey(0)
```

运行上述代码即可获得红色背景的证件照，如图 5.4 所示。

在上面的例子中，最核心的步骤是 mask 的获取。如果能够精确地找到图像中的背景，那么就可以将背景替换为任何想要的颜色。这个证件照换背景色的例子就可以看作是一个基本的语义分割任务，分割的目标是区分出前景（人）和背景（纯色幕布），并得到对应的 mask。本章要制作的 App 的用途是将人像从任何背景中分离出来，比如图 5.5 所示的情况。

• 图 5.4　根据 mask 替换背景后的人像（见彩插）

• 图 5.5　复杂背景的人像图像

由于图 5.5 的背景并不是纯色，所以前面介绍的通过转换颜色空间进行抠图的方法并不适用。在本章的任务中，图像拍摄的背景可能是多种多样的，人像的肤色、配饰和服装也具有非常多的情况，所以通过经典的数字图像处理方法很难精确地完成人像的分割。所以，需要通过卷积神经网络从大量的数据中进行学习，来提升模型在不同拍摄情况下的适用性。

5.2 图像分割网络

图像分割算法在近年来发展迅速，本节将对经典的图像分割算法 FCN[9] 与 UNet[10] 进行介绍，并给出这两种网络的 PyTorch 实现。

5.2.1 FCN

在图像分类任务中，一般在网络的最后阶段会采用全连接层。这种模式对图像分类任务来说非常有效，但是在图像分割任务上所展示出的效果却并不好。对于卷积层和池化层来说，它们都是按照核尺寸对输入特征图进行计算的，所以对输入特征图的尺寸没有限制。但是，当特征图输入全连接层之前，需要使用展平操作将特征图处理为向量，所以将全连接层作为模型末层的分类网络所需的输入图像尺寸往往是固定的。针对以上问题，研究人员提出了 FCN 分割模型，如图 5.6 所示。

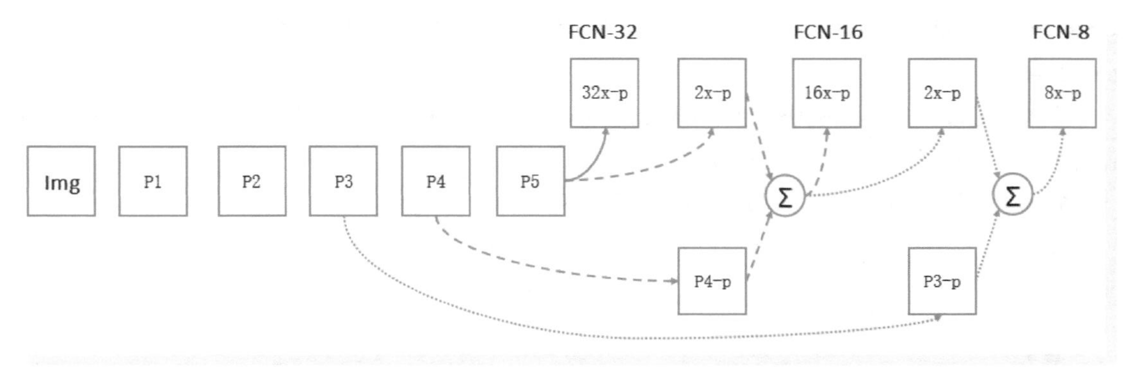

● 图 5.6 FCN 网络结构图（P 和 p 分别代表 Pool 和 prediction）

FCN 是较早的图像分割网络，它的整个网络结构不含有任何全连接模块，而仅仅含有卷积模块。FCN 将分类网络的全连接层替换为卷积层，所以它可以使用任意尺寸的图像作为输入。FCN 的最后一层是上采样层，通过上采样获取的预测输出能够和原始图像的尺寸保持一致，因此 FCN 能够对输入图像完成逐像素的分类。上采样可以通过插值实现，也可以通过反卷积实现。相比于反卷积，插值的计算速度更快，而且不会增加模型的参数量。但是插值是一个固定的过程，它不具备反卷积的可学习性。FCN 论文中提出了 3 种设计模式，分别为 FCN-32、FCN-16 和 FCN-8，设计的思路分别如下。

1）FCN-32 将 P5 层的输出直接进行 32 倍的上采样获得 32x-p 预测输出，从而获得与输入图像同尺寸的输出。

2）FCN-16 将 P5 层的输出进行 2 倍的上采样获得 2x-p 特征图，并且将 P4 层的输出和 2x-p 特征图进行逐像素的加法，然后将通过加法获得的特征图进行 16 倍的上采样，获得与输入图像同尺寸的输出。

3）FCN-8 采用了与 FCN-16 相同的融合策略，进一步融合 P3 层的特征图，从而获得更加精细化的分割结果，此处不作赘述。

FCN 的设计是基于分类网络的，所以可以使用经典的分类网络作为 FCN 的基础网络（即 Backbone），比如 AlexNet、VGG、GoogleNet 和 ResNet 等。FCN 代码实现主要包括 _init_ 方法和 forward 方法。在 _init_ 方法中需要完成整体网络的构建，它需要一个参数 num_classes 代表类别数量，主要包含下面 3 步。

第 1 步是基础网络的构建，本节采用 torchvision. models. resnet34 （pretrained = False）作为基础网络，其中 resnet34 代表 34 层的残差网络；参数 pretrained 的值为 False，代表不使用 torchvision 提供的预训练模型。

第 2 步是通过卷积模块获取输出结果。根据 resnet34 中的 3 层输出，需要定义 self. scores1、self. scores2 和 self. scores3，它们的输入通道数分别为 128、256 和 512，输出通道数均为类别数量 num_classes。

第 3 步是设计反卷积模块。由 nn. ConvTransposed2d 实现，在反卷积的过程中输入通道数和输出通道数都是类别数量 num_classes。

根据上面的思路，_init_方法的代码实现如下。

```
1.  import torch
2.  import torch.nn as nn
3.  from torchvision import models
4.
5.
6.  class FCN(nn.Module):
7.      def _init_(self, num_classes):
8.          super()._init_()
9.          # 获取基础网络 resnet34
10.         pretrained_net = models.resnet34(pretrained=False)
11.
12.         # 获取 3 个池化层
13.         self.stage1 = nn.Sequential(* list(pretrained_net.children())[:-4])
14.         self.stage2 = list(pretrained_net.children())[-4]
15.         self.stage3 = list(pretrained_net.children())[-3]
16.
17.         # 获得单通道的预测输出,计算 3 个尺度的分数
18.         self.scores1 = nn.Conv2d(128, num_classes, 1)
19.         self.scores2 = nn.Conv2d(256, num_classes, 1)
20.         self.scores3 = nn.Conv2d(512, num_classes, 1)
21.
22.         # 8 倍上采样
23.         self.upsample_8x = nn.ConvTranspose2d(num_classes, num_classes, 16, 8, 4,
bias=False)
24.
25.         # 2 倍上采样
26.         self.upsample_2x = nn.ConvTranspose2d(num_classes, num_classes, 4, 2, 1,
bias=False)
27.
28.         self.sigmoid = nn.Sigmoid()
```

在 forward 方法中首先将输入图像送入 3 个 stage 中，然后将 3 种尺度的输出进行融合，并进行 8 倍插值操作，获得和原图尺寸相同的输出掩码，具体步骤如下。

1）将输入特征图 x 经过 self. stage1 获得下采样 8 倍的特征图 s1。

2）获得 s1 后，将特征图继续输入 self. stage2 获得下采样 16 倍的特征图 s2。

3）获得 s2 后，将特征图继续输入 self. stage3 获得下采样 32 倍的特征图 s3。

4）获得 3 个尺度的特征图 s1、s2 和 s3 以后，首先使用 self. scores3 计算特征图 s3 输出的分数 s3_scores，并将 s3_scores 插值 2 倍得到 s3_scores_x2；然后使用 self. scores2 计算特征图 s2 的分数 s2_scores，此时 s3_scores_x2 和 s2_scores 尺寸相同可以直接进行加法融合得到 s2_fuse；最后通过 self. scores1 计算特征图 s1 的分数 s1_scores，并将 s2_fuse 插值 2 倍得到的 s2_fuse_x2 与 s1_scores 进行加法融合得到 s。

5）对 s 进行 8 倍插值后，即可以获得最终的分割掩码 s_x8。

根据上述步骤，forward 方法的实现代码如下。为了降低模型的计算量，代码中重复使用了 self. upsample_2x。

```
1.  def forward(self, x):
2.      x = self.stage1(x)
3.      s1 = x # 获取 1/8 池化输出
4.
5.      x = self.stage2(x)
6.      s2 = x # 获取 1/16 池化输出
7.
8.      x = self.stage3(x)
9.      s3 = x # 获取 1/32 池化输出
10.
11.     # 计算 1/32 分数
12.     s3_scores = self.scores3(s3)
13.     # 上采样 2 倍,并进行融合
14.     s3_scores_x2 = self.upsample_2x(s3_scores)
15.     s2_scores = self.scores2(s2)
16.     s2_fuse = s2_scores + s3_scores_x2
17.
18.     # 计算 1/8 分数
19.     s1_scores = self.scores1(s1)
20.     # 上采样 2 倍,并进行融合
21.     s2_fuse_x2 = self.upsample_2x(s2_fuse)
22.     s = s1_scores + s2_fuse_x2
23.
24.     # 上采样 8 倍,获取的 s_x8 与原始输入尺寸相同
25.     s_x8 = self.upsample_8x(s)
26.     s_x8 = self.sigmoid(s_x8)
27.
28.     return s_x8
```

5.2.2 UNet

在图像分割领域 UNet 已经被引用了超过 1000 次，是经典分割网络之一，其结构如图 5.7 所示。它的核心思想是“跳跃连接”，将浅层的特征图和深层的特征图相连。UNet 中的“U”代表它的整个网络结构类似英文字母中的“U”。UNet 的左侧和右侧是对称的结构，它的左侧部分可以看作是收缩路径，右侧部分可以看作是扩展路径。UNet 架构中不含有任何全连接层，这一点与 FCN 的设计理念是相同的。UNet 左侧网络（下采样过程）的设计核心思路如下。

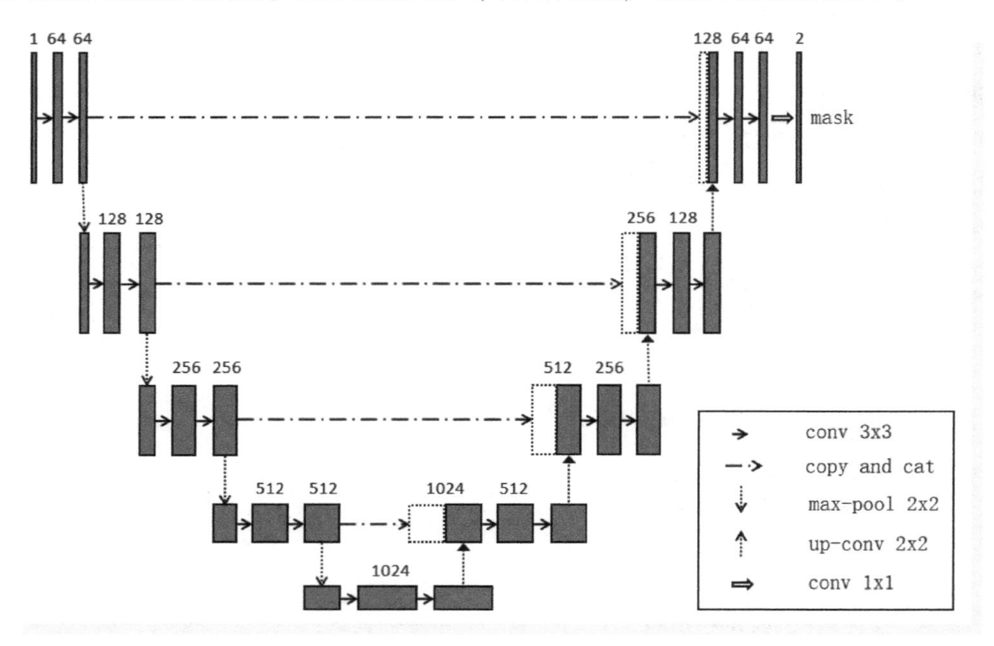

图 5.7　UNet 网络结构

1）每个卷积层都是由核尺寸 3×3 的卷积构成。

2）每个卷积模块后都使用 ReLU 激活函数。

3）使用 max-pool 降低特征图的长宽值，池化核尺寸为 2。

4）每次下采样后，都将特征图的通道数增加一倍。

从上面的设计思路可以看出，在下采样过程特征图的长宽值不断降低，通道数不断增加。

UNet 右侧网络（上采样过程）的设计核心思路如下。

1）使用核尺寸为 2×2 的卷积提升特征图的长宽值。

2）up 卷积令特征图的通道数减半。

3）将左侧对应层的特征图拼接到右侧，使用核尺寸为 3×3 的卷积加 ReLU 激活函数进行处理。

4）最后一层使用核尺寸为 1×1 的卷积获得输出 mask，输出的通道数等于类别数。

根据上面的分析可知，UNet 的“对称”并不是指左侧网络和右侧网络完全一致，而是一种整体上的对称性。本节实现的 UNet 网络对论文中的算法进行了一定的改动，从而使其更加便于算法实现和移动端部署。首先，在 UNet 论文中未使用补 0 操作，所以在进行特征图拼接过程中需要进行裁剪操作，本节在代码实现中添加了补 0 操作；其次，本节的代码实现在卷积层后面添加了 BN 层。

首先，定义基本的卷积模块 ConvBlock。每个 ConvBlock 中包含两层卷积，对应 UNet 中连续的两个 conv 3×3 模块，代码如下。

```
1.  class ConvBlock(nn.Module):
2.      def _init_(self, ch_in, ch_out):
3.          super(ConvBlock, self)._init_()
4.          self.conv = nn.Sequential(
5.              nn.Conv2d(ch_in, ch_out, kernel_size=3, stride=1, padding=1, bias=True),
6.              nn.BatchNorm2d(ch_out),
7.              nn.ReLU(inplace=True),
8.              nn.Conv2d(ch_out, ch_out, kernel_size=3, stride=1, padding=1, bias=True),
9.              nn.BatchNorm2d(ch_out),
10.             nn.ReLU(inplace=True))
11.
12.     def forward(self, x):
13.         x = self.conv(x)
14.         return x
```

然后，定义用于提升特征图长宽的上采样模块。上采样模块由插值操作和 3×3 卷积等组成，插值操作由缩放因子 scale_factor 为 2 的 nn. Upsample 实现，代码如下。

```
1.  class UpConvBlock(nn.Module):
2.      def _init_(self, ch_in, ch_out):
3.          super()._init_()
4.          self.up = nn.Sequential(
5.              nn.Upsample(scale_factor=2),
6.              nn.Conv2d(ch_in, ch_out, kernel_size=3, stride=1, padding=1, bias=True),
7.              nn.BatchNorm2d(ch_out),
8.              nn.ReLU(inplace=True)
9.          )
10.
11.     def forward(self, x):
12.         x = self.up(x)
13.         return x
```

接下来，实现 UNet 的_init_方法。UNet 的下采样过程是通过 nn. MaxPool2d 实现的，共需要4次下采样过程，分别对应 self. pool1、self. pool2、self. pool3 以及 self. pool4。每个池化层的核尺寸均为 2，步长也均为 2，每次经过池化处理后特征图的长宽将缩减为前一层的一半。编码过程的卷积使用 ConvBlock 完成，共需要进行 5 次卷积 self. conv1、self. conv2、self. conv3、self. conv4 以及 self. conv5。解码过程由 ConvBlock 和 UpConvBlock 组成，在此不作赘述。原始 UNet 的通道数设定为［64，128，256，512，1024］，为了降低移动端的运算量将通道数设定为［8，16，32，64，128］。此外，需要将 UNet 默认的输入通道数设定为 3，输出通道数设定为 1，代码如下。

```
1.  class UNet(nn.Module):
2.      def _init_(self, ch_in=3, ch_out=1):
3.          super()._init_()
4.          feature_channels = [8, 16, 32, 64, 128]
5.
6.          # 定义 4 个池化层,池化核尺寸均为 2,步长也均为 2
7.          self.pool1 = nn.MaxPool2d(kernel_size=2, stride=2)
8.          self.pool2 = nn.MaxPool2d(kernel_size=2, stride=2)
9.          self.pool3 = nn.MaxPool2d(kernel_size=2, stride=2)
10.         self.pool4 = nn.MaxPool2d(kernel_size=2, stride=2)
11.
12.         # 根据通道设定,定义下采样过程中使用的 5 个卷积层
13.         self.conv1 = ConvBlock(ch_in, feature_channels[0])
14.         self.conv2 = ConvBlock(feature_channels[0], feature_channels[1])
15.         self.conv3 = ConvBlock(feature_channels[1], feature_channels[2])
16.         self.conv4 = ConvBlock(feature_channels[2], feature_channels[3])
17.         self.conv5 = ConvBlock(feature_channels[3], feature_channels[4])
18.
19.         # 根据通道设定,定义上采样过程中使用的卷积层和上采样层
20.         self.up5 =UpConvBlock(feature_channels[4], feature_channels[3])
21.         self.up_conv5 = ConvBlock(feature_channels[4], feature_channels[3])
22.         self.up4 =UpConvBlock(feature_channels[3], feature_channels[2])
23.         self.up_conv4 = ConvBlock(feature_channels[3], feature_channels[2])
24.         self.up3 =UpConvBlock(feature_channels[2], feature_channels[1])
25.         self.up_conv3 = ConvBlock(feature_channels[2], feature_channels[1])
26.         self.up2 =UpConvBlock(feature_channels[1], feature_channels[0])
27.         self.up_conv2 = ConvBlock(feature_channels[1], feature_channels[0])
28.
29.         # 定义最后一层卷积,输出通道数等于目标类别数
30.         self.conv_last = nn.Conv2d(feature_channels[0], ch_out, kernel_size=1,
stride=1, padding=0)
31.         self.sigmoid = nn.Sigmoid()
```

在 forward 方法中需要完成编码和解码过程。编码是根据 x 计算 f5 的过程。首先将输入的张量 x 输入到 self. conv1 中，获得特征图 f1；然后通过 self. pool1 对特征图 f1 进行池化，获得特征

图 f2，进而重复这个过程直到获得编码输出的特征图 f5。解码是根据编码产生的特征图 f1、f2、f3、f4 以及 f5 获得最终输出的过程。首先使用 self. up5 对 f5 进行上采样，并将编码过程生成的特征图 f4 与上采样结果进行拼接；UNet 的拼接过程使用 torch. cat 函数实现，并通过 self. up_conv5 获得目标通道数的特征图 up_f5；进而重复这个过程直到获得 up_f2，最后使用 self. conv_last 和 self. sigmoid 获得输出 mask。

```
1.  def forward(self, x):
2.      # 第一层卷积,将 3 通道的输入变换为特征图
3.      f1 = self.conv1(x)
4.
5.      # 计算下采样过程,通过池化和卷积获得中间特征图
6.      f2 = self.pool1(f1)
7.      f2 = self.conv2(f2)
8.      f3 = self.pool2(f2)
9.      f3 = self.conv3(f3)
10.     f4 = self.pool3(f3)
11.     f4 = self.conv4(f4)
12.     f5 = self.pool4(f4)
13.     f5 = self.conv5(f5)
14.
15.     # 第一次特征融合
16.     up_f5 = self.up5(f5)
17.     up_f5 = torch.cat((f4, up_f5), dim=1)
18.     up_f5 = self.up_conv5(up_f5)
19.
20.     # 第二次特征融合
21.     up_f4 = self.up4(up_f5)
22.     up_f4 = torch.cat((f3, up_f4), dim=1)
23.     up_f4 = self.up_conv4(up_f4)
24.
25.     # 第三次特征融合
26.     up_f3 = self.up3(up_f4)
27.     up_f3 = torch.cat((f2, up_f3), dim=1)
28.     up_f3 = self.up_conv3(up_f3)
29.
30.     # 第四次特征融合
31.     up_f2 = self.up2(up_f3)
32.     up_f2 = torch.cat((f1, up_f2), dim=1)
33.     up_f2 = self.up_conv2(up_f2)
34.
35.     # 计算最后一层卷积输出,获得预测 mask
36.     mask = self.conv_last(up_f2)
37.     mask = self.sigmoid(mask)
38.     return mask
```

5.2.3 分割损失函数

图像分割任务的损失函数很多，其中应用较多的是 BCE、Focal 和 Dice 损失。BCE 损失的计算方式和前面介绍的图像分类任务相同，但是公式代表的含义不同：

$$L_{BCE}(y,\hat{y})=-(y\log\hat{y}+(1-y)\log(1-\hat{y}))$$

这里的$\hat{y}$是网络的预测输出，在图像分类任务损失函数的计算过程中，网络的预测输出代表图像属于的类别概率。而在本章介绍的分割任务中，$\hat{y}$代表某个位置“像素”属于的类别。图像分割的 BCE 损失与分类任务的相同，所以可以直接使用 nn 模块的 nn. BCE 损失。

5.3 分割数据集构建与读取

5.3.1 标注工具介绍

根据前面的介绍，有监督图像分割模型的训练需要图像和图像对应的 mask，图像的 mask 需要通过标注工具获得。本书使用的图像分割标注工具是 labelme，它是由 MIT 开源的一款功能强大的标注软件，在安装 labelme 之前需要完成 Anaconda 的安装。接下来，按照下面的步骤完成 labelme 的安装。

第 1 步：打开 anaconda prompt，输入下面的虚拟环境创建命令。

```
1.conda create -name=labelme python=3.6
```

第 2 步：安装依赖工具 pyqt，输入如下命令。

```
1.conda install pyqt
```

第 3 步：安装 labelme，输入如下命令。

```
1.pip install labelme
```

当 pip 命令正常执行结束后，代表 labelme 安装成功。本书的 labelme 所用 Python 版本为 3.6 版，建议读者使用相同版本。接下来，将分别介绍图像的标注过程和解析过程。

（1）标注过程

完成上述步骤后，在终端输入命令 labelme，将会弹出 labelme 的主界面，单击“open”按钮打开一张示例图片，如图 5.8 所示。

单击图 5.8 左侧的“Create Polygons”按钮，或者单击上方菜单栏的“Edit” -> “Create Polygons”命令，将进入图像分割的标注模式。在此模式下，鼠标就是“画笔”，用户可以通过鼠标

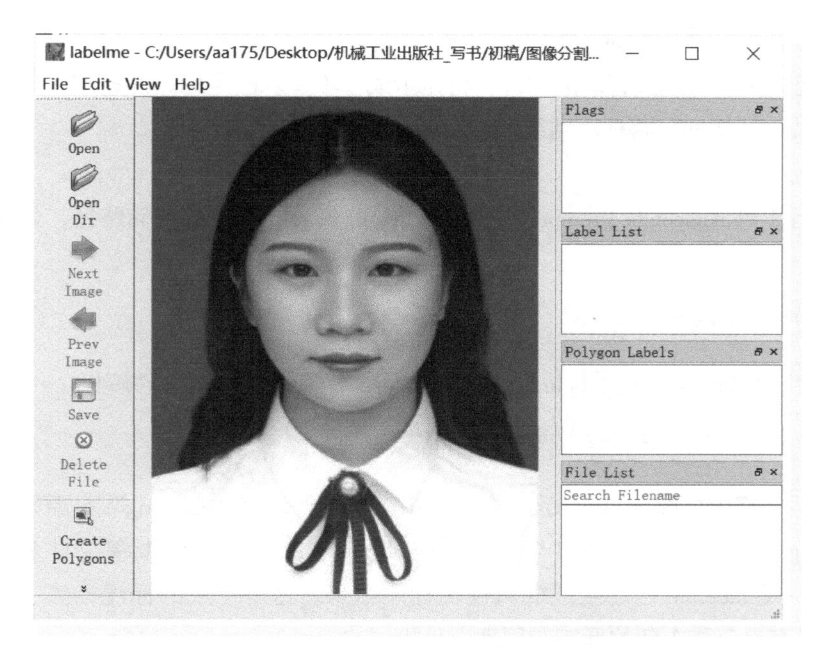

● 图 5.8 lableme 主界面

的取点操作来勾勒出图 5.8 中人像在整张图像上的轮廓。轮廓绘制完成后按下〈Enter〉键保存相应的标签，并给标签命名，如图 5.9 中的人像标签被命名为“people”。

● 图 5.9 通过 labelme 添加标签

完成上述步骤后，在 labelme 的右侧功能区将出现已经保存的“people”标签，对 Polygon Labels 里面的元素执行勾选或者取消勾选，将显示或者不显示已经标注的轮廓。接下来，单击左侧功能区的“Save”按钮，将标注结果存储为 json 文件。

（2）解析标注文件

打开命令行工具 Anaconda Prompt，使用 cd 命令进入 json 文件的存储路径，如进入本书的示例路径。

```
1.  cd data/my_label/
```

然后，使用 labelme 自带的 labelme_json_to_dataset 命令进行 json 文件解析。

```
1.  labelme_json_to_dataset 001.json
```

完成解析后，将生成图 5.10 所示的 4 个文件。第 1 个文件“img. png”是原始图片，第 2 个文件“label. png”是分割标签，第 3 个文件“label_names. txt”存储了标签文件名，第 4 个文件“label_viz. png”是 labelme 自动生成的可视化标注结果。这里生成的标注标签“label. png”和 5. 1 节介绍的只有黑色和白色的标签在原理上是相同的。

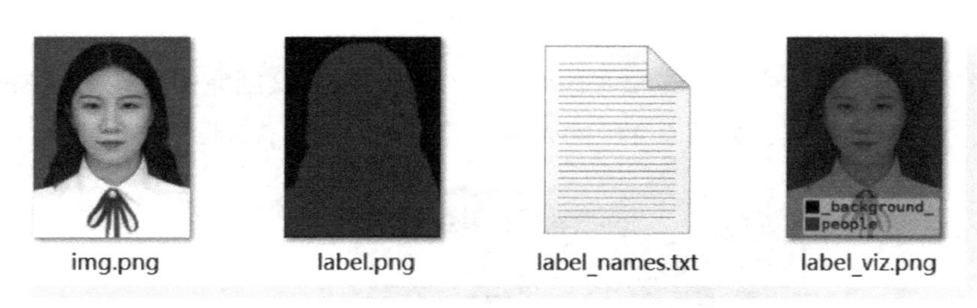

● 图 5. 10　labelme 生成的 4 个文件

5. 3. 2　分割数据集下载

上一节介绍了如何标注分割数据集。由于人像数据的搜集难度较大，为了便于操作，本章采用了公开的分割数据集[11]。该数据集包含了 2000 张人像和对应的 mask，数据集下载地址为 http：//www. cse. cuhk. edu. hk/ leojia/projects/automatting/index. html。训练数据包含 1700 张人像，测试数据包含 300 张人像。

5. 3. 3　成对图像读取与数据增强

本章图像分割算法的训练需要图像和图像对应的 mask，图像作为分割网络的输入，图像对应的 mask 作为真实标签。所以读取数据的代码需要保证每张图像和 mask 是精准对应的。在训练数据集中，每张图像和 mask 的名称都有数字编号，这个数字编号就是读取成对数据的依据。下面代码展示了读取数据集的 SegDataset 类，在 _init_ 方法中需要输入图片尺寸 image_size 与数据路径 data_root 等参数。

```
1.  class SegDatasets(Dataset):
2.      def _init_(self, image_size, data_root, input_dir_name,
3.                  label_dir_name, h_flip, v_flip, train=True):
4.          #定义属性
5.          self.image_size = image_size
6.          self.data_dir = data_root
7.          self.input_dir_name = input_dir_name
8.          self.label_dir_name = label_dir_name
9.          self.h_flip = h_flip
10.         self.v_flip = v_flip
11.         self.train = train
12.         if self.train:
13.             self.prefix ="train_"
14.         else:
15.             self.prefix ="val_"
16.
17.         #检查目录是否存在
18.         if not os.path.exists(self.data_dir):
19.             raise Exception(r"[!]data set does not exist!")
20.
21.         #获取所有训练数据的名称,并存储到 self.files 列表中
22.         self.files = sorted(os.listdir(os.path.join(self.data_dir,
23.                                             self.prefix + self.input_dir_name)))
```

在 SegDataset 的 _getitem_ 方法中，需要完成图像和标签的索引过程，索引的方式是文件名称。此外，在训练模式下需要对图像和 mask 进行随机的数据增强。需要注意的是，这里的数据增强需要对图像和 mask 进行同步变换，即如果图像进行了水平方向的对称，那么 mask 也必须进行水平方向的对称。_getitem_ 方法的实现如下。

```
1.  def _getitem_(self, item):
2.      file_name = self.files[item]
3.      #打开 img 和对应的 mask,file_name[:-4]+"_matte.png"代表原始数据集中 mask 的命名方式
4.      img = Image.open(os.path.join(self.data_dir,
5.                              self.prefix + self.input_dir_name,
6.                              file_name)).convert('RGB')
7.      mask = Image.open(os.path.join(self.data_dir,
8.                              self.prefix + self.label_dir_name,
9.                              file_name[:-4]+"_matte.png")).convert('L')
10.
11.     #将 img 和 mask 进行尺寸重定义操作(resize),统一为相同尺寸
```

```
12.        img = TF.resize(img, (self.image_size, self.image_size))
13.        mask = TF.resize(mask, (self.image_size, self.image_size))
14.
15.        if self.train:
16.            # 以 0.5 的概率进行数据增强,增强方式必须保证 img 和 mask 的变换是完全对应的
17.            if self.h_flip and np.random.random() > 0.5:
18.                img, mask = horizontal_flip(img, mask)
19.
20.            if self.v_flip and np.random.random() > 0.5:
21.                img, mask = vertical_flip(img, mask)
22.
23.        # 将图像转为 tensor 类型
24.        img = TF.to_tensor(img)
25.        mask = TF.to_tensor(mask)
26.
27.        # 以字典形式返回 img、mask 和 img 的名字
28.        out = {'human': img, 'mask': mask, "img_name": file_name}
29.
30.        return out
```

在 _getitem_ 方法中导入 augument. py 文件中的 horizontal_flip 和 vertical_flip 函数，它们是水平和垂直方向的成对数据增强方法，具体实现如下。

```
1.  import torchvision.transforms.functional as TF
2.  import numpy as np
3.  from PIL import Image
4.
5.  def horizontal_flip(img , ref):
6.      return TF.hflip(img), TF.hflip(ref)
7.
8.  def vertical_flip(img, ref):
9.      return TF.vflip(img), TF.vflip(ref)
```

接下来需要测试训练数据集是否能够正常工作。下述代码中指定的是 train_set 中第 3 个位置的数据，读者可以在不超过总的数据量的情况下任意指定这个值，来判断数据读取的代码是否正确。如果每次运行得到的都是图像和对应的 mask，则说明读取代码是正确的。

```
1.  if _name_ == "_main_":
2.      # 构建训练数据集
3.      train_set =SegDatasets(IMAGE_SIZE, DATA_ROOT, INPUT_DIR_NAME, LABEL_DIR_NAME,
H_FLIP, V_FLIP, train=True)
4.
5.      # 数据集中图像数量
6.      print("num of Train set {}".format(len(train_set)))
```

```
7.
8.    # 获取数据集中第3条数据的原始图像 img、掩码 mask 和图像名称
9.    img = train_set[2]["human"]
10.   mask = train_set[2]["mask"]
11.   name = train_set[2]["img_name"]
12.
13.   # 展示原始图像 img 和掩码 mask
14.   plt.subplot(1, 2, 1)
15.   plt.imshow(img.numpy().transpose(1, 2, 0))
16.   plt.subplot(1, 2, 2)
17.   plt.imshow(mask.numpy().squeeze())
18.   plt.show()
```

运行数据集的测试代码后将得到图5.11所示图片。当然，也可以使用其他方式进行成对数据的读取，如将图像和 mask 拼接成一张图，这样就无须考虑图像的对应问题，或者制作一个 txt 文件，txt 文件的每行存储着每张图像和对应 mask 的路径。

图5.11　原始人像和对应 mask

5.4 分割网络的训练与验证

5.4.1 项目构建与超参数设置

下面是网络训练过程的部分参数配置代码，具体见代码仓库（本书配套资源）。在训练过程中将 H_FLIP 和 V_FLIP 设置为 True 代表使用水平和垂直方向的数据增强。BATCH_SIZE 设定为16，如果读者的显卡内存有限，可以将 BATCH_SIZE 设定为6或者8，尽量保证它大于4。

```
1.  BETA1 =0.9
2.  BETA2 =0.999
3.  DATA_ROOT ="human_dataset"
4.  INPUT_DIR_NAME ="human"
5.  LABEL_DIR_NAME ="mask"
6.  LR =0.0001
7.  BATCH_SIZE =16
8.  H_FLIP =True
9.  V_FLIP =True
10. RESULTS_DIR ="results"
11. EPOCHS =50
12. IMAGE_SIZE =224
13. IMG_SAVE_FREQ =100
14. PTH_SAVE_FREQ =2
15.
16. VAL_BATCH_SIZE =1
17. VAL_FREQ =1
```

5.4.2 分割网络训练

本节给出了分割网络的训练核心代码，其余代码见本章源码资源包。定义的网络可以是 UNet 或者 FCN，读者可以分别选择两种网络进行训练。下面代码展示了分割数据集的构建、分割网络 seg_net 的定义，以及损失函数与优化器的定义。

```
1.  # 构建训练和验证 DataLoader
2.  train_dataset =SegDatasets(IMAGE_SIZE, DATA_ROOT, INPUT_DIR_NAME, LABEL_DIR_NAME,
H_FLIP, V_FLIP, train=True)
3.  train_loader = torch.utils.data.DataLoader(dataset=train_dataset,
4.                                              batch_size=BATCH_SIZE,
5.                                              shuffle=True)
6.  val_dataset =SegDatasets(IMAGE_SIZE, DATA_ROOT, INPUT_DIR_NAME, LABEL_DIR_NAME, H_
FLIP, V_FLIP, train=False)
7.  val_loader = torch.utils.data.DataLoader(dataset=val_dataset,
8.                                              batch_size=VAL_BATCH_SIZE,
9.                                              shuffle=True)
10.
11.
12. # 定义 BCE 损失
13. bce_func = nn.BCELoss()
14.
15. # 定义分割网络,并将网络参数绑定到 Adam 优化器
16. seg_net =UNet().to(device)
```

```
17. optimizer =optim.Adam(params=seg_net.parameters(),
18.                       lr=LR,
19.                       betas=(BETA1, BETA2))
20.
21. make_project_dir(RESULTS_DIR, RESULTS_DIR)
22. loss_writer =LossWriter(os.path.join(RESULTS_DIR, "loss"))
```

下面代码展示了 seg_net 的训练过程。首先需要读取成对的 human 和 mask，然后将 human 送入 seg_net 得到预测 predict_mask，并使用 bce_func 计算逐像素的分类损失，最后使用 optimizer 进行梯度更新。

```
1. def train():
2.     iteration =0
3.     for epo in range(1, EPOCHS):
4.         #遍历 DataLoader 中所有的数据
5.         for data in train_loader:
6.             human = data["human"].to(device)
7.             mask = data["mask"].to(device)
8.
9.             #将人像图片 human 输入分割网络中,获得预测的掩码 mask
10.            predict_mask = seg_net(human)
11.
12.            #通过预测 mask 和真实 mask 计算损失值
13.            bce_loss = bce_func(predict_mask, mask)
14.
15.            #清空梯度,更新网络参数
16.            optimizer.zero_grad()
17.            bce_loss.backward()
18.            optimizer.step()
19.
20.            #记录分割损失值,并输出到控制台
21.            loss_writer.add("bce_loss", bce_loss.item(), iteration)
22.
23.            print("Iter: {}, BCE Loss: {:.4f}".format(iteration,
24.                                                      bce_loss.item()))
25.            #更新迭代次数
26.            iteration +=1
```

下面是 BCE 损失值、模型文件的保存，以及模型评估代码，在 seg_net 评估完成后一定要通过 seg_net. train( ) 函数切换到 train 状态。

```
1. #保存分割网络权重
2. if epo % PTH_SAVE_FREQ == 0:
3.     torch.save(seg_net.state_dict(), os.path.join(RESULTS_DIR, "pth", str(epo) + ".pth"))
```

```
4.
5.  #计算验证集的分割效果
6.  if epo % VAL_FREQ == 0:
7.      seg_net.eval()
8.      with torch.no_grad():
9.          #遍历验证集,并进行分割
10.         for data in val_loader:
11.             human = data["human"].to(device)
12.             mask = data["mask"].to(device)
13.             img_name = data["img_name"]
14.             predict_mask = seg_net(human)
15.             val_patch = torch.cat((predict_mask, mask), dim=3)
16.             #保存验证集分割结果,用于观察模型表现
17.             save_image(val_patch[0],
18.                     out_name=os.path.join(RESULTS_DIR,"val_images",
19.                                           img_name[0]))
20.     seg_net.train()
```

5.4.3 分割损失函数收敛性分析

本章代码提供了 FCN 和 UNet 训练过程中损失值的记录功能，在实验中 FCN 迭代了 2800 次，UNet 迭代了 3000 次，图 5.12 展示了 FCN 和 UNet 的损失函数的收敛情况。

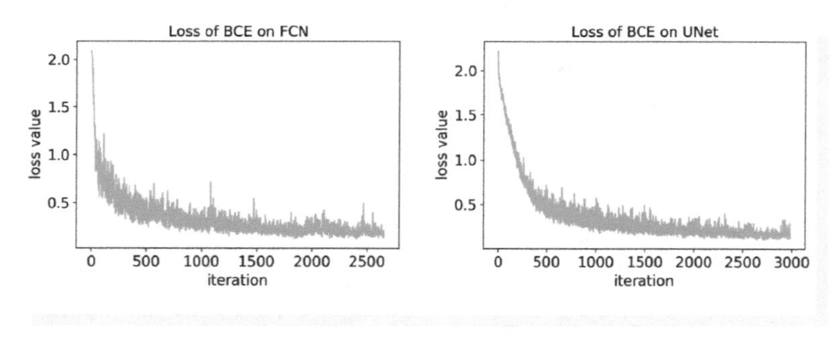

图 5.12 FCN 与 UNet 的损失函数收敛曲线

从图 5.12 所示的收敛曲线中可以看出 FCN 和 UNet 的损失值均存在震荡现象，相比于 FCN 网络，UNet 的下降幅度较小。虽然模型在训练过程中存在明显的震荡现象，但是从整体来看损失值是不断降低的，说明分割网络的分割能力在不断增加。此外，BN 的使用对 UNet 的收敛非常重要，读者可以尝试去掉 BN 后再观察 UNet 的收敛曲线的情况，具体见本章源码。

5.4.4 人像分割测试

完成 FCN 或 UNet 的训练以后，使用下述代码对包含人像的单张图像进行测试。这张图像将

会作为移动端部署时的测试图像。

```
1.  if _name_ == "_main_":
2.      device = torch.device("cpu")
3.      seg_net = UNet().to(device)
4.      seg_net.load_state_dict(torch.load("results_unet/pth/20.pth", map_location="cpu"))
5.      seg_net.eval()
6.      image_path ="human_dataset/val_human/00031.png"
7.
8.      with torch.no_grad():
9.          human_image = Image.open(image_path)
10.         human_image = human_image.resize((256, 256))
11.         human_image = TF.to_tensor(human_image).to(device).unsqueeze(0)
12.         # 获取分割掩码
13.         predict_mask = seg_net(human_image)
14.         # 以 0.5 作为阈值区分前景和背景
15.         predict_mask[predict_mask >0.5] = 1
16.         predict_mask[predict_mask <=0.5] = 0
17.
18.         human_image = human_image * 255
19.         predict_mask = predict_mask * 255
20.         # 将预测掩码复制为 3 个通道
21.         predict_mask = torch.cat((predict_mask, predict_mask, predict_mask), dim=1)
22.
23.         # 拼接人像和掩码
24.         result = torch.cat((human_image, predict_mask), dim=3)[0]
25.         result = result.cpu().detach().numpy().transpose(1, 2, 0).astype(np.uint8)
26.
27.         plt.imshow(result)
28.         plt.savefig("pictures/demo.png",  dpi=500, bbox_inches='tight')
29.         plt.show()
```

运行分割模型的验证代码后，将得到图 5. 13 所示的测试结果，可以看出人像被分割为前景和背景。

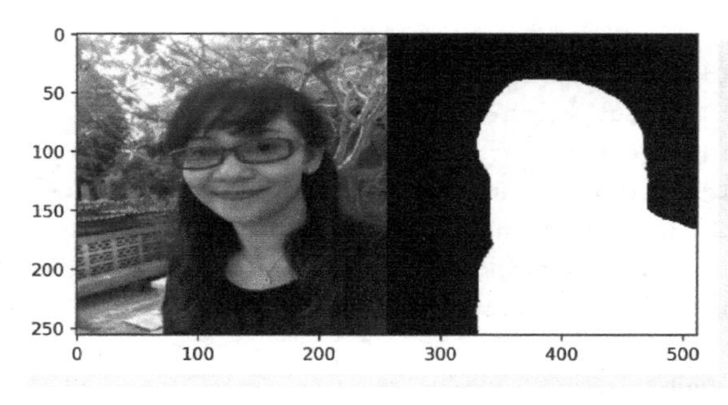

图 5. 13　人像分割网络测试结果

5.5 人像分割 App

5.5.1 分割功能界面设计

本章设计的人像分割 App 的核心功能是完成前景与背景的分割。用户需要首先使用相机拍摄一张图像或从相册选择一张图像，然后单击“分割”按钮。此时 App 的界面上将显示出分割后的人像和对应的分割掩码，界面的具体设计如下。

1）3 个基础按钮，功能分别为“拍照”“相册”和“保存”，以及用于展示用户所选图像的 ImageView。

2）“分割”按钮。单击该按钮，将调用人像分割函数，把用户选择的图像作为输入，并完成人像的分割。

3）使用两个 ImageView 分别展示分割掩码和从背景分割出的人像（即前景）。当读者单击分割按钮后，分割结果将显示在这两个 ImageView 上。

下面是界面的核心代码，功能 1）的代码见本书源码。展示预测掩码的 ImageView 的 id 是 image_view_show_predict_mask，通过预测掩码抠除背景后的人像对应的 ImageView 是 image_view_show_body。原始人像对应 ImageView 的 id 是 image_view_show_original。

```
1.  <? xml version="1.0" encoding="utf-8"? >
2.  <LinearLayout xmlns:android="http://schemas.android.com/apk/res/android"
3.      xmlns:app="http://schemas.android.com/apk/res-auto"
4.      xmlns:tools="http://schemas.android.com/tools"
5.      android:layout_width="match_parent"
6.      android:layout_height="match_parent"
7.      android:orientation="vertical"
8.      tools:context=".MainActivity">
9.
10.     <TextView
11.         android:id="@+id/text_show_predict_image"
12.         android:layout_width="wrap_content"
13.         android:layout_height="wrap_content"
14.         android:textColor="@color/colorBlack"
15.         android:gravity="center_horizontal"
16.         android:text="@string/predict_image_tip"
17.         android:textSize="20sp" />
18.
19.     <LinearLayout
20.         android:layout_width="match_parent"
```

```
21.         android:layout_height="wrap_content"
22.         android:orientation="vertical"
23.         android:layout_weight="1"
24.         >
25.         <!--水平方向排列控件-->
26.         <LinearLayout
27.             android:layout_width="match_parent"
28.             android:layout_height="0dp"
29.             android:orientation="horizontal"
30.             android:layout_weight="1"
31.             >
32.             <!--展示预测的掩码-->
33.             <ImageView
34.                 android:id="@+id/image_view_show_predict_mask"
35.                 android:layout_width="0dp"
36.                 android:layout_height="match_parent"
37.                 android:layout_weight="1"
38.                 />
39.             <!--展示前景图像,由原图中掩码表示的区域构成-->
40.             <ImageView
41.                 android:id="@+id/image_view_show_body"
42.                 android:layout_width="0dp"
43.                 android:layout_height="match_parent"
44.                 android:layout_weight="1"
45.                 />
46.
47.         </LinearLayout>
48.
49.         <LinearLayout
50.             android:layout_width="match_parent"
51.             android:layout_height="0dp"
52.             android:orientation="vertical"
53.             android:layout_weight="1"
54.             >
55.             <!--展示原始图像-->
56.             <TextView
57.                 android:id="@+id/text_show_original_image"
58.                 android:layout_width="wrap_content"
59.                 android:layout_height="wrap_content"
60.                 android:textColor="@color/colorBlack"
61.                 android:gravity="center_horizontal"
62.                 android:text="@string/original_image_tip"
63.                 android:textSize="20sp" />
64.
65.             <ImageView
```

```
66.                android:id="@+id/image_view_show_original"
67.                android:layout_width="match_parent"
68.                android:layout_height="0dp"
69.                android:layout_weight="1"
70.                />
71.
72.        </LinearLayout>
73.    </LinearLayout>
74.
75. </LinearLayout>
```

5.5.2 获取掩码与前景图像应用

下面代码展示了使用 UNet 预测分割掩码，并获取前景人像的流程。在调用 forward 方法后，可以获得 maskTensor 并将其转换为 maskArray。分割网络的输出掩码是单通道的，为了便于使用 Bitmap 展示分割结果，需要将 maskArray 转换为 3 个通道的输出。通道的转换与像素赋值在第一个 3 层循环内完成，maskImage 在每个像素位置的 3 个通道值由 maskArray 的同一个元素进行赋值。这样就可以获得 3 个通道的 maskImage，并且不改变分割掩码包含的信息。使用 maskArray[index]对 maskImage 进行赋值时，使用的阈值是 0.5。如果 maskArray[index]的值大于 0.5，则将 maskImage 对应位置的值设定为 255；如果 maskArray[index]的值是小于或等于 0.5，则将 maskImage 对应位置的值设定为 0。

此外，代码中创建了 foregroundImage，它的尺寸和前向推理的输入图像是相同的，代码中使用 outDims 设定。首先使用 3 层循环对 foregroundImage 进行赋值，在循环的最内层使用原始人像 scaledBmp 的 getPixel 方法获取 3 个通道的像素值；然后根据 maskArray 对 foregroundImage 进行赋值，同样使用 0.5 作为阈值来确定前景和背景。

```
1. private void segmentationForMask(String imagePath) {
2.     String ptPath = "20_fcn.pt";
3.     // 创建 3 通道的输出,虽然输出的 mask 是单通道的,这里将 mask 看作是 3 个通道的
4.     int[] inDims = {256, 256, 3};
5.     int[] outDims = {256, 256, 3};
6.     int mask_channels = 1;
7.
8.     // 模型加载与数据准备的代码见源码
9.
10.    float[] meanRGB = {0.0f, 0.0f, 0.0f};
11.    float[] stdRGB = {1.0f, 1.0f, 1.0f};
12.    TensorhumanImageTensor = TensorImageUtils.bitmapToFloat32Tensor(scaledBmp,
13.        meanRGB, stdRGB);
14.
```

```
15.     try {
16.         TensormaskTensor = segModule.forward(IValue.from(humanImageTensor)).toTensor();
17.         float[] maskArray = maskTensor.getDataAsFloatArray();
18.
19.         int index = 0;
20.         // mask_image 用于存放分割掩码,它是 3 个通道的
21.         float[][][] maskImage = new float[outDims[0]][outDims[1]][3];
22.         for (int j = 0; j < mask_channels; j++) {
23.             for (int k = 0; k < outDims[0]; k++) {
24.                 for (int m = 0; m < outDims[1]; m++) {
25.                     // 对 3 个通道进行赋值,遍历的时候 j 只遍历 1 个通道值,因为输出的 outArr
是 1 个通道的
26.                     if (maskArray[index] > 0.5) {
27.                         maskImage[k][m][j] = 255.0f;
28.                         maskImage[k][m][j + 1] = 255.0f;
29.                         maskImage[k][m][j + 2] = 255.0f;
30.                     }
31.                     else {
32.                         maskImage[k][m][j] = 0.0f;
33.                         maskImage[k][m][j + 1] = 0.0f;
34.                         maskImage[k][m][j + 2] = 0.0f;
35.                     }
36.                     index++;
37.                 }
38.             }
39.         }
40.
41.         // 将分割掩码展示到 ImageView 上
42.         Bitmap maskBitmap = Utils.getBitmap(maskImage, outDims);
43.         showMaskImageView.setImageBitmap(maskBitmap);
44.
45.         // foregroundImage 用于展示经分割掩码处理后的前景图像
46.         float[][][] foregroundImage = new float[inDims[0]][inDims[1]][inDims[2]];
47.         index =0;
48.
49.         for (int k = 0; k < outDims[0]; k++) {
50.             for (int m = 0; m < outDims[1]; m++) {
51.                 // 获取原图中的像素值
52.                 int pixel = scaledBmp.getPixel(m, k);
53.                 int r = Color.red(pixel);
54.                 int g = Color.green(pixel);
55.                 int b = Color.blue(pixel);
56.                 // 对 3 个通道进行赋值
57.                 if (maskArray[index] > 0.5) {
58.                     foregroundImage[k][m][0] =  r;
```

```
59.                 foregroundImage[k][m][1] = g;
60.                 foregroundImage[k][m][2] = b;
61.             }
62.             else {
63.                 foregroundImage[k][m][0] = 0;
64.                 foregroundImage[k][m][1] = 0;
65.                 foregroundImage[k][m][2] = 0;
66.             }
67.
68.             index++;
69.         }
70.     }
71.
72.
73.     Bitmap foregroundBitmap = Utils.getBitmap(foregroundImage, outDims);
74.     showForegroundImageView.setImageBitmap(foregroundBitmap);
75.
76.   }catch (Exception e) {
77.     Log.e("Log", "fail to preform segmentation");
78.     e.printStackTrace();
79.   }
80. }
```

最终实现的用户界面如图 5.14 所示。用户从相机或者相册选择输入图像以后，单击“分割”

● 图 5.14　人像分割 App 主界面

按钮后，将显示分割的 mask 和分割后的人像。

5.6 本章小结

本章介绍了图像分割任务和对应的移动端部署案例。在 5.1 节对图像分割任务中的人像分割问题进行了定义与分析；在 5.2 节对图像分割网络的原理和实现进行了讲解；在 5.3 节介绍了分割标注工具的使用，读者可以尝试使用标注工具自行制作分割数据集；在 5.4 节对分割网络的训练和评估进行了介绍；在 5.5 节展示了人像前景与背景分离应用的过程。

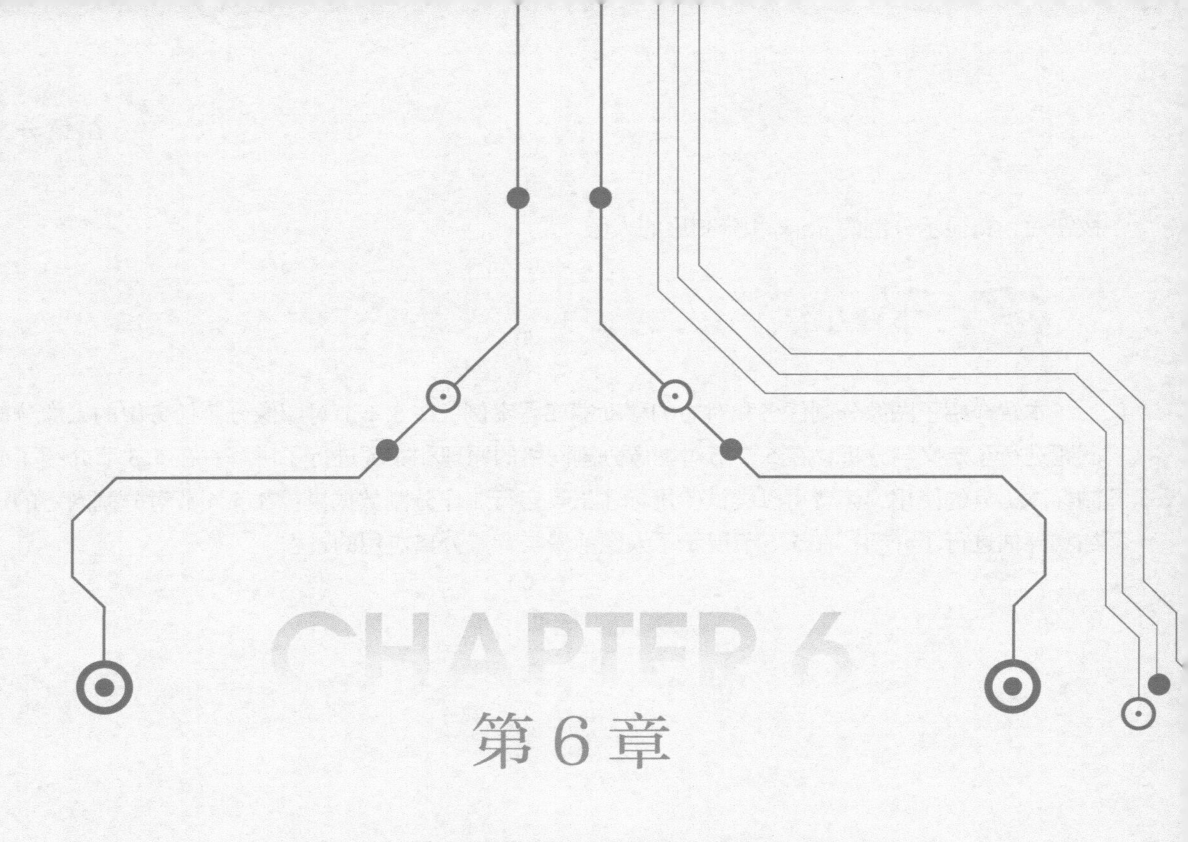

CHAPTER 6

第6章

低光照图像质量增强

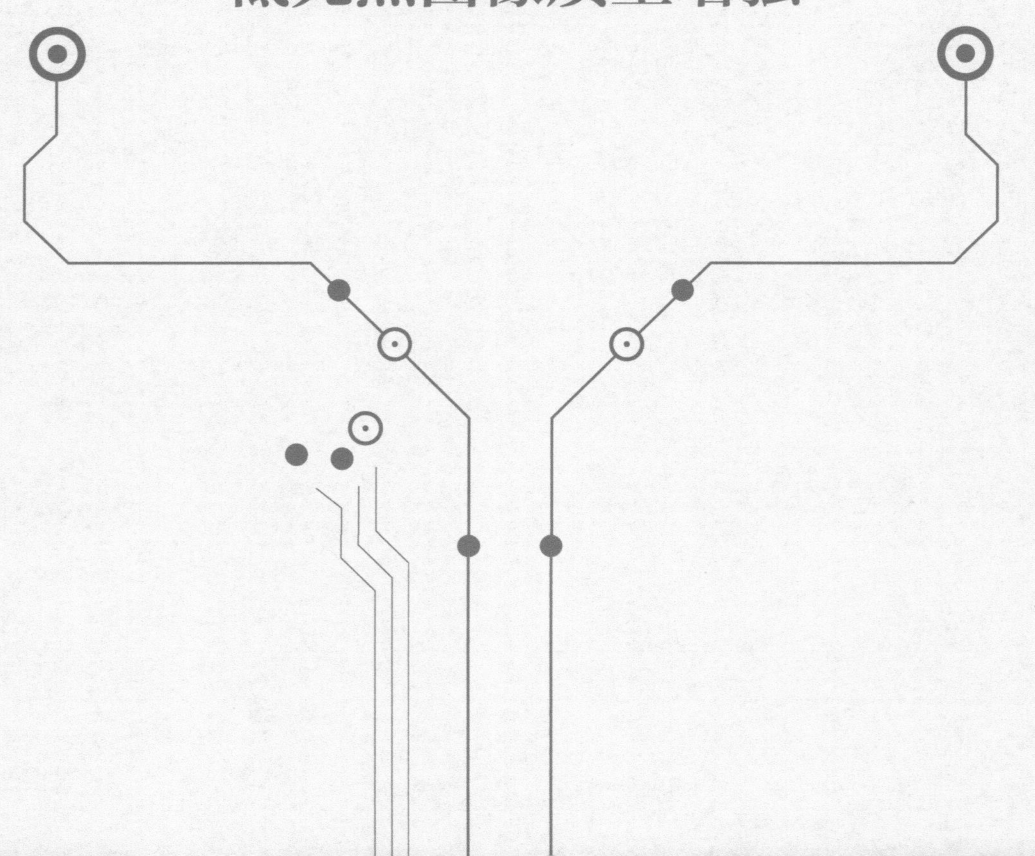

在生活中经常会遇到这样的场景：想要在黄昏或者傍晚的时候拍摄一张照片，不过这个时候光照太低了，拍出来的图片非常不清晰，无法辨识出图像中物体的形状、颜色或者其他的信息，通常把这种条件下拍摄的图像称为低光照图像。低光照图像的质量较低，所以需要设计一种算法，把这种低光照的图像变成正常光照的图像，这种算法被称为低光照图像质量增强算法。图 6.1 展示了低光照图像（左）和正常光照图像（右），从图中可以看出二者在亮度上存在差别。

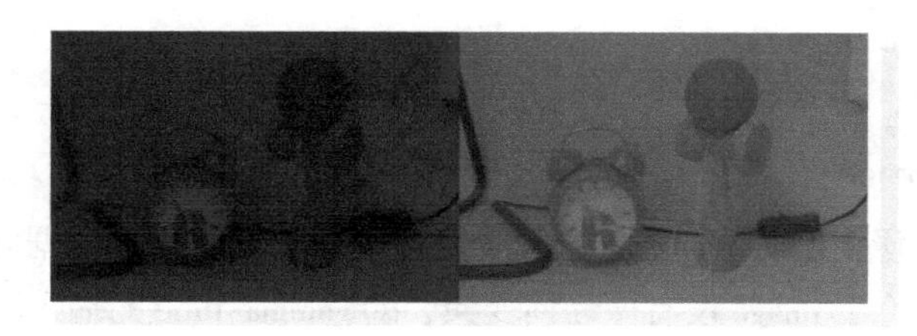

图 6.1　低光照图像和正常光照图像（见彩插）

智能手机的拍摄技术已经在很大程度上缓解了低光照问题，在低光照条件下拍摄出来的图像，经过手机内置的算法处理，可以变得非常清晰。本章设计的 App 核心功能就是要完成低光照图像的增强过程，把用户拍摄的低光照图像处理成正常光照的图像，带领读者动手制作美图功能。本章介绍的主要内容如下。

1）如何制作低光照图像数据集。

2）介绍图像增强算法 LLCNN[12]。

3）讲解训练 LLCNN 的流程。

4）移动端低光照图像增强网络的部署。

6.1　伽马变换与低光照图像

在正式介绍 LLCNN 算法之前，首先通过一些基本的例子来认识一下低光照图像。根据数字图像处理的知识，对于一张灰度图像，像素值越大则亮度越高，像素值越小则亮度越低。在数字图像处理中有一种很简单的图像亮度调整算法——伽马变换。为了让问题的分析更加精确，下面将从数学角度来阐述上面的问题。首先将原始的图像记为 I，进行 $gamma$ 等于 3 的变换可以获得图像 M。

$$M = I^{gamma}$$

下面的例子展示了如何通过伽马变换来获取不同明暗程度的图像。在进行伽马变换之前，需要首先将图像数值进行批归一化处理。

```
1.  import numpy as np
2.  import cv2
3.  import matplotlib.pyplot as plt
4.
5.
6.  def gamma_func(image, gamma):
7.      assert isinstance(image, np.array)
8.
9.      image = image /255.0
10.     image = image * * gamma
11.     image = image * 255
12.     image = image.astype(np.uint8)
13.     return image
```

下面是调用代码，设定的 gamma_val 的取值区间是 1~6 的整数。根据前面的代码可知，参数 gamma 等于 1 的时候等价于 image 没有做任何变换，即 gamma_func 的输入图像和输出图像的明暗程度是相同的。

```
1.  if _name_ == "_main_":
2.      img = np.array(cv2.imread("desk.jpg"))
3.      img = cv2.resize(img, (400, 300))
4.      gamma_val = [1, 2, 3, 4, 5, 6]
5.      plt.figure(figsize=(10,6))
6.
7.      for i in range(0, 6):
8.          gamma_img = gamma_func(img.copy(), gamma_val[i])
9.          plt.subplot(2, 3, i+1)
10.         plt.title("Gamam: {}".format(gamma_val[i]))
11.         plt.imshow(gamma_img)
12.
13.     plt.savefig("gamma.png")
14.     plt.show()
```

图 6.2 所示的结果表明，随着 gamma 值的增加，图像的亮度不断下降。从数值角度来看，一

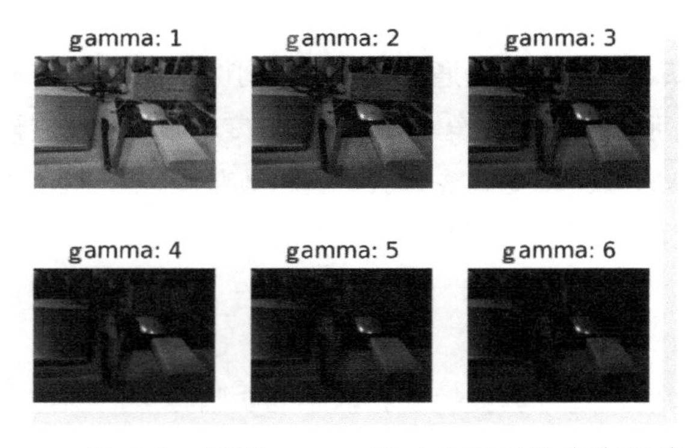

图 6.2　不同 gamma 值对应不同的亮度图像

个小于 1 的数值 x 在进行幂运算时，数值将会是越来越减小的，所以对应的亮度是下降的。

读者可能会有这样的疑问：既然低亮度的图像对应的像素值较低，那么是否有可能通过增大像素值来获得高亮度的图像呢？前面的例子展示了 gamma 值大于 1 的情况，那么当 gamma 值小于 1 时，是否有可能将低亮度图像的亮度增强呢？首先进行 gamma 等于 3 的变换，获得低光照的图像 $\boldsymbol{M}$：

$$\boldsymbol{M}=\boldsymbol{I}^3$$

然后，再对 $\boldsymbol{M}$ 进行 gamma 等于 1/3 的变换：

$$\boldsymbol{N}=\boldsymbol{M}^{1/3}$$

从数学的角度看 $\boldsymbol{I}$ 和 $\boldsymbol{N}$ 应该是相等的，如果想要保存中间结果，则需要保存为非图片格式，比如通过 numpy 保存为浮点数值文件，保存为 8 位的图片格式可能会导致一定的数值误差。下面的实例展示了这两次变换。首先是对原始图像 img 进行 gamma 等于 3 的变换获得图像 img_gamma_3（即 $\boldsymbol{M}$），然后再对 img_gamma_3 进行 gamma 等于 1/3 的变换获得图像 img_gamma_1_3 （即 $\boldsymbol{N}$），代码如下。

```
1.  if _name_ == "_main_":
2.      img = np.array(cv2.imread("desk.jpg"))
3.      img = cv2.resize(img, (400, 300))
4.
5.      # 首先对原图进行 gamma 等于 3 的变换
6.      img_gamma_3 = gamma_func(img.copy(), gamma=3)
7.      # 对 gamma 等于 3 的图像进行变换,新的 gamma 值为 1/3
8.      img_gamma_1_3 = gamma_func(img_gamma_3, gamma=1/3.0)
9.
10.     images =[img,img_gamma_3, img_gamma_1_3]
11.     titles = ["image", "Gamma:3", "Gamma:1/3"]
12.
13.     plt.figure(figsize=(10,3))
14.     for i in range(0, 3):
15.         plt.subplot(1, 3, i+1)
16.         plt.title(titles[i])
17.         plt.imshow(images[i])
```

运行上述代码将得到图 6.3 所示的结果。正如前面所分析的那样，对图像进行 gamma 等于 3

图 6.3　原始图像、低光照图像和复原后的图像

的变换后图像的亮度将会降低，接下来对低亮度的图像进行 gamma 等于 1/3 的变换将会让图像的亮度恢复到原始的状态。

通过上面的例子可知，图像的亮度与像素值的大小密切相关，可以通过伽马变换来调整图像的亮度值。但是伽马变换有一个明显的问题，那就是如何确定伽马值，这通常需要经过不断的尝试。此外，伽马变换后的图像可能会“不自然”，这通常是由数值溢出导致的。比如像素值可能会在伽马变换后超出 255，导致显示后的图像出现不自然的高亮区域。读者可以自行拍摄一些低亮度的图像，并使用上面提供的代码进行亮度的增强。类似伽马变换的方法还有直方图均衡、对数变换、线性变换和分段线性变换等，但是这些方法都存在泛化能力不足的问题。

6.2 场景分析与像素直方图

通过前面的分析可知：低亮度图像的像素值较小，高亮度图像的像素值较大。为了定量地描述图像的亮度，可以采用像素直方图工具。简单地说，像素直方图对图像中的所有像素进行统计，得到每种像素值的数量，通过直方图来直观地看出图像像素值的分布情况，下面是具体的直方图分析代码。

```
1.  import cv2
2.  import matplotlib.pyplot as plt
3.  import numpy as np
4.  import matplotlib as mpl
5.  mpl.rcParams['font.sans-serif']=['SimHei']
6.  mpl.rcParams['axes.unicode_minus']=False
7.
8.
9.  def image_hist(image, legend, save_name):
10.     color = ("blue", "green", "red")
11.     for i, c in enumerate(color):
12.         hist = cv2.calcHist([image], [i], None, [256], [0, 255])
13.         plt.plot(hist, color=c)
14.         plt.xlim([0, 256])
15.
16.     plt.xlabel("像素值", fontsize=15)
17.     plt.ylabel("像素数量", fontsize=15)
18.     plt.legend(legend, fontsize=15)
19.     plt.tick_params(labelsize=15)
20.     plt.savefig(save_name)
21.     plt.show()
22.
23.
```

```
24.  if _name_ == "_main_":
25.      img_low = cv2.imread("desk_low.png", -1)
26.      img_high = cv2.imread('desk_high.png', -1)
27.
28.      legend_low = ["Low-B", "Low-G", "Low-R"]
29.      legend_high = ["High-B", "High-G", "High-R"]
30.
31.      image_hist(img_low, legend_low, "low_hist.png")
32.      image_hist(img_high, legend_high, "high_hist.png")
```

上面的代码可以绘制出低光照图像 desk_low. png 和高光照图像 desk_high. png 对应的像素分布直方图，如图 6. 4 和 6. 5 所示。

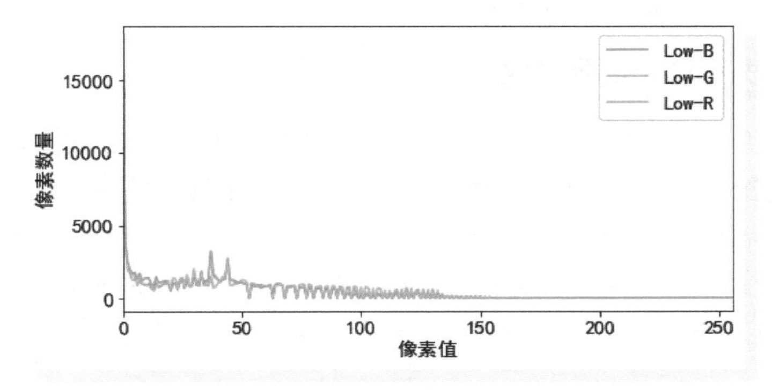

图 6. 4　低光照图像的像素分布直方图（见彩插）

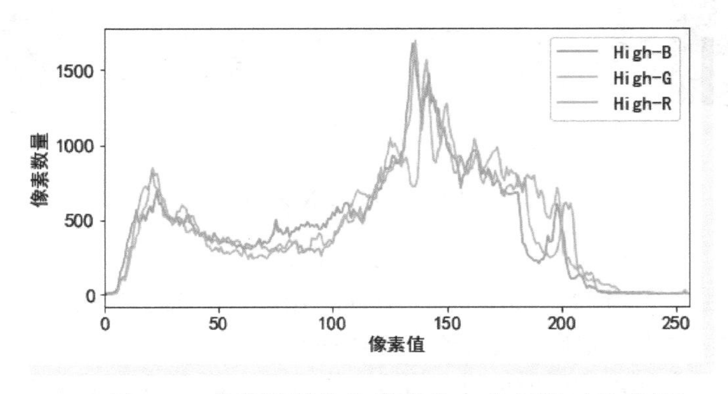

图 6. 5　高光照图像的像素分布直方图（见彩插）

直方图的横坐标代表像素值大小，8 位图像的像素值区间是［0，255］，纵坐标代表每个像素值对应的像素数量。图 6. 4 中低光照图像的像素值集中在 0～100 之间，大部分的像素值都非常接近于 0。图 6. 5 中的高光照图像的像素分布范围则较大，在 100～200 之间的数量较多。完成本章的低光照图像增强算法后，读者可以使用上述代码计算增强后图像的像素直方图，观察像素值及其分布范围是如何变化的。

6.3 增强算法 LLCNN

在前面章节中分析了如何通过调整像素值的大小来调节图像的亮度水平，但是这种手动指定参数的方式存在局限。对于一款用于低光照情况下拍照的 App，不应该期待让用户手动选择增强过程的参数，而且用户更加不可能尝试所有参数来找到最满意的那一个。所以，本节将要介绍一种智能的低光照图像增强算法。它的输入是一张低光照图像，在不需要手动指定任何参数的情况下，能够输出一张增强后的正常光照图片。

6.3.1 残差暗光增强网络

现在，将正式介绍用于低光照图像增强的 LLCNN 网络。LLCNN 属于单输入单输出的网络，其输入是低光照的图像，输出是增强后的图像，整体结构如图 6.6 所示。LLCNN 采用有监督的训练模式，所以左端的输入图像和右端的输出图像必须是同一场景下的。在现实世界拍摄同一场景下的低光照图像和正常光照图像是具有一定技术难度的，而且需要消耗较多的人力和物力成本，所以 LLCNN 采用伽马变换合成训练数据，在后面章节将对合成过程进行介绍。

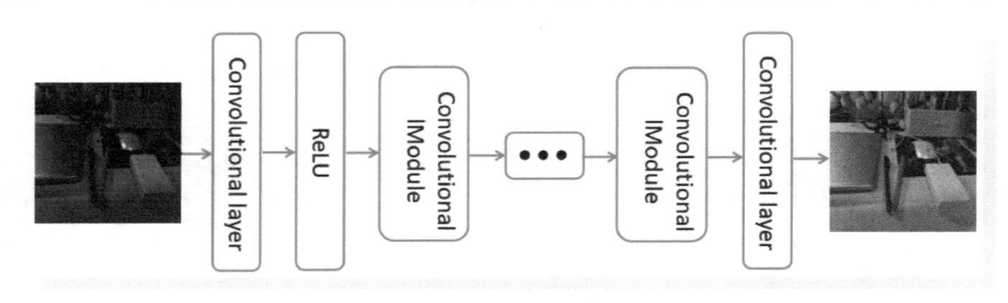

图 6.6 LLCNN 网络结构

网络首层使用了 Conv+ReLU 进行初步的特征提取，其中 Conv 即 Convolutional 获取输入图像的特征图。中间层由多个串联的 Convolutional Module 组成，在此将其简记为 CM 模块，这些 CM 模块是 LLCNN 的核心组件。最后一层由单个的 Conv 组成，用于获取 3 个通道的输出图像。CM 模块包含了两种重要的网络设计思想：Inception[13] 和 Residual[8]。Inception 采用了多种尺寸的卷积核进行特征提取；Residual 通过残差连接构建了层数更深的网络结构。

图 6.7 所示的 CM 模块结构可以分为两个计算阶段。第一阶段对 Input 进行了多尺寸卷积，一条卷积路径的卷积核尺寸为 3×3，另一条卷积路径的卷积核尺寸为 1×1，在实验中将左侧路径设置为 3×3 卷积，右侧路径设置为 1×1 卷积。通过两种不同尺寸的卷积核进行特征提取后，对所获得的两个特征图使用加法操作。第二阶段是一个残差结构，首先对第一阶段的输出使用卷

积操作，再通过加法操作将第一阶段的输出融合到最终的 Output。

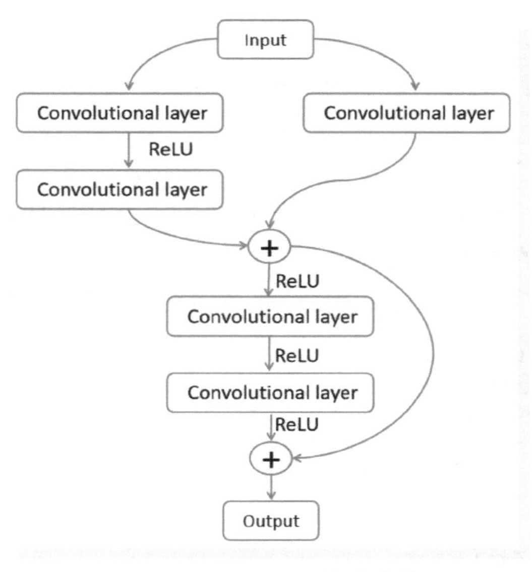

● 图 6.7　CM 模块结构

LLCNN 网络结构与第 1 章介绍的自编码网络结构比较接近。此外，在计算机视觉领域的图像超分辨率、图像去雾和图像去雨等领域，有众多网络结构可以应用到本节介绍的低光增强任务中。本书的源码仓库提供了更多网络的代码实现。

6.3.2　增强网络实现

根据前面对网络结构的分析，LLCNN 最重要的组件是由 Inception 策略和 Residual 策略构建的 CM 模块。下面将对 CM 模块的 _init_ 方法和 forward 方法的实现进行介绍。_init_ 方法的代码如下所示。首先需要定义第一阶段的三个卷积模块，分别是 self. conv1、self. conv_3_1 和 self. conv_3_2，其中 self. conv1 的卷积核尺寸是 1×1，且补 0 数目为 0；self. conv_3_1 和 self. conv_3_2 的卷积核尺寸为 3×3，且补 0 数目为 1。然后需要定义第二阶段的两个卷积模块，分别是 self. res_conv_1 和 self. res_conv_2，它们的卷积核尺寸为 3×3 且补 0 数目为 1。

```
1.  class CM(nn.Module):
2.      def _init_(self, ch_in, ch_out):
3.          super()._init_()
4.          # 第一阶段的 1×1 卷积模块
5.          self.conv_1 = nn.Conv2d(ch_in, ch_out, 1, 1, 0, bias=True)
6.          # 第一阶段的两个 3×3 卷积模块
7.          self.conv_3_1 = nn.Conv2d(ch_in, ch_out, 3, 1, 1, bias=True)
```

```
8.          self.conv_3_2 = nn.Conv2d(ch_in, ch_out, 3, 1, 1, bias=True)
9.
10.         # 第二阶段的两个 3×3 卷积模块
11.         self.res_conv_1 = nn.Conv2d(ch_in, ch_out, 3, 1, 1, bias=True)
12.         self.res_conv_2 = nn.Conv2d(ch_in, ch_out, 3, 1, 1, bias=True)
```

接下来需要在 forward 方法中计算第一阶段和第二阶段的输出。在第一阶段，输入张量 x 需要经过两条卷积路径，第一条路径中张量 x 被送入 self. conv_1 获得 1×1 的卷积输出，第二条路径中张量 x 被送入两个连续的 3×3 卷积层 self. conv_3_1 与 self. conv_3_2；在第二阶段，通过张量 x 获得张量 x_res，并将张量 x 和张量 x_res 相加，即添加残差连接，代码如下。

```
1.     def forward(self, x):
2.         # 第一阶段的多尺寸聚合
3.         x_1 = self.conv_1(x)
4.         x_3_1 = F.relu(self.conv_3_1(x))
5.         x_3_2 = self.conv_3_2(x_3_1)
6.         x = x_3_2 + x_1
7.
8.         # 第二阶段的残差连接
9.         x_res = F.relu(x)
10.        x_res = F.relu(self.res_conv_1(x_res))
11.        x_res = self.res_conv_2(x_res)
12.        out = F.relu(x_res + x)
13.
14.        return out
```

上面的代码给出的 CM 模块实现与 LLCNN 的两个阶段相对应。下面的代码将定义的 CM 模型保存为“cm. onnx”文件。

```
1. input_tensor = torch.randn(size=(1,64, 16, 16))
2. cm =CM(64, 64)
3. torch.onnx.export(model=cm, args=input_tensor,
4.                   f="cm.onnx", input_names=["input"],
5.                   output_names=["output"])
```

使用 2. 12 节介绍的 Netron 打开“cm. onnx”文件将得到图 6. 8 所示的 CM 结构。其中 Add 对应代码中的加法操作，input 和 output 代表输入张量和输出张量。

在 CM 模块的基础上，只需要添加输入层和输出层即可实现 LLCNN，代码如下。_init_方法中第一个参数 num_cm 代表 CM 模块的数量，第二个参数 num_features 代表特征通道数。网络的第一层（输入层）由 Conv2d+ReLU 构成，中间层由 num_cm 个 CM 模块构成，最后一层（输出层）使用 Conv2d 获得 3 个通道的输出。

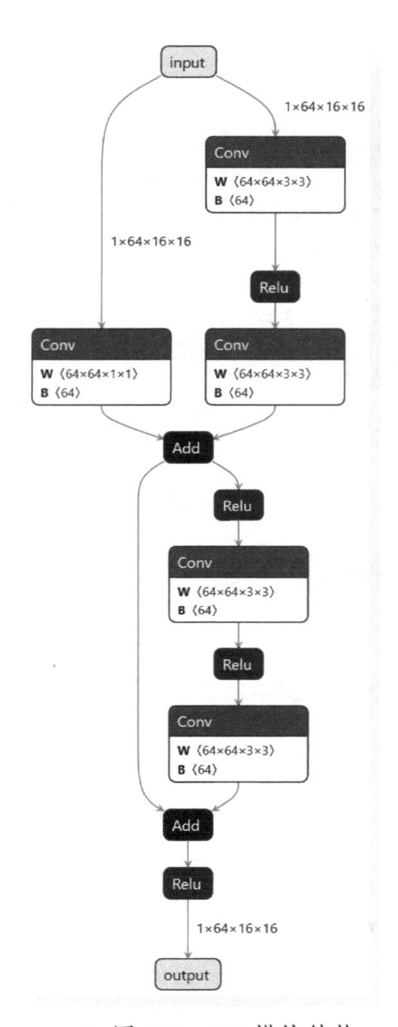

图 6.8　CM 模块结构

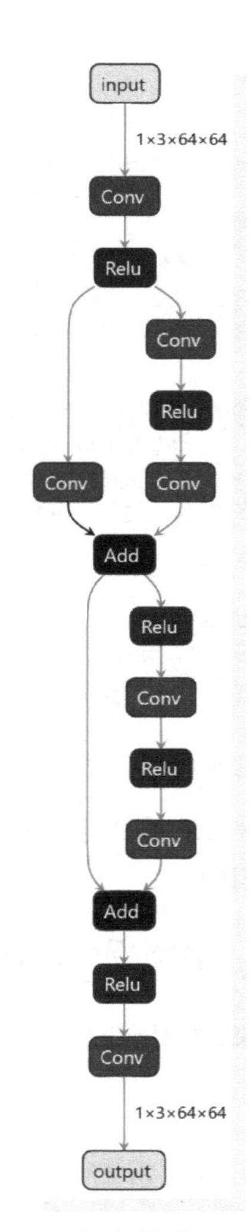

图 6.9　含有单个 CM 的 LLCNN

```
1.  class LLCNN(nn.Module):
2.      def _init_(self, num_cm, num_features):
3.          super()._init_()
4.          self.ncm = num_cm
5.          self.nf = num_features
6.          self.layers = []
7.
8.          # 输入层
9.          self.layers.append(nn.Conv2d(3, self.nf, 3, 1, 1))
10.         self.layers.append(nn.ReLU())
```

```
11.
12.         # 中间层,由多个 CM 模块组成
13.         for i in range(self.ncm):
14.             self.layers.append(CM(self.nf, self.nf))
15.
16.         # 输出层
17.         self.layers.append(nn.Conv2d(self.nf, 3, 1, 1))
18.         self.net = nn.Sequential(* self.layers)
19.
20.     def forward(self, x):
21.         return self.net(x)
```

为了便于可视化，定义 llcnn 对象时将 CM 层的个数设定为 1，并保存为“llcnn. onnx”文件，代码如下。

```
1. input_tensor = torch.rand(1, 3, 64, 64)
2. llcnn = LLCNN(1, 64)
3. torch.onnx.export(model=llcnn, args=input_tensor,
4.                   f="llcnn.onnx", input_names=["input"],
5.                   output_names=["output"])
```

使用 Netron 工具可以得到 LLCNN 的结构如图 6.9 所示，从结构图可以验证出代码实现的 LLCNN网络的正确性。

6.3.3 增强损失函数

LLCNN 将 SSIM 用于损失函数的计算，优化目标是：

$$L_{\text{ssim}} = \sum_{i=1}^{N} (1 - \text{SSIM}(x^i, y^i))$$

L_{ssim}的计算过程比常见的L_1和L_2要复杂一些，给定两张图 x 和 y，其计算如下：

$$\text{SSIM}(x,y) = \frac{(2u_x u_y + C_1)(2\sigma_{xy} + C_2)}{(u_x^2 + u_y^2 + C_1)(\sigma_x^2 + \sigma_y^2 + C_2)}$$

上式中u_x和u_y代表图像 x 和 y 的均值；σ_x和σ_y为图像 x 和 y 的方差；σ_{xy}为图像 x 和 y 的协方差，SSIM 损失函数的实现见本章源码。对于低光照图像增强任务，其他常用的损失函数包括 MSE 损失、L1 损失和 Smooth L1 损失。为了让读者更进一步地了解低光照增强网络损失函数的调试过程，本章的示例将对比不同损失函数对应的低光照增强网络的表现。

6.4 数据集构建和下载

在 6.3 节提到了低光照图像和同场景的正常光照图像的获取难度较大，难点主要在于“同场

景”的条件比较难以满足。所以，本章采用的策略是通过伽马变换构建两种光照的数据集，基于合成数据完成模型的训练。在试验中，使用 NYU-Depth[14] 数据集所含的室内图像进行数据合成，数据总量为 1449 张，读者可以根据自己的实际需要搜集相关的图像数据。

对每张图像进行伽马变换的过程中，将 gamma 值在 2.5~3.5 范围内进行随机选取，该功能通过 numpy 的 random.uniform 函数实现，代码如下。如果读者想要处理亮度更低的场景，则需要在合成数据集过程中选择更大的 gamma 值，即可获得亮度更低的数据集。

```
1.  def batch_gamma(ori_dir, save_dir, gamma_range):
2.      img_files = os.listdir(ori_dir)
3.
4.      for img_name in img_files:
5.          image = cv2.imread(os.path.join(ori_dir, img_name))
6.          gamma = np.random.uniform(low=gamma_range[0],
7.                                    high=gamma_range[1],
8.                                    size=1)[0]
9.          gamma_image = gamma_func(image, gamma)
10.
11.         cv2.imwrite(os.path.join(save_dir, img_name), gamma_image)
12.         print("process done for {}".format(img_name))
13.
14. if _name_ == "_main_":
15.     batch_gamma(ori_dir="../data/gamma_dataset/train_clear",
16.                 save_dir="../data/gamma_dataset/train_dark",
17.                 gamma_range=[2.5, 3.5])
18.
19.     batch_gamma(ori_dir="../data/gamma_dataset/val_clear",
20.                 save_dir="../data/gamma_dataset/val_dark",
21.                 gamma_range=[2.5, 3.5])
```

6.5 增强网络训练与验证

6.5.1 项目构建

下面是 LLCNN 项目的主要超参数设置，其余超参数设置见本章源码。四种损失的权重值分别对应 W_L1、W_MSE、W_Smo_L1 以及 W_SSIM。本节将四个权重值均设定为 1，即每种损失函数具有相同的重要性。

```
1.  BETA1 =0.9
2.  BETA2 =0.999
3.  DATA_ROOT ="gamma_dataset"
```

```
4.  INPUT_DIR_NAME ="dark"
5.  LABEL_DIR_NAME ="clear"
6.  LR =0.001
7.  BATCH_SIZE =8
8.  W_L1 =1
9.  W_MSE = 1
10. W_SMO_L1 =1
11. W_SSIM =1
12. H_FLIP =True
13. V_FLIP =True
14. RESULTS_DIR ="results"
15. EPOCHS =50
16. IMAGE_SIZE =256
17. IMG_SAVE_FREQ =100
18. PTH_SAVE_FREQ =2
19.
20. VAL_BATCH_SIZE =1
21. VAL_FREQ =1
22.
23. device = torch.device("cuda")
```

6.5.2 增强网络训练

在模型的训练阶段，LLCNN 网络的输入是合成训练集中的低光照图像，它的训练目标是根据低光照图像预测出对应的清晰图像。在训练过程中，分别使用了 L1 损失、Smooth L1 损失、MSE 损失和 SSIM 损失。在进行试验之前，并不能确定单独地使用任意一种损失函数能够获得最佳的增强效果，读者可以尝试将两种或更多的损失函数相结合进行训练，并分析损失函数的权重比不同时对应的增强效果。下面代码展示了数据集的构建、网络与四种损失的定义，以及优化器的绑定等。

```
1.  #定义训练集的 DataLoader 和测试集的 DataLoader
2.  train_dataset =EnahanceDatasets(IMAGE_SIZE, DATA_ROOT, INPUT_DIR_NAME, LABEL_DIR_
NAME, H_FLIP, V_FLIP, train=True)
3.  train_loader = torch.utils.data.DataLoader(dataset=train_dataset,
4.                                             batch_size=BATCH_SIZE,
5.                                             shuffle=True)
6.  val_dataset =EnahanceDatasets(IMAGE_SIZE, DATA_ROOT, INPUT_DIR_NAME, LABEL_DIR_
NAME, H_FLIP, V_FLIP, train=False)
7.  val_loader = torch.utils.data.DataLoader(dataset=val_dataset,
8.                                           batch_size=VAL_BATCH_SIZE,
9.                                           shuffle=True)
10.
```

```
11.  # 定义训练 LLCNN 可以使用的四种损失函数
12.  L1_func = nn.L1Loss()
13.  MSE_func = nn.MSELoss()
14.  SMO_L1_func = nn.SmoothL1Loss()
15.  SSIM_func = SSIMLoss()
16.
17.  # 定义 LLCNN 网络
18.  llcnn = LLCNN().to(device)
19.  # 定义优化器,将 LLCNN 网络参数绑定到优化器
20.  optimizer =optim.Adam(params=llcnn.parameters(),
21.                       lr=LR,
22.                       betas=(BETA1, BETA2))
23.
24.  make_project_dir(RESULTS_DIR, RESULTS_DIR)
25.  # 记录训练过程的损失函数值
26.  loss_writer =LossWriter(os.path.join(RESULTS_DIR, "loss"))
```

在计算损失函数时，采用了四种损失的组合。首先将低光照图像 dark 送入 llcnn 获得预测的正常光照图像 predict_clear，然后使用 L1_func、MSE_func、SMO_L1_func 以及 SSIM_func 计算四种损失值 l1_loss、mse_loss、smo_l1_loss 以及 ssim_loss，并通过四个权重对损失值进行加权获得总的损失 loss。

```
1.  def train():
2.      iteration =0
3.      for epo in range(1, EPOCHS):
4.          for data in train_loader:
5.              dark = data["dark"].to(device)
6.              clear = data["clear"].to(device)
7.
8.              # 前向计算,获得预测的清晰图像
9.              predict_clear =llcnn(dark)
10.
11.             # 根据设定的权重,计算四种损失
12.             l1_loss = W_L1 *  L1_func(predict_clear, clear)
13.             mse2_loss = W_MSE * MSE_func(predict_clear, clear)
14.             smo_l1_loss = W_SMO_L1 *  SMO_L1_func(predict_clear, clear)
15.             ssim_loss = W_SSIM *  SSIM_func(predict_clear, clear)
16.
17.             # 计算 LLCNN 前向计算过程的总损失
18.             loss = l1_loss +mse_loss + smo_l1_loss + ssim_loss
19.
20.             # 更新网络参数
21.             optimizer.zero_grad()
22.             loss.backward()
23.             optimizer.step()
```

关于损失值保存、模型保存与验证等过程的代码见本章源码。

6.5.3 像素级损失函数收敛分析

对于读者自行构建的不同类型的数据集，需要通过试验结果来选择最合适的损失函数。上一节给出了 L1、Smooth L1、MSE 和 SSIM 损失在相同权重下的使用方式。对于本章介绍的图像增强任务，可以分析损失函数的收敛性，判断哪种损失的收敛更加稳定，收敛曲线如图 6.10 所示。

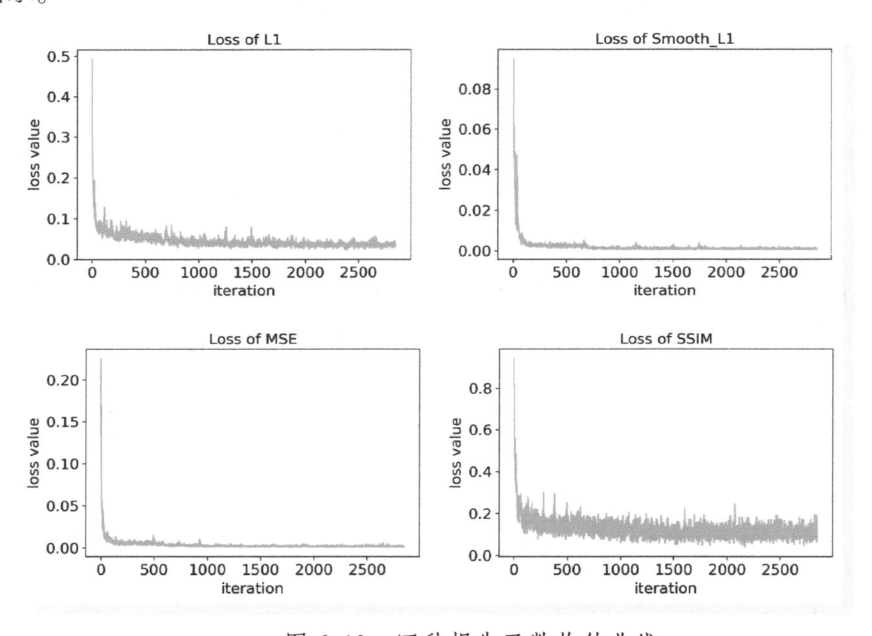

图 6.10 四种损失函数收敛曲线

L1 损失的下降速度很快，但是它存在轻微的震荡现象；Smooth L1 损失的收敛趋势和 L1 损失相近，但是 Smooth L1 损失没有 L1 损失的震荡明显；MSE 损失和 Smooth L1 损失的收敛趋势较为接近；SSIM 损失的震荡最明显，损失值始终在 0.1～0.2 之间波动。当然，损失值的震荡强并不等价于增强效果弱，感兴趣的读者可以尝试单独使用每种损失，在其他超参数保持不变的情况下，只需要将 W_L1、W_MSE、W_Smo_L1 以及 W_SSIM 源码中不需要使用的权重置 0，即可观察哪一种损失单独作用时所对应的增强效果最好。

6.5.4 增强算法能力验证

低光照增强网络训练所用到的图像数据集是通过伽马变换获得的，所以它能够在测试集上获得良好的表现。读者可以在天色较暗的条件下拍摄一些图像（在拍摄时关闭手机自带的曝光调节功能)，来测试已经训练好的增强网络是否能够在现实世界中得到应用。下面是 LLCNN 网络推理代码。

```
1.  if _name_ == "_main_":
2.      # 构建模型并加载 LLCNN 权重
3.      device = torch.device("cpu")
4.      llcnn = LLCNN().to(device)
5.      llcnn.load_state_dict(torch.load("results/pth/20.pth", map_location="cpu"))
6.      llcnn.eval()
7.      # 用于验证增强效果的图像
8.      image_path ="gamma_dataset/val_dark/1355.jpg"
9.
10.     with torch.no_grad():
11.         low_light_image = Image.open(image_path)
12.         low_light_image = low_light_image.resize((256, 256))
13.         low_light_image = TF.to_tensor(low_light_image).to(device).unsqueeze(0)
14.         enhanced_image =llcnn(low_light_image)
15.
16.         # 将低光照图像与正常光照图像拼接并保存
17.         result = torch.cat((low_light_image, enhanced_image), dim=3)[0]
18.         result = result * 255
19.         result = result.cpu().detach().numpy().transpose(1, 2, 0).astype(np.uint8)
20.         plt.imshow(result)
21.         plt.savefig("demo.png", dpi=500, bbox_inchs="tight")
22.         plt.show()
```

运行上述代码，将得到图 6.11 所示的增强效果，其中左图为低光照图像，右图为增强后的图像。可以看到原本黑暗的场景变得明亮起来，桌子、凳子以及墙壁上的画变得清晰可见。

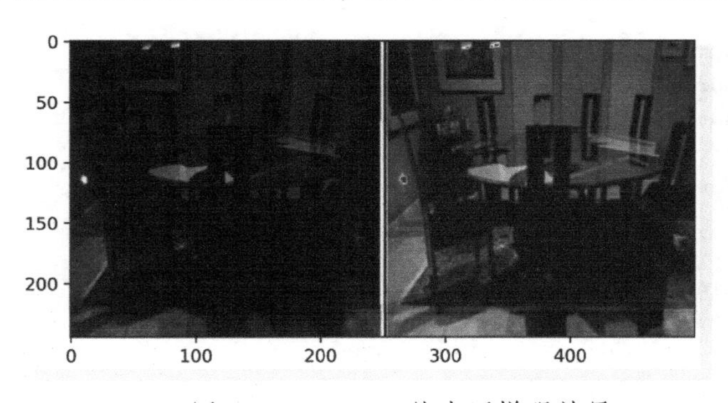

图 6.11 LLCNN 的光照增强效果

6.6 低光照图像增强 App

6.6.1 功能设定与界面设计

本章设计的 App 主要功能是低光照图像的增强，读者在用相机拍摄照片时需要关闭图像美化软件的曝光增强功能，否则手机自带的美颜功能将替代 App 完成低光照增强过程。功能界面包含如下。

1）3 个基础功能的按钮，以及“增强”按钮。单击“增强”按钮后，将调用低光照图像增强函数，把用户选择的图像作为输入执行图像增强过程。

2）展示低光照图像的 ImageView 以及展示正常光照图像的 ImageView，当读者单击“增强”按钮后，正常光照的图片将显示在对应的 ImageView 上。

下面是界面的核心代码，功能 1）的代码见本章源码。展示增强后图像 ImageView 的 id 是 image_view_show_predict_normal_light，展示原始低光照图像 ImageView 的 id 是 image_view_show_low_light。

```
1.  <? xml version="1.0" encoding="utf-8"? >
2.  <LinearLayout xmlns:android="http://schemas.android.com/apk/res/android"
3.      xmlns:app="http://schemas.android.com/apk/res-auto"
4.      xmlns:tools="http://schemas.android.com/tools"
5.      android:layout_width="match_parent"
6.      android:layout_height="match_parent"
7.      android:orientation="vertical"
8.      tools:context=".MainActivity">
9.
10.     <LinearLayout
11.         android:layout_width="match_parent"
12.         android:layout_height="wrap_content"
13.         android:orientation="vertical"
14.         android:layout_weight="1"
15.         >
16.         <! --显示预测正常光照的文字和图像-->
17.         <LinearLayout
18.             android:layout_width="match_parent"
19.             android:layout_height="0dp"
20.             android:orientation="vertical"
21.             android:layout_weight="1"
22.             >
```

```
23.             <TextView
24.                 android:layout_width="wrap_content"
25.                 android:layout_height="wrap_content"
26.                 android:textColor="@color/colorBlack"
27.                 android:gravity="center_horizontal"
28.                 android:text="@string/predict_image_tip"
29.                 android:textSize="20sp" />
30.
31.             <ImageView
32.                 android:id="@+id/image_view_show_predict_normal_light"
33.                 android:layout_width="match_parent"
34.                 android:layout_height="0dp"
35.                 android:layout_weight="1"
36.                 />
37.
38.         </LinearLayout>
39.
40.         <! --显示原始低光照的文字和图像-->
41.         <LinearLayout
42.             android:layout_width="match_parent"
43.             android:layout_height="0dp"
44.             android:orientation="vertical"
45.             android:layout_weight="1"
46.             >
47.             <TextView
48.                 android:layout_width="wrap_content"
49.                 android:layout_height="wrap_content"
50.                 android:textColor="@color/colorBlack"
51.                 android:gravity="center_horizontal"
52.                 android:text="@string/original_image_tip"
53.                 android:textSize="20sp" />
54.
55.             <ImageView
56.                 android:id="@+id/image_view_show_low_light"
57.                 android:layout_width="match_parent"
58.                 android:layout_height="0dp"
59.                 android:layout_weight="1"
60.                 />
61.         </LinearLayout>
62.
63.     </LinearLayout>
64. </LinearLayout>
```

6.6.2 模型前向推理

在进行前向推理的过程中，首先需要加载 llcnn 权重文件、创建输入张量并完成 forward 计算。接下来，对输出的一维数组 normalLightArr 进行处理，将其中的值放入 normalLightImg 中。实现的方法与第 5 章相同，依旧是 3 层的循环，通过 index 自加对 normalLightImg 的每个像素进行赋值。最后，将 normalLightImage 转换为 normalLightBitmap，并展示到用户界面上，代码如下。

```
1.  private void lowLightEnhance(String imagePath) {
2.      // LLCNN 的模型文件名称
3.      String ptPath = "llcnn.pt";
4.      // LLCNN 网络的输入和输出图像尺寸
5.      int inDims[] = {224, 224, 3};
6.      int outDims[] = {224, 224, 3};
7.
8.      // 模型加载和数据准备见源码
9.
10.     float[] meanRGB = {0.0f, 0.0f, 0.0f};
11.     float[] stdRGB = {1.0f, 1.0f, 1.0f};
12.     // 构建低光照图像的 Tensor 输入
13.     Tensor lowLightT = TensorImageUtils.bitmapToFloat32Tensor(scaledBmp,
14.         meanRGB, stdRGB);
15.
16.     try {
17.         // 完成 LLCNN 的前向推理,并获得预测正常光照图像的浮点数组
18.           Tensor normalLightT = llcnnModule. forward (IValue. from (lowLightT)).
toTensor();
19.         float[] normalLightArr = normalLightT.getDataAsFloatArray();
20.
21.         int index = 0;
22.         // 创建预测正常光照图像的容器数组
23.         float[][][] normalLightImg = new float[outDims[0]][outDims[1]][outDims[2]];
24.         // 根据输出的一维数组,解析预测的正常光照图像
25.         for (int j = 0; j < outDims[2]; j++) {
26.             for (int k = 0; k < outDims[0]; k++) {
27.                 for (int m = 0; m < outDims[1]; m++) {
28.                     normalLightImg[k][m][j] = normalLightArr[index]* 255.0f;
29.                     index++;
30.                 }
31.             }
32.         }
33.         // 显示预测的正常光照图像
34.         Bitmap normaLightBitmap = Utils.getBitmap(normalLightImg, outDims);
35.         normaLightImageView.setImageBitmap(normaLightBitmap);
```

```
36.       }catch (Exception e) {
37.           Log.e("LOG", "fail to predict");
38.           e.printStackTrace();
39.       }
40.  }
```

低光照图像增强 App 的主界面实现效果如图 6.12 所示。用户单击“增强”按钮后，原本光照很低的模糊图像将被调节为正常光照图像。在构建数据集的过程中，选择不同的 gamma 值得到了不同明暗程度的图像，读者可以尝试在不同的光照条件下测试增强的效果。为了保证移动端的快速推理，代码中实现的增强网络的参数量和运算量都较少，所以低光照增强性能相比于 LLCNN 原始论文中所设计的模型稍有下降，有时处理后的图像存在边缘失真现象。在本章源码中提供了 Java 端的处理方式，可以作为一种后处理策略，在此不做赘述。

● 图 6.12　低光照图像增强 App 主界面

6.7 本章小结

本章介绍了低光照图像增强任务。6.1 节介绍了什么是低光照图像，以及如何通过伽马变换获得低光照图像；6.2 节通过像素直方图分析了低光照图像的像素特性；6.3 节介绍了 LLCNN 算法的原理、目的和实现；6.4 节与 6.5 节展示了低光照数据集的合成过程，以及 LLCNN 的训练和验证；6.6 节介绍了低光照增强应用的实现方式和基本功能。

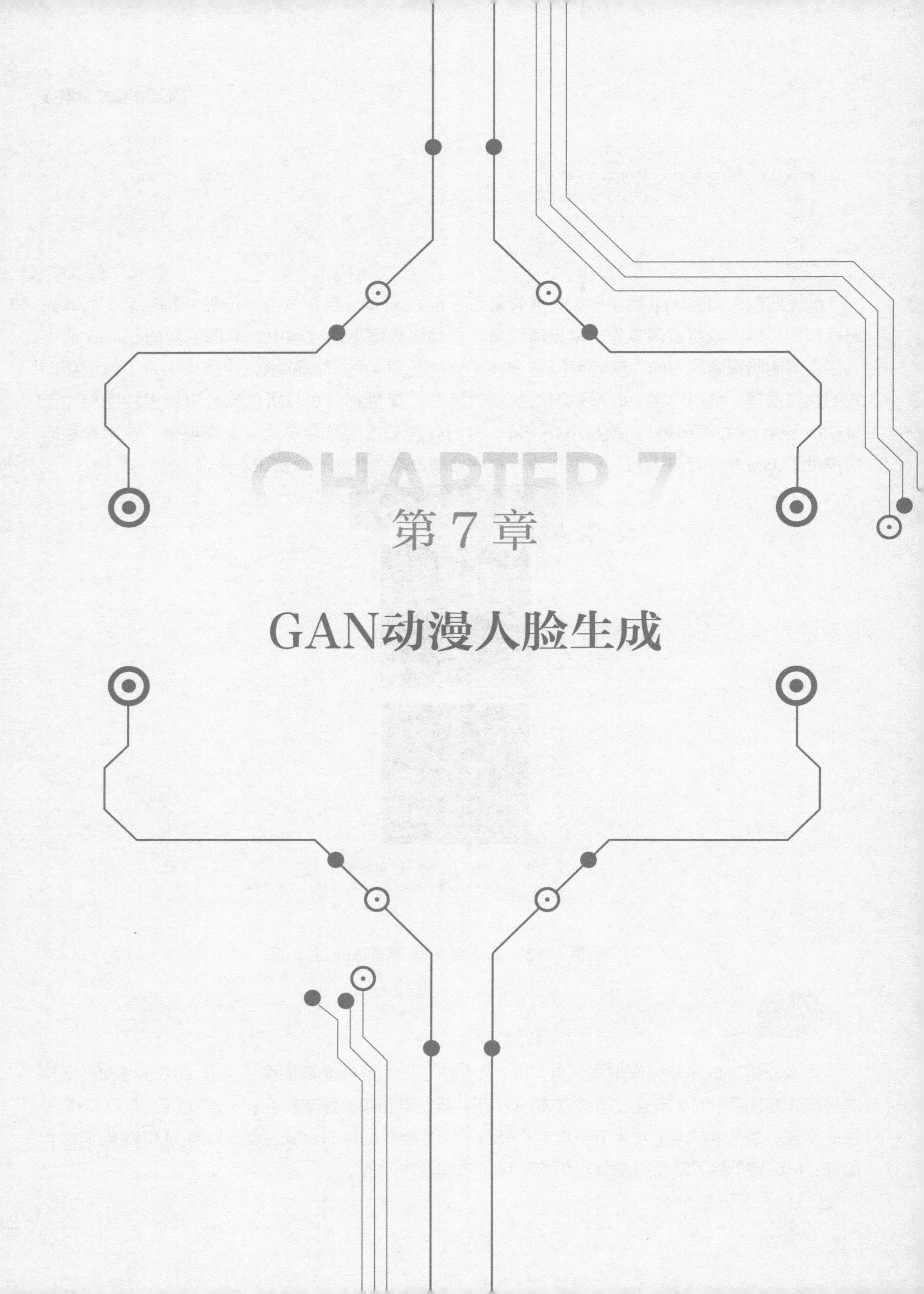

CHAPTER 7

第7章

GAN动漫人脸生成

7.1 GAN 动漫人脸生成概述

前面的章节展示了深度学习在分类以及分割等任务上的强大能力，但这些任务都存在正确的答案，即能够通过正确标注作为答案监督指导模型训练。那么神经网络是否拥有创造样本的能力呢？具体来说，当给模型输入一些数据后，模型能否模仿曾经看到过的样本生成一些并不存在的样本呢？

生成式对抗网络[15]（Generative Adversarial Nets，GAN）便是这样的一个非监督任务，它最早由 Goodfellow 在“Generative Adversarial Nets”一文中提出。如今 GAN 已经成为非常热门的研究领域，LeCun 也评价它是近十年来机器学习领域最有意思的想法，在网络上搜索一下就能发现研究者们发明出了带有各式各样前缀的 GAN。如图 7.1 所示的是 BigGAN[22]生成样例，它生成的一些样本已经达到能够欺骗人类的程度。本章将从生成式对抗网络的早期模型入手，构建一个自动生成动漫人脸的模型，接着引入条件受控的 GAN，进行更多有趣的探索。

● 图 7.1　BigGAN 生成样例

7.2 深度卷积对抗网络 DCGAN

从技术上来说，生成式对抗网络是让两个神经网络相互博弈进行学习。它的基础结构包含生成网络与判别网络。生成网络的学习目标是生成与训练集样本贴近的图片，尽可能地欺骗判别网络，判别网络则是期望能够区分生成样本与真实样本。两者通过巧妙设计的损失结合在一起，在相互对抗中不断调整各自的参数，最终使得判别网络难以判断生成网络的输出结果是否真实，与此同时人眼也能看到一些具有欺骗性质的视觉效果。

为了方便理解，本章以动漫人脸生成任务为例，DCGAN[16]原理图如图 7.2 所示。首先，实现动漫人脸生成的前提是具有动漫数据集。该数据集中需要包含大量动漫人脸图像，以作为网络学习的目标。DCGAN 中生成器的输入为随机向量，不同的输入对应了不同的生成图片。最后，生成的动漫人脸和来自数据集的动漫人脸都会被输入到判别器中。判别器的学习目标是辨认出生成人脸，认为它是虚假的，给打上 0 的标签；对来自数据集的人脸则认为是真的，打上 1 的标签。只训练判别器意义不大，因为只要生成器的效果很差，以至于生成图片毫无意义，那么训练得到一个简单的判别器是非常容易的，所以生成器也需要具备学习目标。生成器的目标就是尽可能能欺骗过判别器，让判别器把生成样本误判为 1。

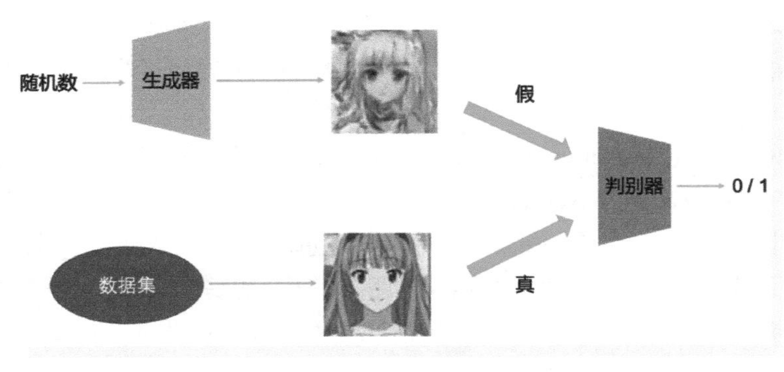

● 图 7.2　DCGAN 原理图

7.2.1 生成器

最初模型所生成的图片在如今看来视觉效果不够理想，对于简单任务，如手写字生成效果尚可，但是在复杂任务上生成图片便有些过于模糊。DCGAN 成功地将 CNN 引入到 GAN 中，在原始 GAN 的基础上有了一些改动，并提出了一些改进从而允许更高分辨率的图片生成，总的来说有以下 5 点。

1）使用跨步卷积来替换池化层，将生成器变成一个全卷积网络。

2）去掉全连接层，直接使用卷积层的特征。因为全局平均池化加上全连接层将导致收敛速度变慢。

3）生成器和判别器中都使用批归一化，这能够缓解因初始化不佳导致的训练问题。但并非每一层都用，因为全部应用会造成生成样本震荡和模型不稳定。生成器的输出层和判别器的输入层不应用批归一化能够缓解此问题。

4）生成器中除最后的输出层外均使用 ReLU 作为激活函数，输出层用 Tanh 作为激活函数。

5）判别器中使用 LeakyReLU 作为激活函数。

生成器模型结构如图 7.3 所示。首先，使用一个 100 维的随机向量作为输入，然后通过一个矩阵乘法将输入变成 1024×4×4 特征。但是这一步比较耗时，为了减小手机端的运算量，本章使用卷积来替代这一步。这里可以将输入视为 100×1×1 的特征，之后通过一个步长为 4 的转置卷积来对特征的尺寸进行放大，这样就可以匹配到下一层的 4×4×1024 大小。第一层卷积之后的每个转置卷积步长为 2，所以每经过一层卷积，长和宽都会变为输入前特征的两倍。5 层卷积后将得到一个 64×64 大小的图片。

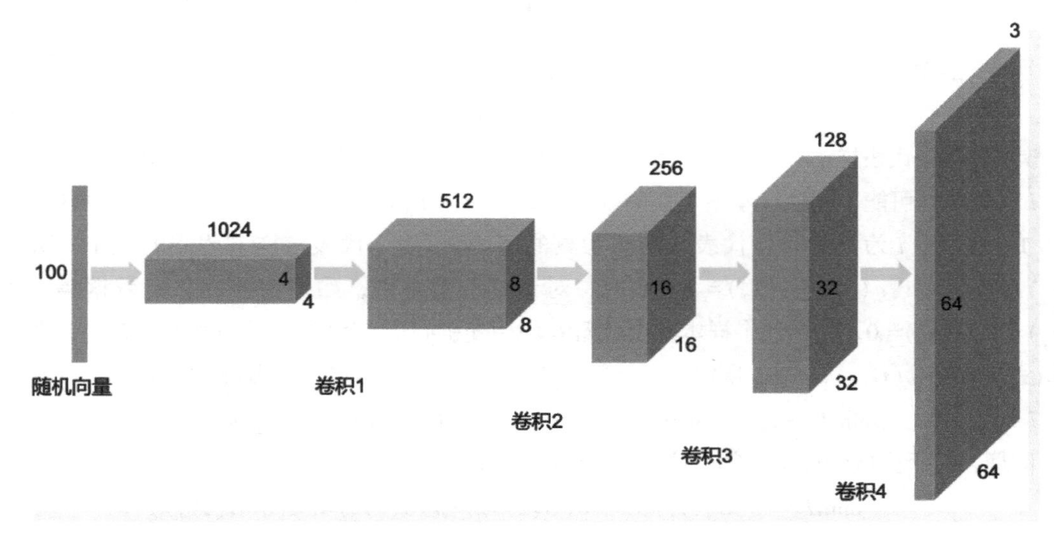

● 图 7.3 生成器模型结构

7.2.2 判别器

判别器是一个分类任务，最后输出一个 0~1 之间的数值即可，所以实现方式很多。本章给出一种实施方案，即仍然使用 5 层卷积，按照生成器的逆过程来构建。值得注意的是判别器中应使用 LeakyReLU 作为激活函数，最后一层使用 sigmoid 激活函数来将输出转换为 0~1 的范围。

7.2.3 损失函数

损失函数是生成式对抗网络最难理解的地方之一。这里直接给出损失函数的形式，并尝试以更直观的方式去理解它。

式（1）便是原始 GAN 的损失，其中 G 为生成器，D 为鉴别器，$D(s)$ 也就代表了判别器认为样本 s 为真的概率。p_{data} 为真实数据集的样本分布，x 是从数据集中得到的样本，z 是输入的随机向量，p_z 是随机向量的分布。

$$\min_{G}\max_{D} V(D,G)=\mathrm{E}_{x\sim p_{\text{data}}(x)}[\log D(x)]+\mathrm{E}_{z\sim p_z(z)}[\log(1-D(G(z)))] \tag{1}$$

因为式（1）同时存在最小化和最大化这两个优化，所以很难同时进行，这里采用了分步优化的思想。现在假设已经找到了一个生成器 G，这时候 G 就是固定的，整个网络只需要优化 D 即可，式（1）也就变成了：

$$\max_D V(D,G)=\mathrm{E}_{x\sim p_{\mathrm{data}}(x)}[\log D(x)]+\mathrm{E}_{z\sim p_z(z)}[\log(1-D(G(z)) \tag{2}$$

现在来回顾一下交叉熵损失，其形式如下：

$$\min H=-\sum_{i=1}^{n}p(x_i)\log(q(x_i)) \tag{3}$$

其中 $p(x_i)$ 代表样本 x 的实际类别概率，$q(x_i)$ 为模型预测的概率。对于一个二分类任务来说，i 只有两种可能，即该样本不是真的就是假的，所以 $p(x_1)$，$p(x_2)$ 中必定有一个为 0，另一个为 1。这里令 i 为 1 的时候代表该样本为真的概率，i 为 2 代表该样本为假的概率，所以有 $p(x_1)+p(x_2)=1, q(x_1)+q(x_2)=1$。同时，对于判别器来说，如果该样本来自数据集，那么 $p(x_1)=1$，$p(x_2)=0$。如果这个样本是生成器 G 使用随机向量 z 生成的，即写作为 $G(z)$，那么有 $p(G(z)_1)=0$，$p(G(z)_2)=1$。所以，对于数据集中的样本，二分类交叉熵损失为：

$$\min H=-p(x_1)\times\log(q(x_1))-p(x_2)\times\log(q(x_2))=-\log(q(x_1)) \tag{4}$$

同理，对于生成的样本，其二分类交叉熵损失为：

$$\begin{aligned}\min H&=-p(G(z)_1)\times\log(q(G(z)_1))-p(G(z)_2)\times\log(q(G(z)_2))\\&=-\log(q(G(z)_2))\end{aligned} \tag{5}$$

前面提到判别器会有这两种不同来源的样本作为输入，所以总的交叉熵损失为式（4）和式（5）的期望和，也就是：

$$\min H=-\mathrm{E}_{x\sim p_{\mathrm{data}}(x)}\log(q(x_1))-\mathrm{E}_{z\sim p_z(z)}\log(q(G(z)_2)) \tag{6}$$

下面只需将 min 改为 max 即可把负号变成加号，$q(G(z)_2)$ 可以用 $1-q(G(z)_1)$ 代替，也就变成了：

$$\max H=\mathrm{E}_{x\sim p_{\mathrm{data}}(x)}\log(q(x_1))+\mathrm{E}_{z\sim p_z(z)}\log(1-q(G(z)_1)) \tag{7}$$

式（7）中 $q(x_1)$ 代表模型预测数据集样本 x 为真的概率，$q(G(z)_1)$ 代表模型预测生成样本 $G(z)$ 为真的概率，对比一下就能发现公式（2）和公式（7）本质上是相同的。所以优化判别器也就等效于优化二分类交叉熵损失。

对于生成器的优化也是同样的原理。现在假定已经训练好了判别器，所以判别器参数已经固定下来，优化的也就仅仅是生成器。那么式（1）就变成了：

$$\min_G V(D,G)=\mathrm{E}_{z\sim p_z(z)}[\log(1-D(G(z))] \tag{8}$$

前面提到的生成样本为真的概率是 0，为假的概率为 1，也就是 $p(G(z)_1)$ 为 0，$p(G(z)_2)$ 为 1，0 乘以任何数都为 0，对于单个生成样本而言，优化公式（8）等同于优化：

$$\min_G V(D,G)=p(G(z)_1)\times\log(q(G(z)_1)+p(G(z)_2)\times(1-\log(q(G(z)_1) \tag{9}$$

同时，知道 $1-\log(q(G(z)_1)=\log(q(G(z)_2)$，所以式（9）也就等于式（10）：

$$\min_{G} V(D,G)=p(G(z)_1)\times\log(q(G(z)_1)+p(G(z)_2)\times\log(q(G(z)_2) \qquad (10)$$

把公式（10）和公式（3）进行比较，发现这里不同的仅仅是前面的负号，所以优化生成器等同于反向优化分类交叉熵。正向优化交叉熵的效果是能够让判别网络区分生成样本是假的，那么反向优化也就是让判别网络认为生成样本是真的。

这里已经通过反推的方式，弄清楚了 GAN 损失的含义。总结来说优化判别器就是优化分类交叉熵，优化生成器就是反向优化交叉熵。值得注意的是，本文给出的整个过程是由结果反向推导出原理的，正向的推导请见原始论文[16]。通过反向推导比较容易使得初学者明白 GAN 的原理，而正向推导涉及散度等知识，会加深理解的困难。现在已经分析清楚了 GAN 损失的含义，接下来可以放心地使用损失函数了。

注意在编程实现上，一般不采用反向优化交叉熵损失的实现方法，那有没有方法正向优化交叉熵也能达到目的呢？优化生成器是在优化式（8），等同于最小化$-\mathrm{E}_{z\sim p_z(z)}[\log D(G(z))]$，要想这个式子的含义等于交叉熵，最简单的方法就是在训练生成器时，令生成器生成样本的标签值为 1 即可，下面的训练代码中会有更加详细的注释。

下面着手实现 GAN 的训练。首先需要一个动漫数据集。本章采用 selfie2anime 数据集，可通过 kaggle 获得。此数据集为打造人脸到动漫的转换而打造，因为其包含了许多的动漫数据，可以被本章使用。数据集地址为 https：//www. kaggle. com/arnaud58/selfie2anime。如第 4 章介绍的，这里使用如下 kaggle 命令行工具轻松下载，一共分为切换到下载目录、激活 kaggle 安装环境以及开始下载 3 步。

```
1.  (base)cwpeng@cwpengdeAir ~ % cd Desktop
2.  (base)cwpeng@cwpengdeAir Desktop % conda activate pcw
3.  (pcw) cwpeng @ cwpengdeAir Desktop % kaggle datasets download -d arnaud58/self-
ie2anime
4.  Downloadingselfie2anime.zip to /Users/cwpeng/Desktop
5.  100% |████████████████████████████████████████| 
390M/390M [00:54<00:00, 7.85MB/s]
6.  100% |████████████████████████████████████████| 
390M/390M [00:54<00:00, 7.52MB/s]
```

该数据集一共分为 trainA、trainB、testA、testB 4 个子目录，其中 trainB 和 testB 中存放的都是动漫人脸数据，如图 7.4 所示，图片张数分别为 3400 和 100。在本章中，因为数据量不多，为了充分利用数据，将这两个目录合并在一起，形成一个名为 all 的新目录。注意 testB 和 trainB 有重名文件，需要先重命名再复制，否则文件会被覆盖或者跳过。这里准备了如下代码来合并。

图 7.4 selfie2anime 数据集动漫人脸图例

```
1.  import os
2.  import shutil
3.
4.  ALL_PATH ="../datasets/selfie2anime/all",
5.  TRAINB_PATH ="../datasets/selfie2anime/trainB"
6.  TESTB_PATH ="../datasets/selfie2anime/testB"
7.
8.  def rename_copy(src_folder, des_folder):
9.      for name in os.listdir(src_folder):
10.         suffix = "." + name.split(".")[-1]
11.         src_path = os.path.join(src_folder, name)
12.         des_path = os.path.join(des_folder, str(len(os.listdir(des_folder))) + suffix)
13.         shutil.copy(src_path, des_path)
14.
15. if not os.path.exists(ALL_PATH):
16.     os.mkdir(ALL_PATH)
17. rename_copy(TESTB_PATH, ALL_PATH)
18. rename_copy(TRAINB_PATH, ALL_PATH)
```

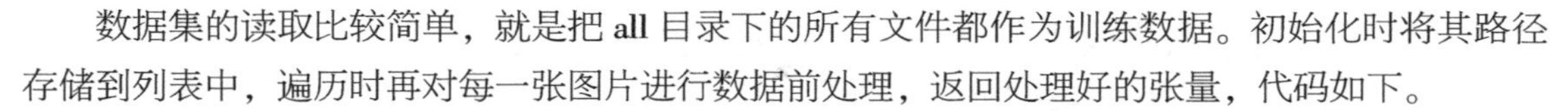

数据集的读取比较简单，就是把 all 目录下的所有文件都作为训练数据。初始化时将其路径存储到列表中，遍历时再对每一张图片进行数据前处理，返回处理好的张量，代码如下。

```
1.  class AnimeDataset(Dataset):
2.
3.      def _init_(self, dataset_path, image_size):
4.          self.transform = transforms.Compose([
5.              transforms.Resize(image_size),
6.              transforms.CenterCrop(image_size),
7.              transforms.ToTensor(),
8.              transforms.Normalize((0.5, 0.5, 0.5), (0.5, 0.5, 0.5)),
9.          ])
10.          self.paths = [os.path.join(dataset_path, name) for name in os.listdir
(dataset_path)]
11.
12.     def _getitem_(self, item):
13.         image = Image.open(self.paths[item])
14.         data = self.transform(image)
15.         return data
16.
17.     def _len_(self):
18.         return len(self.paths)
```

7.2.4 生成器搭建

在生成器搭建里，通道数以形参的方式作为变量，在大部分实现中 5 层卷积的通道数分别为 512、256、128、64、3，其余的细节设置遵循原理部分的介绍。这里稍微注意的一点是，输入噪声向量的一个二维张量，其维度为批大小×100，而网络的第一层为转置卷积层，需要的是一个四维张量。因此，在 forward 方法中将其维度变换为批大小×100×1×1，代码如下（在代码注释中省略了批大小这一维度）。

```
1.  class Generator(nn.Module):
2.      def _init_(self, nc=3, nz=100, ngf=64):
3.          super(Generator, self)._init_()
4.          self.main = nn.Sequential(
5.              # 输入维度 100 x 1 x 1
6.              nn.ConvTranspose2d(nz, ngf * 8, 4, 1, 0, bias=False),
7.              nn.BatchNorm2d(ngf * 8),
8.              nn.ReLU(True),
9.              # 特征维度 (ngf* 8) x 4 x 4
10.             nn.ConvTranspose2d(ngf * 8, ngf * 4, 4, 2, 1, bias=False),
11.             nn.BatchNorm2d(ngf * 4),
12.             nn.ReLU(True),
13.             # 特征维度 (ngf* 4) x 8 x 8
```

```
14.             nn.ConvTranspose2d(ngf * 4, ngf * 2, 4, 2, 1, bias=False),
15.             nn.BatchNorm2d(ngf * 2),
16.             nn.ReLU(True),
17.             # 特征维度 (ngf* 2) x 16 x 16
18.             nn.ConvTranspose2d(ngf * 2, ngf, 4, 2, 1, bias=False),
19.             nn.BatchNorm2d(ngf),
20.             nn.ReLU(True),
21.             # 特征维度 (ngf) x 32 x 32
22.             nn.ConvTranspose2d(ngf, nc, 4, 2, 1, bias=False),
23.             nn.Tanh()
24.             # 特征维度. (nc) x 64 x 64
25.         )
26.         self.apply(weights_init)
27.
28.     def forward(self, input):
29.         b, dim_z = input.shape
30.         input = input.view(b, dim_z,1, 1)
31.         return self.main(input)
```

7.2.5 判别器搭建

判别器的结构和生成器对称，除最后一层外，全部使用 LeakyReLU 作为激活函数。因为判别器是一个二分类的任务，最后一层应该使用 sigmoid 作为激活函数，输出一个 0～1 之间的数值。该数值代表判别器件认为输入样本为真的概率，越大表示为真的可能性越大，代码如下。

```
1.  class Discriminator(nn.Module):
2.      def _init_(self, nc=3, ndf=64):
3.          super(Discriminator, self)._init_()
4.          self.main = nn.Sequential(
5.              # 输入维度 (nc) x 64 x 64
6.              nn.Conv2d(nc, ndf, 4, 2, 1, bias=False),
7.              nn.LeakyReLU(0.2, inplace=True),
8.              # 特征维度 (ndf) x 32 x 32
9.              nn.Conv2d(ndf, ndf * 2, 4, 2, 1, bias=False),
10.             nn.BatchNorm2d(ndf * 2),
11.             nn.LeakyReLU(0.2, inplace=True),
12.             # 特征维度 (ndf* 2) x 16 x 16
13.             nn.Conv2d(ndf * 2, ndf * 4, 4, 2, 1, bias=False),
14.             nn.BatchNorm2d(ndf * 4),
15.             nn.LeakyReLU(0.2, inplace=True),
16.             # 特征维度 (ndf* 4) x 8 x 8
17.             nn.Conv2d(ndf * 4, ndf * 8, 4, 2, 1, bias=False),
18.             nn.BatchNorm2d(ndf * 8),
19.             nn.LeakyReLU(0.2, inplace=True),
```

```
20.             # 特征维度 (ndf* 8) x 4 x 4
21.             nn.Conv2d(ndf * 8, 1, 4, 1, 0, bias=False),
22.             nn.Sigmoid()
23.         )
24.         self.apply(weights_init)
25.
26.     def forward(self, input):
27.         return self.main(input)
```

7.2.6 训练代码

在训练时，按照惯例定义好数据集，以及生成器与判别器模型。损失函数使用的是二分类的交叉熵损失，生成器和判别器都使用 **Adam** 优化器进行优化，代码如下。

```
1. dataset =AnimeDataset(dataset_path=DATA_DIR, image_size=IMAGE_SIZE)
2. data_loader = data.DataLoader(dataset, batch_size=BATCH_SIZE,
3.                               shuffle=True, num_workers=WORKER)
4. device = torch.device("cuda:0" if torch.cuda.is_available() else "cpu")
5. netG = Generator().to(device)
6. netD = Discriminator().to(device)
7. criterion = nn.BCELoss()
8. real_label =1.
9. fake_label =0.
10. optimizerD = optim.Adam(netD.parameters(), lr=LR, betas=(0.5, 0.999))
11. optimizerG = optim.Adam(netG.parameters(), lr=LR, betas=(0.5, 0.999))
```

相较于之前的模型，**GAN** 的训练代码相对复杂，因为涉及了生成器与判别器的分步优化。需要注意的是，判别器的优化会使用两种来源的图片，即来自数据集的和生成器生成的。在判别器优化的过程中数据集样本标签为 **1**，生成器样本标签为 **0**。而在生成器的优化中，只需要使用生成器生成的图片，并且它的标签应该为 **1**，代码如下。

```
1. print("开始训练")
2. for epoch in range(num_epochs):
3.     for data in data_loader:
4.         ##################################################
5.         # 更新判别器 D: 最大化 log(D(x)) + log(1 - D(G(z)))
6.         # 等同于最小化 - log(D(x))- log(1-D(G(z)))
7.         ##################################################
8.         netD.zero_grad()
9.         # 来自数据集的样本
10.        real_imgs = data.to(device)
11.        b_size = real_imgs.size(0)
12.        label = torch.full((b_size,), real_label,dtype=torch.float, device=device)
```

```
13.            # 使用判别器对数据集样本做判断
14.            output =netD(real_imgs).view(-1)
15.            # 计算交叉熵损失 -log(D(x))
16.            errD_real = criterion(output, label)
17.            # 对判别器进行梯度回传
18.            errD_real.backward()
19.            D_x = output.mean().item()
20.
21.            # 生成随机向量
22.            noise = torch.randn(b_size, NZ, device=device)
23.            # 来自生成器生成的样本
24.            fake =netG(noise)
25.            label.fill_(fake_label)
26.            # 使用判别器对生成器生成样本做判断
27.            output =netD(fake.detach()).view(-1)
28.            # 计算交叉熵损失 -log(1 - D(G(z)))
29.            errD_fake = criterion(output, label)
30.            # 对判别器进行梯度回传
31.            errD_fake.backward()
32.            D_G_z1 = output.mean().item()
33.
34.            # 对判别器计算总梯度,-log(D(x))-log(1 - D(G(z)))
35.            errD = errD_real + errD_fake
36.            # 更新判别器
37.            optimizerD.step()
38.
39.            ################################################
40.            # 更新判别器 G: 最小化 log(D(x)) + log(1-D(G(z))),
41.            # 等同于最小化 log(1-D(G(z))),即最小化-log(D(G(z)))
42.            # 也就等同于最小化-(log(D(G(z)))* 1+log(1-D(G(z)))* 0)
43.            # 令生成器样本标签值为 1,上式就满足了交叉熵的定义
44.            ################################################
45.            netG.zero_grad()
46.            # 对生成器训练,令生成器生成的样本为真,
47.            label.fill_(real_label)
48.            # 输入生成器生成的假样本
49.            output =netD(fake).view(-1)
50.            # 对生成器计算损失
51.            errG = criterion(output, label)
52.            # 对生成器进行梯度回传
53.            errG.backward()
54.            D_G_z2 = output.mean().item()
55.            # 更新生成器
56.            optimizerG.step()
57.
```

```
58.        # 输出损失状态
59.        if iters % 5 == 0:
60.            print('[% d/% d][% d/% d] \tLoss_D: % .4f \tLoss_G: % .4f \tD(x): % .4f \tD
(G(z)): % .4f / % .4f'% (epoch, num_epochs,iters, len(data_loader),
61.                       errD.item(), errG.item(), D_x, D_G_z1, D_G_z2))
62.            d_writer.add(loss=errD.item(), i=iters)
63.            g_writer.add(loss=errG.item(), i=iters)
64.
65.        # 保存损失记录
66.        G_losses.append(errG.item())
67.        D_losses.append(errD.item())
68.
69.        iters += 1
```

经过了几百轮迭代以后，网络的生成效果如图7.5所示。可以看到网络已经学到了动漫数据集的部分特征，比如二次元人物都会拥有一对大眼睛与五颜六色的头发，甚至部分生成样本的

● 图7.5　生成效果图

精美程度并不亚于人类创作的。但如果细心观察，也会发现一些生成图片不够理想，这来自多方面原因。一是本章使用的数据集不够大，模型能够学习的信息不够多；二是出于性能考虑这里设置的分辨率比较低；此外，模型本身也是因素之一。如果读者想生成更优的效果，不妨试试更新的模型以及更大的数据集。

图 7.5 展示了使用两两之间无关联的随机向量输入模型进行图片生成的效果，可以看到所生成图片两两之间也是没有关联的。试想，如果取两个随机向量的平均值作为新的输入向量，那么生成的图片会不会与这两个随机向量对应的生成图都相似呢？生成式对抗网络确实拥有这个奇妙的特性，即采样空间的位置相关性在输出中仍然存在，使用如下代码就可以验证。这里先生成 a、b 两个随机向量，接着将两个随机向量分为 10 段进行线性插值。

```
1.  a = torch.randn(1, 3, 100, 1)
2.  b = torch.randn(1, 3, 100, 1)
3.  for i in range(10):
4.      c = (b - a) / 9 *  i + a
5.      input_tensor = torch.cat([input_tensor, c], 0)
```

把 input_tensor 输入生成器得到的效果如图 7.6 所示。最左边与最右边分别是 a 与 b 对应的生成图，在 a 和 b 之间做插值，能够得到两张图片间的平滑变化。这里可以观察到一些有趣的现象。比如第二行中人脸轮廓变化并不大，头发颜色则出现明显变化。这就表示此时 a 和 b 之差，在采样空间里可能与头发颜色这个属性的夹角很小。但因为 a 和 b 是完全随机的，所以很难找到一个纯净的代表头发颜色的方向。插值的方向总是会与其他一些变化因素耦合在一起，所以也就无法自由地单独改变所生成动漫人脸的某个细节信息，如头发颜色、脸型以及眼睛颜色等。

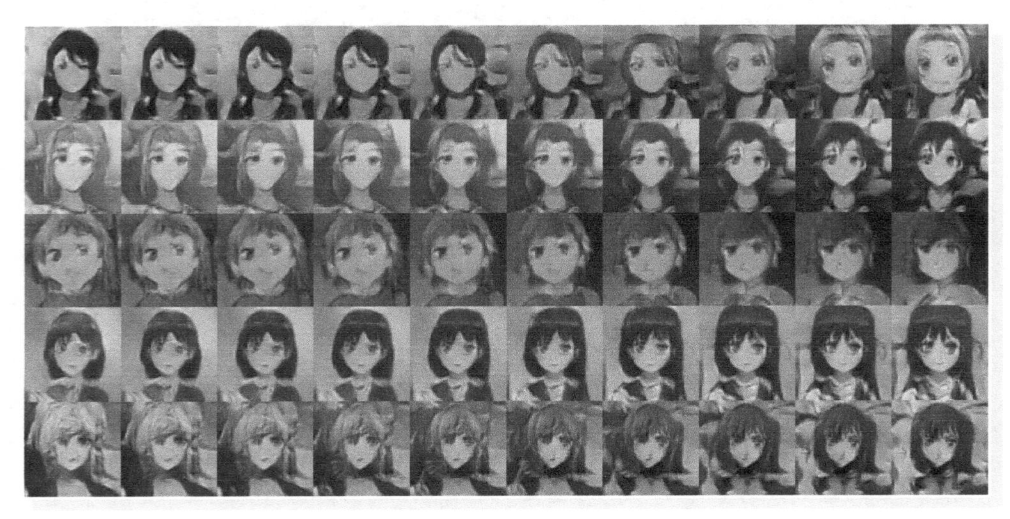

● 图 7.6　随机向量插值效果图（见彩插）

训练过程中判别器与生成器损失变化如图7.7所示，损失值反应两者处于对抗博弈的状态。在训练过程中，需要时刻监控损失的变化，以避免出现判别器损失很低，生成器损失很高的结果，这时候往往生成的效果都是很不理想的。在一些代码中，也会采用多次优化生成器后，再优化一次判别器的做法，以避免出现判别器压制了生成器的现象。如果在实践过程中出现了此问题，不妨尝试一下这种方法。

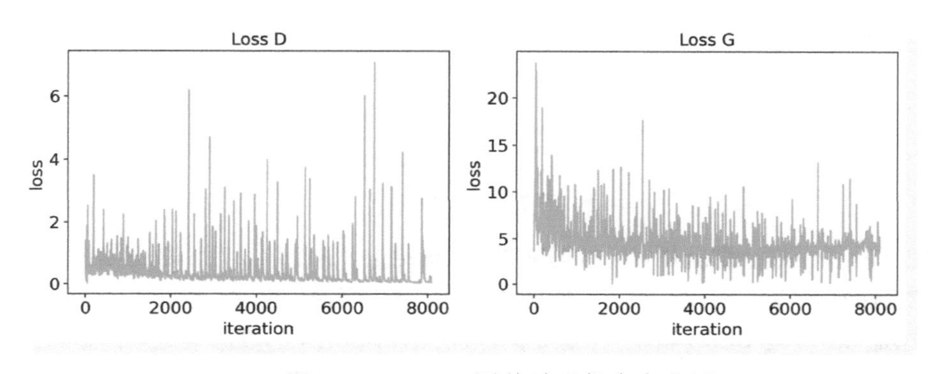

● 图7.7　DCGAN训练过程损失变化图

7.3 条件式对抗网络CGAN

7.3.1 CGAN原理

7.2.6节实现了根据随机向量生成动漫人脸的功能。但是存在一个问题，即DCGAN无法做到更加精细的控制，如单独控制眼睛以及头发的颜色等。CGAN[17]则通过引入额外信息解决了这一问题。它在生成器中和判别器中都加入一个额外的输入，此输入可以是任何标签，有了这一信息CGAN便能够控制该标签对应的属性。在随机向量不变的情况下，根据不同的额外输入生成不同的结果，这为接下来单独控制动漫人物的某个属性打下了基础。下面先来分析一下CGAN的原理，并使用CGAN生成指定的手写数字。

CGAN的网络架构使用的是全连接网络，其原理图如图7.8所示。对于生成器G而言，它的输入包含了DCGAN中的随机输入z和额外信息c。此额外信息一般采用独热编码（onehot）的方式给定，比如当任务为生成手写数字时，若需要生成数字2，那么这里的$c=[0,0,1,0,0,0,0,0,0,0]$。生成器将综合随机向量z以及额外信息c，生成图片$x=G(c,z)$。

对于判别器D而言，它的输入图片和DCGAN相同，存在两个来源，即数据集中的和生成器生成的。判别器D和生成器G拥有同样的额外信息c。举例来说，如果生成图片x时，给定的额

外信息 c 为 [0,0,1,0,0,0,0,0,0,0]，那么在将图片 x 输入到判别器 D 中时，c 应该也是 [0,0,1,0,0,0,0,0,0,0]。

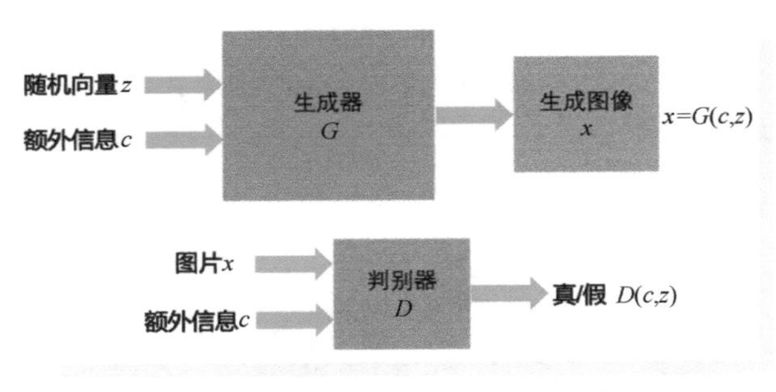

● 图 7.8　CGAN 原理图

这里就有一个问题，那就是对于数据集图片如何给定 c 这个信息呢？数据集图片的 c 其实就是该图片对应的真实标签。比如对于数据集中的手写字 1 来说，它的 c 也就为 [0,1,0,0,0,0,0,0,0,0]。这是 CGAN 与 DCGAN 的一个重要的区别，即 DCGAN 的数据集是无标签的，所以也无法控制生成图片的属性。CGAN 支持控制生成图片的属性，但前提条件是数据集中拥有对该属性的标签。CGAN 的损失函数也和 DCGAN 大致相同，仅仅多了控制条件 c，如下所示：

$$\min_{G}\max_{D} V(D,G)=\mathrm{E}_{x\sim p_{\text{data}}(x)}[\log D(x|c)]+\mathrm{E}_{z\sim p_z(z)}[\log(1-D(G(z|c)))]$$

7.3.2　CGAN 实现

7.3.1 节中介绍了 CGAN 的原理，但一些细节问题还没有解决，例如生成器和判别器的网络结构，随机向量 z 和额外信息 c 的结合方式，以及图片 x 和额外信息 c 的结合方式等，这些问题在本节中结合代码一一解决。

首先是生成器。7.3.1 节提到 CGAN 的网络架构是通过全连接实现的，本章在实现中将其升级为卷积网络。这里尽可能地复用了 DCGAN 章节的代码，两者在生成器上的主要区别体现在第一层和最后一层的卷积上。在 CGAN 中，随机向量 z 仍然保持为 100 维，因为手写字包含 0~9，共 10 类，所以 nc 所代表的额外输入维数为 10。对于随机向量 z 和额外信息 c，这里采用直接拼接的方式，最终形成了一个 110 维的输入，所以第一层转置卷积的输入维度为 nz + nc 即 110。同时手写字数据集为灰度图像，图片通道数为 1，因此最后一层卷积的输出通道数为 1 具体实现代码如下。

```
1.  class Generator(nn.Module):
2.      def _init_(self, num_channel=1, nz=100, nc=10, ngf=64):
3.          super(Generator, self)._init_()
4.          self.main = nn.Sequential(
5.              # 输入维度 110 x 1 x 1
```

```
6.          nn.ConvTranspose2d(nz + nc, ngf * 8, 4, 1, 0, bias=False),
7.          nn.BatchNorm2d(ngf * 8),
8.          nn.ReLU(True),
9.          # 特征维度 (ngf* 8) x 4 x 4
10.         nn.ConvTranspose2d(ngf * 8, ngf * 4, 4, 2, 1, bias=False),
11.         nn.BatchNorm2d(ngf * 4),
12.         nn.ReLU(True),
13.         # 特征维度 (ngf* 4) x 8 x 8
14.         nn.ConvTranspose2d(ngf * 4, ngf * 2, 4, 2, 1, bias=False),
15.         nn.BatchNorm2d(ngf * 2),
16.         nn.ReLU(True),
17.         # 特征维度 (ngf* 2) x 16 x 16
18.         nn.ConvTranspose2d(ngf * 2, ngf, 4, 2, 1, bias=False),
19.         nn.BatchNorm2d(ngf),
20.         nn.ReLU(True),
21.         # 特征维度 (ngf) x 32 x 32
22.         nn.ConvTranspose2d(ngf, num_channel, 4, 2, 1, bias=False),
23.         nn.Tanh()
24.         # 特征维度(num_channel) x 64 x 64
25.     )
26.     self.apply(weights_init)
27.
28. def forward(self, input_z, onehot_label):
29.     input_ = torch.cat((input_z,onehot_label), dim=1)
30.     n, c = input_.size()
31.     input_ = input_.view(n, c,1, 1)
32.     return self.main(input_)
```

判别器的代码如下所示。其中图片 x 和额外信息 c 同样通过拼接结合，不同之处在于图片的维度为 1×H×W，额外信息 c 的维度为 10，它们无法直接串联，必须经过维度扩展与复制以匹配尺寸。在本节的实施方案中，先将额外信息 c 进行形状变换到 10×1×1，再将后两维进行复制，得到大小为 10×H×W 的张量，最后将图片和复制后额外信息拼接在一起，组成一个 11×H×W 的输入。因此，判别器的模型结构中仅仅第一层卷积的通道数和 DCGAN 不同，其输入通道维度变为了 11。

```
1. class Discriminator(nn.Module):
2.     def _init_(self, num_channel=1, nc=10, ndf=64):
3.         super(Discriminator, self)._init_()
4.         self.main = nn.Sequential(
5.             # 输入维度 (num_channel+nc) x 64 x 64
6.             nn.Conv2d(num_channel + nc, ndf, 4, 2, 1, bias=False),
7.             nn.LeakyReLU(0.2, inplace=True),
8.             # 特征维度 (ndf) x 32 x 32
```

```
9.              nn.Conv2d(ndf, ndf * 2, 4, 2, 1, bias=False),
10.             nn.BatchNorm2d(ndf * 2),
11.             nn.LeakyReLU(0.2, inplace=True),
12.             # 特征维度 (ndf* 2) x 16 x 16
13.             nn.Conv2d(ndf * 2, ndf * 4, 4, 2, 1, bias=False),
14.             nn.BatchNorm2d(ndf * 4),
15.             nn.LeakyReLU(0.2, inplace=True),
16.             # 特征维度 (ndf* 4) x 8 x 8
17.             nn.Conv2d(ndf * 4, ndf * 8, 4, 2, 1, bias=False),
18.             nn.BatchNorm2d(ndf * 8),
19.             nn.LeakyReLU(0.2, inplace=True),
20.             # 特征维度 (ndf* 8) x 4 x 4
21.             nn.Conv2d(ndf * 8, 1, 4, 1, 0, bias=False),
22.             nn.Sigmoid()
23.         )
24.         self.apply(weights_init)
25.
26.     def forward(self, images, onehot_label):
27.         device ='cuda' if torch.cuda.is_available() else 'cpu'
28.         h, w = images.shape[2:]
29.         n, nc =onehot_label.shape[:2]
30.         label =onehot_label.view(n, nc, 1, 1) * torch.ones([n, nc, h, w]).to(device)
31.         input_ = torch.cat([images, label],1)
32.         return self.main(input_)
```

本节使用的数据为手写字数据集 MNIST，因为 CGAN 需要利用属性标签作为额外信息，而此前的动漫数据集中并不包含属性相关的标签。MNIST 是计算机视觉领域中很有名的数据集，发布距今已经二十余年，对此数据集进行分类相当于编程语言的“hello world”项目。因此，主流的深度学习框架已经将其纳入基准库中供初学者练习。下面直接调用 torchvision 的 API 加载此数据集。需要注意的是 MNIST 数据集中图片颜色通道数为 1，因此在 transfroms 中给定的均值与标准差也只有一维。此处在不同版本的 torchvison 中会有所区别，较老版本中，需要给定的参数是三维的。

```
1.  from torchvision import transforms
2.  from torch.utils.data import DataLoader
3.  from torchvision.datasets import MNIST
4.
5.  def loadMNIST(img_size, batch_size):
6.      trans_img = transforms.Compose(
7.          [transforms.Resize(img_size), transforms.ToTensor(), transforms.Normalize
([0.5], [0.5])])
8.      trainset = MNIST('./data', train=True, transform=trans_img, download=True)
```

```
9.      trainloader = DataLoader(trainset, batch_size=batch_size, shuffle=True, num_
workers=0)
10.     return trainloader
```

额外信息 c 的生成也是 CGAN 的重点。MNIST 返回的标签 label 使用 0~9 的数字表示，但额外信息 c 一般不直接使用数值作为标签，而是使用 onehot 编码。数值到 onehot 编码的转换使用的是函数 scatter_，此函数的功能是以数值输入作为索引，将列表中索引处的值赋为 1。

```
1.  def onehot(label, num_class):
2.      device ="cuda" if torch.cuda.is_available() else "cpu"
3.      n = label.shape[0]
4.      onehot_label = torch.zeros(n, num_class, dtype=label.dtype).to(device)
5.      onehot_label = onehot_label.scatter_(1, label.view(n, 1), 1)
6.      return onehot_label
```

训练部分也尽量复用了 DCGAN 章节的代码。为了观察模型的训练过程，在如下代码的第 4 行到第 15 行添加了对生成图片状态的监控。这里使用一组固定的额外信息和固定的随机向量作为输入，每个 epoch 都用当前模型执行一遍生成任务，将生成图片保存到当前目录下。因为输入一致，所以生成图片的质量能够反映模型训练是否在朝着正确的方向进行。

模型训练仍然分为判别器优化和生成器优化两大步，需要注意的是每一步中使用的是什么信息，总结如下。

步骤 1：优化判别器，使用信息为数据集图片、该图片对应类别的 onehot 编码以及标签 1。

步骤 2：优化判别器，使用信息为随机向量、随机生成的 onehot 编码以及标签 0。

步骤 3：优化生成器，使用信息为步骤 2 中生成器生成的图片、步骤 2 中的 onehot 编码以及标签 1。

代码如下。

```
1.  print("开始训练≫")
2.  for epoch in range(EPOCH):
3.
4.      print("正在保存网络并评估...")
5.      save_network(MODEL_G_PATH,netG, epoch)
6.      with torch.no_grad():
7.          fake_imgs = netG(fix_noise, fix_input_c).detach().cpu()
8.          images = recover_image(fake_imgs)
9.          full_image = np.full((5 * 64, 5 * 64, 3), 0, dtype="uint8")
10.         for i in range(25):
11.             row = i //5
12.             col = i % 5
13.             full_image[row * 64:(row + 1) * 64, col * 64:(col + 1) * 64, :]= images[i]
```

```
14.         plt.imshow(full_image)
15.         plt.imsave("{}.png".format(epoch), full_image)
16.
17.     for data in data_loader:
18.         ##################################################
19.         # 更新判别器 D: 最大化 log(D(x)) + log(1 - D(G(z)))
20.         # 等同于最小化 - log(D(x)) - log(1 - D(G(z)))
21.         ##################################################
22.         netD.zero_grad()
23.         real_imgs, input_c = data
24.         input_c = input_c.to(device)
25.         input_c =onehot(input_c, NUM_CLASS).to(device)
26.
27.         # 来自数据集的样本
28.         real_imgs = real_imgs.to(device)
29.         b_size = real_imgs.size(0)
30.         label = torch.full((b_size,), real_label,dtype=torch.float, device=device)
31.         # 使用判别器对数据集样本做判断
32.         output =netD(real_imgs, input_c).view(-1)
33.         # 计算交叉熵损失 -log(D(x))
34.         errD_real = criterion(output, label)
35.         # 对判别器进行梯度回传
36.         errD_real.backward()
37.         D_x = output.mean().item()
38.
39.         # 生成随机向量
40.         noise = torch.randn(b_size, NZ, device=device)
41.         # 生成随机标签
42.         input_c = (torch.rand(b_size,1) *  NUM_CLASS).type(torch.LongTensor).
squeeze().to(device)
43.         input_c =onehot(input_c, NUM_CLASS)
44.         # 来自生成器生成的样本
45.         fake =netG(noise, input_c)
46.         label.fill_(fake_label)
47.         # 使用判别器对生成器生成样本做判断
48.         output =netD(fake.detach(), input_c).view(-1)
49.         # 计算交叉熵损失 -log(1 - D(G(z)))
50.         errD_fake = criterion(output, label)
51.         # 对判别器进行梯度回传
52.         errD_fake.backward()
53.         D_G_z1 = output.mean().item()
54.
55.         # 对判别器计算总梯度,-log(D(x))-log(1 - D(G(z)))
56.         errD = errD_real + errD_fake
57.         # 更新判别器
```

```
58.         optimizerD.step()
59.
60.         ##################################################
61.         # 更新判别器 G: 最小化 log(D(x)) + log(1 - D(G(z))),
62.         # 等同于最小化 log(1 - D(G(z))),即最小化-log(D(G(z)))
63.         # 也就等同于最小化-(log(D(G(z)))* 1+log(1-D(G(z)))* 0)
64.         # 令生成器样本标签值为 1,上式就满足了交叉熵的定义
65.         ##################################################
66.         netG.zero_grad()
67.         # 对于生成器训练,令生成器生成的样本为真
68.         label.fill_(real_label)
69.         output =netD(fake, input_c).view(-1)
70.         # 对生成器计算损失
71.         errG = criterion(output, label)
72.         # 对生成器进行梯度回传
73.         errG.backward()
74.         D_G_z2 = output.mean().item()
75.         # 更新生成器
76.         optimizerG.step()
77.
78.         # 输出损失状态
79.         if iters % 5 == 0:
80.             print('[% d/% d][% d/% d] \tLoss_D: % .4f \tLoss_G: % .4f \tD(x): % .4f \tD(G
(z)): % .4f / % .4f'
81.                   % (epoch, EPOCH,iters % len(data_loader), len(data_loader),
82.                      errD.item(), errG.item(), D_x, D_G_z1, D_G_z2))
83.             d_writer.add(loss=errD.item(), i=iters)
84.             g_writer.add(loss=errG.item(), i=iters)
85.
86.         # 保存损失记录
87.         G_losses.append(errG.item())
88.         D_losses.append(errD.item())
89.
90.         iters += 1
```

因为手写字数据集相对简单，所以迭代几十轮就可以得到一个不错的模型。下面通过观察训练过程中的损失变化来判断模型训练是否正常，如图 7.9 所示。可以看到判别器损失先上升再下降，然后剧烈抖动。生成器损失则是先下降再上升，最后也剧烈抖动。两者损失最后都维持在一个固定值上。从整体上看 CGAN 的损失大致遵循相互对抗的趋势，但没有 DCGAN 变化趋势显著，因此难以判断训练结果。这也就是在每轮迭代中观察生成图片质量的原因。

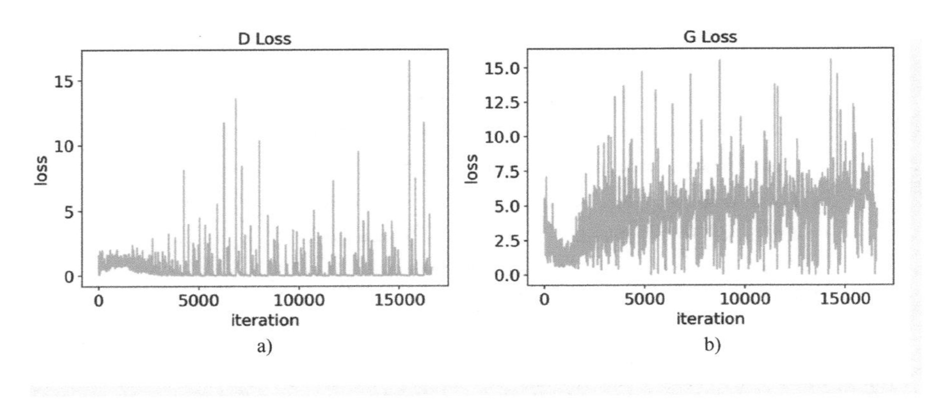

● 图 7.9　CGAN 训练损失

a）判别器损失　b）生成器损失

图 7.10 展示了不同训练阶段生成的图片。一开始模型没有学会任何信息，只能生成噪声图像，随着训练的进行，生成的数字越来越清晰。此外，因为给定的随机向量和额外信息一致，所以另一个可以确定模型训练成功的表象就是，虽然不同阶段生成图片的质量略有差异，但是图片所代表的数字几乎是一致的。这就说明给定的额外信息有效地控制了生成数字的类别。因此，建议在生成类任务的训练中，对损失变化与生成图片视觉效果同时都进行监测，综合两者的表现来判断训练过程是否正常。

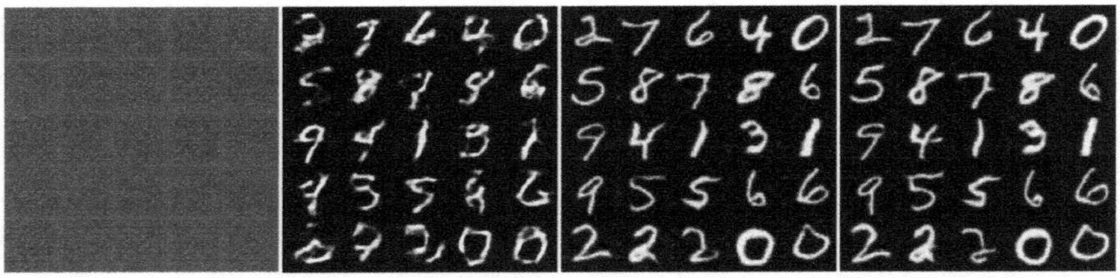

● 图 7.10　不同训练阶段的生成图片

训练过程结束，下面来测试模型的生成表现。在下面的代码中，指定额外信息分别为 0、1、2、3、4、5、6、7、8、9，输入向量完全随机。生成的图片如图 7.11 所示，可以看到成功地通过控制额外信息生成了对应的手写字。

```
1.  netG = Generator()
2.  netG = restore_network("./", "last", netG)
3.  fix_noise = torch.randn(BATCH_SIZE, NZ, device=DEVICE)
4.  fix_input_c = torch.tensor([0, 1, 2, 3, 4, 5, 6, 7, 8, 9])
5.  fix_input_c =onehot(fix_input_c, NUM_CLASS)
6.  fake_imgs = netG(fix_noise, fix_input_c).detach().cpu()
```

● 图 7.11　指定额外信息生成的图片

当额外信息固定、输入向量随机时，又会产生怎样的生成图片呢？使用代码验证一下。下面的代码会生成一个 10×10 的图像矩阵，其中每一行使用的额外信息相同，每一列使用的随机向量相同。

```
1.  fix_noise = torch.randn(BATCH_SIZE, NZ, device=DEVICE)
2.  full_image = np.full((10 * 64, 10 * 64, 3), 0, dtype="uint8")
3.  for num in range(10):
4.      input_c = torch.tensor(np.ones(10, dtype="int64") * num)
5.      input_c =onehot(input_c, NUM_CLASS)
6.      fake_imgs = netG(fix_noise, input_c).detach().cpu()
7.      images = recover_image(fake_imgs)
8.      for i in range(10):
9.          row = num
10.         col = i % 10
11.         full_image[row * 64:(row + 1) * 64, col * 64:(col + 1) * 64, :]= images[i]
```

得到的生成效果如图 7.12 所示。每一行的表现是符合预期的，因为每一行的额外信息相同，

● 图 7.12　CGAN 手写字生成效果图

所以生成的必定是同一字符。有趣的是每一列的表现。因为每一列使用的随机向量相同，可以看到每一列虽然字符不同，但是表现出了一定程度上的风格统一性。比如第一列的所有字符书写非常规范，第二列则相对潦草，第三列用笔颜色很淡，第七列则笔画较粗。因此，随机向量在这里起到的作用是控制书写的风格。搭配这两个输入，就能创造出很多不同的字符。更有想象力一点，如果利用古代书法大家的真迹作为训练数据，说不定就能够生成具有大家风范的字符了。当然这里面会有很多问题需要解决，这就留给读者去探索了。

7.4 辅助分类对抗网络 ACGAN

7.4.1 ACGAN 原理

7.3.2 节中通过 CGAN 生成了属性受控制的手写字图片，这是相对于 DCGAN 的一大进步。本节再次回到动漫人脸生成的任务上，并且使用新的工具 ACGAN[18] 来生成属性受控制的动漫人脸。有了前面 DCGAN 和 CGAN 的基础，理解 ACGAN 便不再困难，图 7.13 所示是 CGAN 和 ACGAN 的区别。可以看到 CGAN 与 ACGAN 在生成器上完全一致，只在判别器的输入输出上有两点区别：一是 CGAN 的判别器需要额外信息的输入，但 ACGAN 的判别器不需要这个信息；二是 ACGAN 的判别器相比 CGAN 多了一个类别输出。

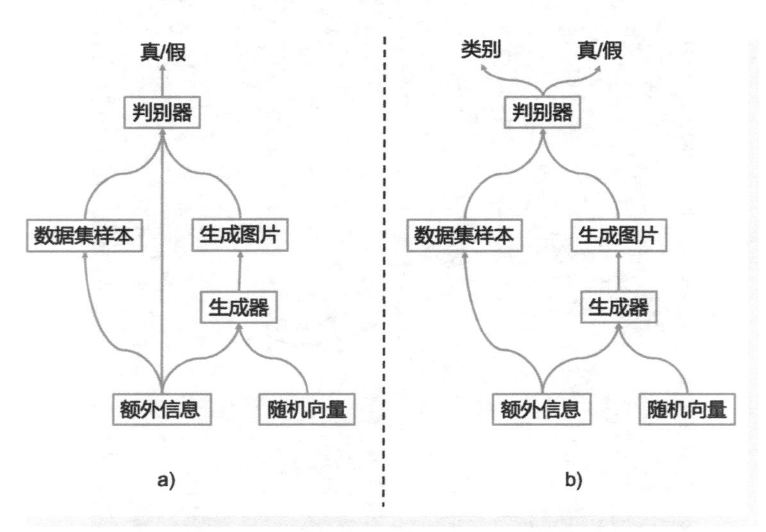

● 图 7.13　ACGAN 与 CGAN 的区别

a）CGAN　b）ACGAN

ACGAN 使用额外的分类器进行有条件的图片生成。举例来说，当任务为生成眼睛颜色可控

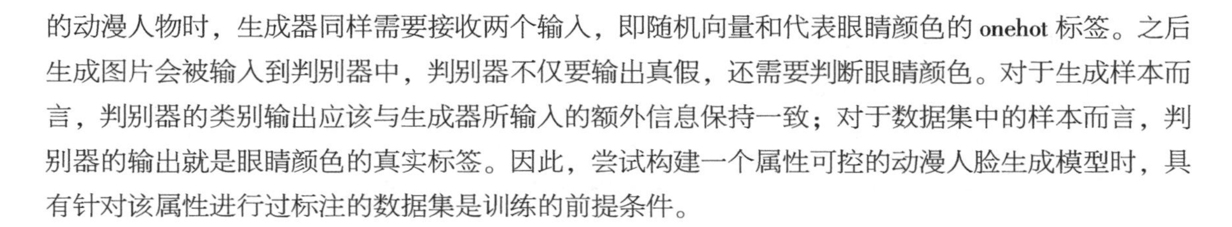

的动漫人物时，生成器同样需要接收两个输入，即随机向量和代表眼睛颜色的 onehot 标签。之后生成图片会被输入到判别器中，判别器不仅要输出真假，还需要判断眼睛颜色。对于生成样本而言，判别器的类别输出应该与生成器所输入的额外信息保持一致；对于数据集中的样本而言，判别器的输出就是眼睛颜色的真实标签。因此，尝试构建一个属性可控的动漫人脸生成模型时，具有针对该属性进行过标注的数据集是训练的前提条件。

7.4.2 ACGAN 实现

本节先进行数据集的处理，带有属性标签的数据集是本任务成功与否的重要因素。这里经收集整理，获得了一部分带有眼睛颜色和头发颜色标签的动漫图片。经数据清洗后，将其上传到了 Kaggle 平台，可供读者进行学习交流使用，地址为 https://www.kaggle.com/pengcw1/annotated-animation-dataset。下面同样使用 Kaggle API 工具进行下载，命令如下。

```
1.  (base)cwpeng@cwpengdeAir ~ % cd Desktop
2.  (base)cwpeng@cwpengdeAir Desktop % conda activate pcw
3.  (pcw) cwpeng@cwpengdeAir Desktop % kaggle datasets download -d pengcw1/annotated-
animation-dataset
4.  Downloading annotated-animation-dataset.zip to /Users/cwpeng/Desktop
5.  100% |████████████████████████████████████████| 38.9M/
38.9M[00:06<00:00, 5.88MB/s]
6.  100% |████████████████████████████████████████| 38.9M/
38.9M[00:06<00:00, 6.56MB/s]
```

将得到的文件解压，解压后的根目录下存在一个名为 images 的文件夹以及一个 label.txt 的文本文件。images 文件夹下存放的是动漫人脸，label.txt 文本部分如下所示。其第一列为图片对应的文件名，按照文件名的自然升序排列，第二列为眼睛颜色，第三列为头发颜色。这三个字段之间通过制表符拼接。

```
1.  0.jpg       eye:purple      hair:blonde
2.  1.jpg       eye:blue        hair:blonde
3.  2.jpg       eye:blue        hair:blue
4.  4.jpg       eye:yellow      hair:blonde
5.  5.jpg       eye:red         hair:purple
6.  6.jpg       eye:blue        hair:blue
7.  7.jpg       eye:purple      hair:black
8.  8.jpg       eye:blue        hair:blonde
```

了解数据集的标签后，实现自定义 Dastaset 对本数据集进行加载。其中大部分代码与 DCGAN 中的 AnimeDataset 几乎相同，有所区别的是多了 process 函数。它用来实现对数据集图片路径以及类别标签的解析，解析的过程如上述标签规则所示。这里使用列表的 index 函数来将字符串类型的颜色标签转换为代表类别的数字，代码如下。

```
1.  class AnimeDataset(Dataset):
2.
3.      def _init_(self, dataset_path, image_size):
4.          self.transform = transforms.Compose([
5.              transforms.Resize(image_size),
6.              transforms.CenterCrop(image_size),
7.              transforms.ToTensor(),
8.              transforms.Normalize((0.5, 0.5, 0.5), (0.5, 0.5, 0.5)),
9.          ])
10.         self.EYES = ["blue", "red", "yellow", "green", "purple", "brown"]
11.         self.HAIRS = ["blonde", "blue", "pink", "purple", "brown", "black"]
12.         self.img_paths, self.eye_ids, self.hair_ids = self.process(dataset_path)
13.
14.     def process(self, dataset_path):
15.         label_path = os.path.join(dataset_path,"label.txt")
16.         img_paths, eye_ids, hair_ids = [], [], []
17.         with open(label_path, 'r') as f:
18.             lines = f.readlines()
19.             for line in lines:
20.                 name, eye, hair = line.split('\n')[0].split('\t')
21.                 eye = eye.split(":")[1]
22.                 hair= hair.split(":")[1]
23.                 img_path = os.path.join(dataset_path, "images", name)
24.                 eye_id = self.EYES.index(eye)
25.                 hair_id = self.HAIRS.index(hair)
26.                 img_paths.append(img_path)
27.                 eye_ids.append(eye_id)
28.                 hair_ids.append(hair_id)
29.         return img_paths, eye_ids, hair_ids
30.
31.     def _getitem_(self, index):
32.         data = Image.open(self.img_paths[index])
33.         image = self.transform(data)
34.         eye = self.eye_ids[index]
35.         hair = self.hair_ids[index]
36.         return image, eye, hair
37.
38.     def _len_(self):
39.         return len(self.img_paths)
```

编写深度学习代码可能较其他类别代码更容易出错。第一个原因是深度学习代码错误会比较隐蔽，即使程序运行不报错，但内在逻辑可能是错误的。比如在数据集解析中，如果弄错了图片名称，会导致图片和标注不对应，虽然程序表面上仍然能够正常运行，但最后一定无法达到预期结果。第二个是深度学习代码的运行需要大量时间，短时间内无法直接通过训练结果来判断逻辑是否正确，给调试带来了很大的困难。因此，在面对较为复杂的深度学习任务时，建议按照每一模块单独进行测试。比如这里的数据集相对复杂，可以在编写完数据加载部分的代码后，单独测试一下数据集模块是否正常，对于网络模块和训练模块也是如此。这里示范一下如何进行模块的单独测试，下面给出了验证数据集逻辑是否正常的代码，供参考。

```
1. if _name_ == '_main_':
2.     dataset =AnimeDataset(dataset_path="./anime", image_size=64)
3.     data_loader = torch.utils.data.DataLoader(dataset=dataset, batch_size=1,
shuffle=False)
4.     for i, data in enumerate(data_loader):
5.         img, eye, hair = data
6.         img = recover_image(img)[0]
7.         plt.title("eye:" + dataset.EYES[eye]+ "  " + "hair:" + dataset.HAIRS[hair])
8.         plt.imshow(img)
9.         plt.pause(1)
```

加载好数据集之后，开始模型的搭建，仍然从生成器开始。生成器部分和CGAN生成器的区别在于输入维度不同。在CGAN中，所控制的属性只有一个，即手写字的类别，但这一节尝试同时控制两个属性，其中眼睛颜色有6类，头发颜色也有6类。这两个额外信息还是通过onehot编码与随机向量拼接在一起，其中随机向量仍为100维，所以第一层转置卷积的输入通道维数为112维。具体实现代码如下。

```
1. class Generator(nn.Module):
2.     def _init_(self, num_channel=3, nz=100, neye=6, nhair=6, ngf=64):
3.         super(Generator, self)._init_()
4.         self.neye = neye
5.         self.nhair = nhair
6.
7.         self.main = nn.Sequential(
8.             # 输入维度 (100+6+6) x 1 x 1
9.             nn.ConvTranspose2d(nz + neye + nhair, ngf * 8, 4, 1, 0, bias=False),
10.            nn.BatchNorm2d(ngf * 8),
11.            nn.ReLU(True),
12.            # 特征维度 (ngf* 8) x 4 x 4
13.            nn.ConvTranspose2d(ngf * 8, ngf * 4, 4, 2, 1, bias=False),
14.            nn.BatchNorm2d(ngf * 4),
15.            nn.ReLU(True),
16.            # 特征维度 (ngf* 4) x 8 x 8
17.            nn.ConvTranspose2d(ngf * 4, ngf * 2, 4, 2, 1, bias=False),
18.            nn.BatchNorm2d(ngf * 2),
19.            nn.ReLU(True),
```

```
20.             # 特征维度 (ngf* 2) x 16 x 16
21.             nn.ConvTranspose2d(ngf * 2, ngf, 4, 2, 1, bias=False),
22.             nn.BatchNorm2d(ngf),
23.             nn.ReLU(True),
24.             # 特征维度 (ngf) x 32 x 32
25.             nn.ConvTranspose2d(ngf, num_channel, 4, 2, 1, bias=False),
26.             nn.Tanh()
27.             # 特征维度(num_channel) x 64 x 64
28.         )
29.         self.apply(weights_init)
30.
31.     def forward(self, input_z, eye, hair):
32.         eye =onehot(eye, self.neye)
33.         hair =onehot(hair, self.nhair)
34.         input_ = torch.cat((input_z, eye, hair), dim=1)
35.         n, c = input_.size()
36.         input_ = input_.view(n, c,1, 1)
37.         return self.main(input_)
```

判别器代码如下所示，输入信息仅为图片。之后的 main 部分，除了第一层卷积的输入维度外，其他部分和 CGAN 的判别器主体相同。main 提取的特征会输入到三个并行的模块，即 discriminator，eye_classifier 和 hair_classifier。其中 discriminator 是域分类器，用来判断图片的真假，eye_classifier 是眼睛颜色分类器，hair_classifier 是头发颜色分类器。代码中有个细节，即 discriminator 中有激活函数 sigmoid，但两个颜色分类器中不含有激活函数。这是因为 discriminator 使用的是 BCELoss，后两者使用的是 CrossEntropyLoss。PyTorch 的 CrossEntropyLoss 实现中，对输入已经进行了 Softmax 变换，所以不需要再添加激活函数。

```
1. class Discriminator(nn.Module):
2.     def _init_(self, num_channel=3, neye=6, nhair=6, ndf=64):
3.         super(Discriminator, self)._init_()
4.         self.main = nn.Sequential(
5.             # 输入维度 num_channel x 64 x 64
6.             nn.Conv2d(num_channel, ndf, 4, 2, 1, bias=False),
7.             nn.LeakyReLU(0.2, inplace=True),
8.             # 特征维度 (ndf) x 32 x 32
9.             nn.Conv2d(ndf, ndf * 2, 4, 2, 1, bias=False),
10.            nn.BatchNorm2d(ndf * 2),
11.            nn.LeakyReLU(0.2, inplace=True),
12.            # 特征维度 (ndf* 2) x 16 x 16
13.            nn.Conv2d(ndf * 2, ndf * 4, 4, 2, 1, bias=False),
14.            nn.BatchNorm2d(ndf * 4),
15.            nn.LeakyReLU(0.2, inplace=True),
16.            # 特征维度 (ndf* 4) x 8 x 8
```

```
17.             nn.Conv2d(ndf * 4, ndf * 8, 4, 2, 1, bias=False),
18.             nn.BatchNorm2d(ndf * 8),
19.             nn.LeakyReLU(0.2, inplace=True),
20.         )
21.
22.         self.discriminator = nn.Sequential(
23.             # 特征维度 (ndf* 8) x 4 x 4
24.             nn.Conv2d(ndf * 8, 1, 4, 1, 0, bias=False),
25.             nn.Sigmoid()
26.         )
27.         self.avg_pool = nn.AdaptiveAvgPool2d(1)
28.         self.eye_classifier = nn.Linear(ndf * 8, neye)
29.         self.hair_classifier = nn.Linear(ndf * 8, nhair)
30.
31.         self.apply(weights_init)
32.
33.     def forward(self, images):
34.         n = images.shape[0]
35.         feature = self.main(images)
36.         real_fake = self.discriminator(feature)
37.         feature = self.avg_pool(feature)
38.         feature = feature.view(n,-1)
39.         c_eye = self.eye_classifier(feature)
40.         c_hair = self.hair_classifier(feature)
41.         real_fake = real_fake.view(-1)
42.         c_eye = c_eye.view(n,-1)
43.         c_hair = c_hair.view(n,-1)
44.         return real_fake, c_eye, c_hair
```

使用如下代码片段，验证模型代码是否正常构建。运行后可以看到生成器的输出维度为[8,3,64,64]，判别器输出维度分别为［8］、［8,6］、［8,6］，符合预期。

```
1.  if _name_ == "_main_":
2.      from data import onehot
3.      device ="cpu"
4.      BATCH_SIZE, NUM_EYE, NUM_HAIR, NZ =8, 6, 6, 100
5.      input_eye = (torch.rand(BATCH_SIZE,1) * NUM_EYE).type(torch.LongTensor).
squeeze().to(device)
6.      input_hair = (torch.rand(BATCH_SIZE,1) * NUM_HAIR).type(torch.LongTensor).
squeeze().to(device)
7.      netG = Generator().to(device)
8.      netD = Discriminator().to(device)
9.      noise = torch.randn(BATCH_SIZE, NZ, device=device)
10.     images =netG(noise, input_eye, input_hair).detach().cpu()
11.     print("生成器输出图片尺寸:\t", images.shape)
```

```
12.      output_d, output_eye, output_hair =netD(images)
13.      print("判别器输出尺寸:\t 真假:{},眼睛类别:{},头发类别:{}".format(output_d.shape,
output_eye.shape, output_hair.shape))
```

输出信息如下：

```
1.  生成器输出图片尺寸:[8,3,64,64]
2.  判别器输出尺寸:真假:[8],眼睛类型:[8,6],头发类型:[8,6]
```

下面完成最后一步，即编写训练代码。其中判别器总损失是域分类损失、眼睛颜色分类损失以及头发颜色分类损失三者加权之和，除此之外的代码与 CGAN 训练代码一致。在监督任务和非监督任务上分别有两种做法来快速验证训练代码逻辑是否正确。监督任务上一般是使用小数据集训练，看模型能否快速到达过拟合的状态。若无法实现小数据集上的过拟合，说明训练代码有误。而在 GAN 这样的非监督任务上，直观的方法是添加生成图片输出，观察随着迭代的进行，人眼看来生成图片轮廓是否变得更加清晰有规律。若长时间训练后，生成图片仍然为无规律的噪点，证明训练代码有误，应该再次细心检查。ACGAN 的训练代码如下。

```
1.  fix_noise = torch.randn(BATCH_SIZE, NZ, device=device)
2.  fix_input_eye = torch.LongTensor([(i // 4) % NUM_EYE for i in range(BATCH_SIZE)]).
squeeze().to(device)
3.  fix_input_hair = torch.LongTensor([(i % 4) % NUM_HAIR for i in range(BATCH_SIZE)]).
squeeze().to(device)
4.
5.  img_list = []
6.  G_losses = []
7.  D_losses = []
8.  iters = 0
9.  loss_weights = [1.5, 0.75, 0.75]
10.
11. print("开始训练≫")
12. for epoch in range(EPOCH):
13.
14.     if epoch % 3 == 0:
15.         print("正在保存网络并评估...")
16.         save_network(MODEL_G_PATH,netG, epoch)
17.         with torch.no_grad():
18.             fake_imgs = netG(fix_noise, fix_input_eye, fix_input_hair).detach().cpu
()
19.             images = recover_image(fake_imgs)
20.             full_image = np.full((4 * 64, 4 * 64, 3), 0, dtype="uint8")
21.             for i in range(16):
22.                 row = i //4
```

```
23.                 col = i % 4
24.                 full_image[row* 64:(row + 1)* 64,col* 64:(col +1)* 64, :]= images[i]
25.         plt.imshow(full_image)
26.         plt.imsave("{}.png".format(epoch), full_image)
27.
28.     for data in data_loader:
29.         #################################################
30.         # 更新判别器 D: 最大化 log(D(x)) + log(1 - D(G(z)))
31.         # 等同于最小化 - log(D(x)) - log(1 - D(G(z)))
32.         #################################################
33.         netD.zero_grad()
34.         real_imgs, input_eye, input_hair = data
35.         input_eye = input_eye.to(device)
36.         input_hair = input_hair.to(device)
37.         # 来自数据集的样本
38.         real_imgs = real_imgs.to(device)
39.         b_size = real_imgs.size(0)
40.         label = torch.full((b_size,), real_label,dtype=torch.float, device=device)
41.         # 使用判别器对数据集样本做判断
42.         output_d, output_eye, output_hair =netD(real_imgs)
43.         # 计算交叉熵损失 -log(D(x))
44.         errD_real = criterion_bce(output_d, label)
45.         errD_eye = criterion_ce(output_eye, input_eye)
46.         errD_hair = criterion_ce(output_hair, input_hair)
47.         errD_real_total = loss_weights[0]* errD_real + loss_weights[1]* errD_eye
+ loss_weights[2]* errD_hair
48.         # 对判别器进行梯度回传
49.         errD_real_total.backward()
50.         D_x = output_d.mean().item()
51.
52.         # 生成随机向量
53.         noise = torch.randn(b_size, NZ, device=device)
54.         # 生成随机标签
55.         input_eye = (torch.rand(BATCH_SIZE,1) * NUM_EYE).type(torch.LongTensor).
squeeze().to(device)
56.         input_hair = (torch.rand(BATCH_SIZE,1) * NUM_HAIR).type(torch.LongTensor).
squeeze().to(device)
57.         # 来自生成器生成的样本
58.         fake =netG(noise, input_eye, input_hair)
59.         label.fill_(fake_label)
60.         # 使用判别器对生成器生成样本做判断
61.         output_d, output_eye, output_hair =netD(fake.detach())
62.         # 计算交叉熵损失 -log(1 - D(G(z)))
```

```
63.         errD_fake = criterion_bce(output_d, label)
64.         errD_eye = criterion_ce(output_eye, input_eye)
65.         errD_hair = criterion_ce(output_hair, input_hair)
66.         errD_fake_total = loss_weights[0]* errD_fake + loss_weights[1]* errD_eye
+ loss_weights[2]* errD_hair
67.         #对判别器进行梯度回传
68.         errD_fake_total.backward()
69.         D_G_z1 = output_d.mean().item()
70.
71.         #对判别器计算总梯度,-log(D(x))-log(1 - D(G(z)))
72.         errD = errD_real_total + errD_fake_total
73.         #更新判别器
74.         optimizerD.step()
75.
76.         ##################################################
77.         #更新判别器 G:最小化 log(D(x)) + log(1 - D(G(z))),
78.         #等同于最小化 log(1 - D(G(z))),即最小化-log(D(G(z)))
79.         #也就等同于最小化-(log(D(G(z)))* 1+log(1-D(G(z)))* 0)
80.         #令生成器样本标签值为 1,上式就满足了交叉熵的定义
81.         ##################################################
82.         netG.zero_grad()
83.         #对生成器训练,令生成器生成的样本为真
84.         label.fill_(real_label)
85.         #输入生成器生成的假样本
86.         output_d, output_eye, output_hair =netD(fake)
87.         #对生成器计算损失
88.         errG = criterion_bce(output_d, label)
89.         errG_eye = criterion_ce(output_eye, input_eye)
90.         errG_hair = criterion_ce(output_hair, input_hair)
91.         errG = loss_weights[0]* errG + loss_weights[1]* errG_eye + loss_weights
[2]* errG_hair
92.         #对生成器进行梯度回传
93.         errG.backward()
94.         D_G_z2 = output_d.mean().item()
95.         #更新生成器
96.         optimizerG.step()
97.
98.         #输出损失状态
99.         if iters % 5 == 0:
100.            print('[% d/% d][% d/% d] \tLoss_D: % .4f \tLoss_G: % .4f \tD(x): % .4f \tD
(G(z)): % .4f / % .4f '% (epoch, EPOCH,iters % len(data_loader), len(data_loader),errD.
item(), errG.item(), D_x, D_G_z1, D_G_z2))
101.            d_writer.add(loss=errD.item(), i=iters)
102.            g_writer.add(loss=errG.item(), i=iters)
103.
```

```
104.            #保存损失记录
105.            G_losses.append(errG.item())
106.            D_losses.append(errD.item())
107.
108.            iters += 1
```

下面检验训练是否有效。生成器在不同训练阶段生成的图片如图7.14所示，其中图片下面的数字代表迭代轮数。可以看到从第21轮迭代开始，生成图片便呈现出了一定的规律，但此时图片还比较模糊，难以分清细节。第72轮迭代后，生成图片变得清晰，呈现出固定的头发颜色。150轮迭代后眼睛颜色信息也开始固定，这可能是因为眼睛区域要远小于头发区域，所以不易学习。随着训练的进行，生成图片越来越清晰，颜色信息也越来越准确。同时因为代码中给定的随机向量和额外信息一直不变，可以看到生成图例中人物和颜色信息也没有变化，这说明了模型成功地学会了生成属性可控的动漫人脸。可以看到，此处的生成效果要稍逊于DCGAN的生成效果，这是因为本节采用的数据集质量较selfie2anime数据集差，同时额外的分类任务也使得学习难度加大。

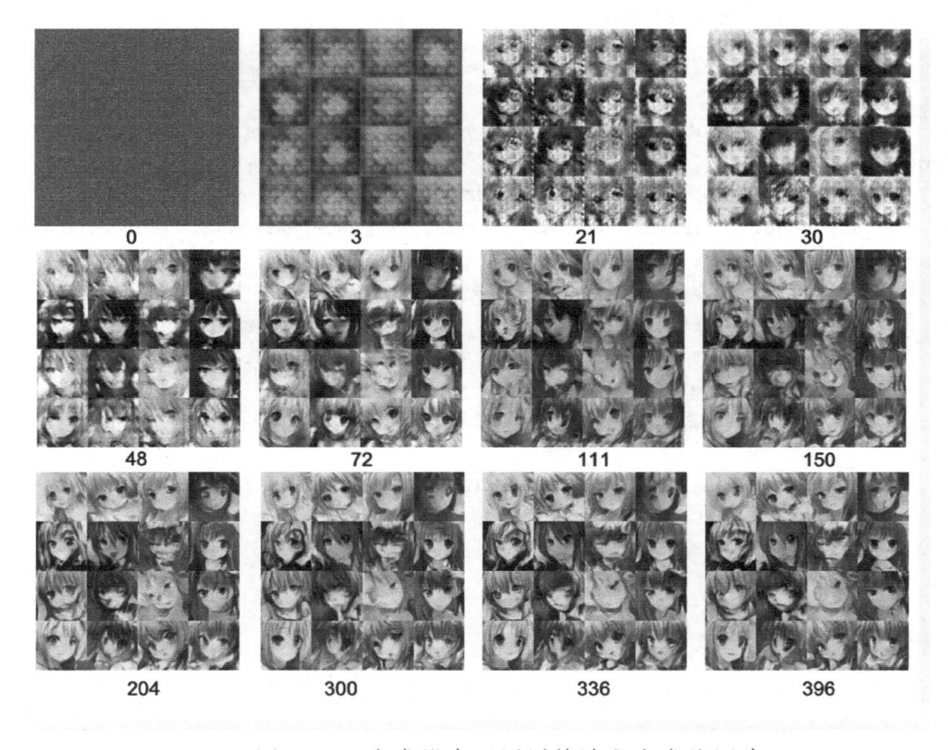

● 图7.14 生成器在不同训练阶段生成的图片

训练过程中的损失变化如图7.15所示，其中判别器的损失不再像DCGAN以及CGAN的训练过程中会呈现一个微小上升再下降的趋势，而是从一开始就迅速下降。这是因为 ACGAN 判别器损失中融合了两个分类损失，它们的值比较大，贡献了明显的下降趋势。与 DCGAN 和 CGAN 相同的是，损失曲线中都存在尖峰凸起，这是生成器与判别器两者博弈状态的体现。

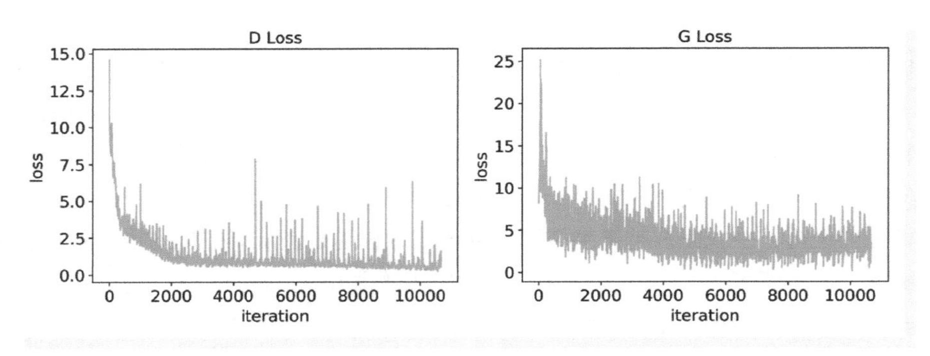

● 图 7.15　ACGAN 损失变化图

接下来使用训练好的模型进行眼睛颜色的控制，代码如下。

```
1.  #眼睛颜色控制
2.  selected_eye = [0, 1]
3.  full_image = np.full((len(selected_eye) * IMAGE_SIZE, BATCH_SIZE * IMAGE_SIZE, 3),
0,dtype="uint8")
4.  fix_noise = torch.randn(BATCH_SIZE, NZ, device=DEVICE)
5.  fix_input_hair = (torch.rand(BATCH_SIZE, 1) * NUM_HAIR).type(torch.LongTensor).
squeeze().to(DEVICE)
6.  for row, num in enumerate(selected_eye):
7.      input_eye = torch.tensor([numfor _ in range(BATCH_SIZE)])
8.      fake_imgs = netG(fix_noise, input_eye, fix_input_hair).detach().cpu()
9.      images = recover_image(fake_imgs)
10.     for i in range(BATCH_SIZE):
11.         col = i
12.         full_image[row * IMAGE_SIZE:(row + 1) * IMAGE_SIZE, col * IMAGE_SIZE:(col +
1) * IMAGE_SIZE, :] = images[i]
13. plt.imshow(full_image)
14. plt.show()
15. plt.imsave("eye.png", full_image)
```

因为眼睛区域较小，而且颜色间区别不大，为了方便观察选择了蓝色眼睛和红色眼睛这两个对比较大的颜色。生成效果如图 7.16 所示，上下两行中给定的头发颜色输入和随机噪声完全相同，只有眼睛颜色输入不同，可以看到第一行眼睛均为蓝色，而第二行均为红色。

接着在保持随机噪声和眼睛颜色不变的前提下，改变头发的颜色输入，代码如下。

● 图 7.16　动漫人物眼睛颜色变化（见彩插）

```
1.  #头发颜色控制
2.  ROW, COL = 3, 9
3.  BATCH_SIZE = ROW * COL
4.  fix_noise = torch.randn(COL, NZ, device=DEVICE).repeat(ROW, 1)
5.  fix_input_eye = torch.LongTensor([4 for _ in range(BATCH_SIZE)])
6.  input_hair = torch.LongTensor([i // COL for i in range(BATCH_SIZE)])
7.  fake_imgs = netG(fix_noise, fix_input_eye, input_hair).detach().cpu()
8.  images = recover_image(fake_imgs)
9.
10. full_images = np.full((IMAGE_SIZE * ROW, IMAGE_SIZE * COL, 3), 0,dtype="uint8")
11. for row in range(ROW):
12.     for col in range(COL):
13.         full_images[row * 64:(row + 1) * 64, col * 64:(col + 1) * 64] = images[row *
COL + col]
14. plt.imshow(full_images)
15. plt.show()
16. plt.imsave("hair.png", full_images)
```

得到的效果如图 7.17 所示。可以看到其中第一行人物的头发为金色，第二行为蓝色，第三行为粉红色。除了头发颜色外，人物五官和眼睛都没有改变。注意，这里每一行的发色并不完全一致，例如金色并不对应着具体的 RGB 值，而是一个颜色区间。

● 图 7.17　动漫人物头发颜色变化（见彩插）

7.5 动漫头像生成 App

7.5.1 头像生成界面设计

本章使用 DCGAN 作为移动端动漫头像生成算法。本示例只需要两个按钮，第一个按钮用于随机生成图像，第二个按钮用于保存生成的图像。随机生成图像的按钮被触发后，需要执行高斯随机数生成以及图像生成任务。为了验证不同随机数作为输入时，所生成的图像是不同的，界面上放置了 12 个 ImageView，分别用于展示 12 张生成图像，界面代码如下。

```
1.  <? xml version="1.0" encoding="utf-8"? >
2.  <LinearLayout xmlns:android="http://schemas.android.com/apk/res/android"
3.      xmlns:app="http://schemas.android.com/apk/res-auto"
4.      xmlns:tools="http://schemas.android.com/tools"
5.      android:layout_width="match_parent"
6.      android:layout_height="match_parent"
7.      android:orientation="vertical"
8.      tools:context=".MainActivity">
9.
10.     <LinearLayout
11.         android:layout_width="match_parent"
12.         android:layout_height="wrap_content"
13.         android:orientation="vertical"
14.         android:layout_weight="1"
15.         >
16.
17.         <TextView
18.             android:layout_width="wrap_content"
19.             android:layout_height="wrap_content"
20.             android:textColor="@color/colorBlack"
21.             android:gravity="center_horizontal"
22.             android:text="@string/generated_image_tip"
23.             android:textSize="20sp" />
24.
25.         <LinearLayout
26.             android:layout_width="match_parent"
27.             android:layout_height="0dp"
28.             android:layout_weight="1"
29.             android:orientation="horizontal"
30.             >
31.             <ImageView
32.                 android:id="@+id/image_view_cartoon_1"
```

```
33.                 android:layout_width="0dp"
34.                 android:layout_height="match_parent"
35.                 android:layout_weight="1"
36.                 />
37.
38.             <ImageView
39.                 android:id="@+id/image_view_cartoon_2"
40.                 android:layout_width="0dp"
41.                 android:layout_height="match_parent"
42.                 android:layout_weight="1"
43.                 />
44.
45.             <ImageView
46.                 android:id="@+id/image_view_cartoon_3"
47.                 android:layout_width="0dp"
48.                 android:layout_height="match_parent"
49.                 android:layout_weight="1"
50.                 />
51.         </LinearLayout>
52.
53.         <! —其余 9 个 ImageView 代码见源码-->
54.     </LinearLayout>
55. </LinearLayout>
```

在上述代码中将 3 个 ImageView 作为一组，12 个 ImageView 共 4 组，其余代码见本章源码。

7.5.2 数据生成与解析

在 Python 中使用 torch. randn 函数获取输入向量，该函数可以一次性地生成高斯随机数组。在 Java 中使用 Random 类对象的 nextGaussian 函数进行高斯随机数的生成，并进一步获取维度为（1，100）的张量 zTensor 作为 DCGAN 的输入。为了生成 12 张尺寸为（64，64，3）的图像使用了 Bitmap 容器 cartoonBmps 存放所有生成的图像，在所有计算完成后统一显示到 12 个 ImageView 上，具体代码如下。

```
1. private voiddcgan() {
2.     // DCGAN 的生成器 G 模型文件名称
3.     String dcganPath = "dcgan_g.pt";
4.
5.     // DCGAN 的输入随机数尺寸
6.     int zDim[] = {1, 100};
7.
8.     // DCGAN 网络的输出图像尺寸
9.     int outDims[] = {64, 64, 3};
```

```
10.
11.      //模型加载见源码,此处省略
12.
13.      //存储生成图像,一共 12 张图
14.      Bitmap[] cartoonBmps = new Bitmap[12];
15.
16.  for(int block=0; block < cartoonBmps.length; block++){
17.          //根据随机数维度进行随机数生成
18.          float[] z = new float[zDim[0]* zDim[1]];
19.          try {
20.              Random rand = new Random();
21.              //生成高斯随机数
22.              for(int c=0; c<zDim[0]* zDim[1];c++){
23.                  z[c]= (float) rand.nextGaussian();
24.              }
25.          } catch (Exception e) {
26.              Log.d("LOG", "can not make random z");
27.          }
28.          long[] shape = {1, 100};
29.          Tensor zTensor = Tensor.fromBlob(z, shape);
30.
31.          try {
32.              // DCGAN 前向推理
33.              Tensor cartoonT = dcganModule.forward(IValue.from(zTensor)).toTensor();
34.              float[] cartoonArr = cartoonT.getDataAsFloatArray();
35.              int index =0;
36.              //创建卡通图像容器数组
37.              float[][][] cartoonImg = new float[outDims[0]][outDims[1]][outDims[2]];
38.              //根据输出的一维数组,解析生成的卡通图像
39.              for (int j = 0; j < outDims[2]; j++) {
40.                  for (int k = 0; k < outDims[0]; k++) {
41.                      for (int m = 0; m < outDims[1]; m++) {
42.                          cartoonImg[k][m][j]= cartoonArr[index]* 127.5f + 127.5f;
43.                          index++;
44.                      }
45.                  }
46.              }
47.              //获取生成的卡通图像
48.              cartoonBmps[block]= Utils.getBitmap(cartoonImg, outDims);
49.
50.          } catch (Exception e) {
```

```
51.             Log.e("LOG", "fail to predict");
52.             e.printStackTrace();
53.         }
54.     }
55.
56.     //将所有生成的图像显示到 ImageView 上
57.     for(int i=0;i<cartoonBmps.length;i++){
58.         predictCartoons[i].setImageBitmap(cartoonBmps[i]);
59.     }
60. }
```

根据前面的设定，基于DCGAN算法的动漫头像生成App界面如图7.18所示。从图中可以看出，不同的随机数生成的动漫头像是不同的，没有出现模型崩溃现象。如果读者想要部署CGAN和ACGAN算法，只需要在Java端对dcgan函数进行更改，对模型的输入添加控制编码即可。

图7.18 动漫头像生成App示例

7.6 拓展阅读

本章介绍的 DCGAN 只是 GAN 家族的成员之一。关于 GAN 的研究远不止本章所介绍的内容，感兴趣的读者可以阅读关于 GAN 的综述文章“Areview on generative adversarial networks：Algorithms，theory，and applications”[19]。为了让读者对 GAN 有更加深入的了解，下面将介绍关于 GAN 的小知识，这些知识能够帮助读者更深入地理解本章提供的动漫头像生成案例，并进行相应的功能扩展。

（1）GAN 的优化问题

GAN 的对抗训练过程可能存在的不稳定问题或者是出现模式崩溃现象，比如生成的图像全都趋向于某种固定的模式，研究人员提出了相应的改进方法，具体实现可阅读文章 Improved training of wasserstein GANs[20]。

（2）通过文本生成图像 StackGAN

本章介绍的 DCGAN 是通过“高斯随机数值”生成目标图像的，不能控制图片的具体内容。在“Text to photo-realistic image synthesis with stacked generative adversarial networks”[21]一文中介绍了一种根据“描述语”生成对应图像的方法，比如输入“This bird is grey with white on its chest and has a very short beak”，StackGAN 通过嵌入向量可以生成符合该描述的目标图像。

（3）生成更高分辨率的图像

高分辨率图像的细节更加丰富，与此同时其生成难度也更大。7.1 节展示了由 BigGAN 生成的人造图像，BigGAN 是一种大型网络结构，并使用了截断技巧实现了 512 x 512 的高质量图像生成功能，同时保证了生成图像的多样性。

7.7 本章小结

本章首先从 DCGAN 出发，在 7.2 节中介绍了生成式对抗网络的原理，并通过构建动漫人脸生成任务详细阐述了实现细节。接着在 DCGAN 的基础上，在 7.3 和 7.4 节中分别介绍了 CGAN 与 ACGAN 这两种 GAN 的变种算法，在尽可能复用 DCGAN 代码框架的前提下，完成了手写字生成和可控属性动漫人脸生成的任务，并展示了一些有趣的现象与结论。最后在 7.5 节中以动漫人脸生成模型为例，展示了在 Android 设备上的部署流程，实现了基于移动端的 GAN 推理。

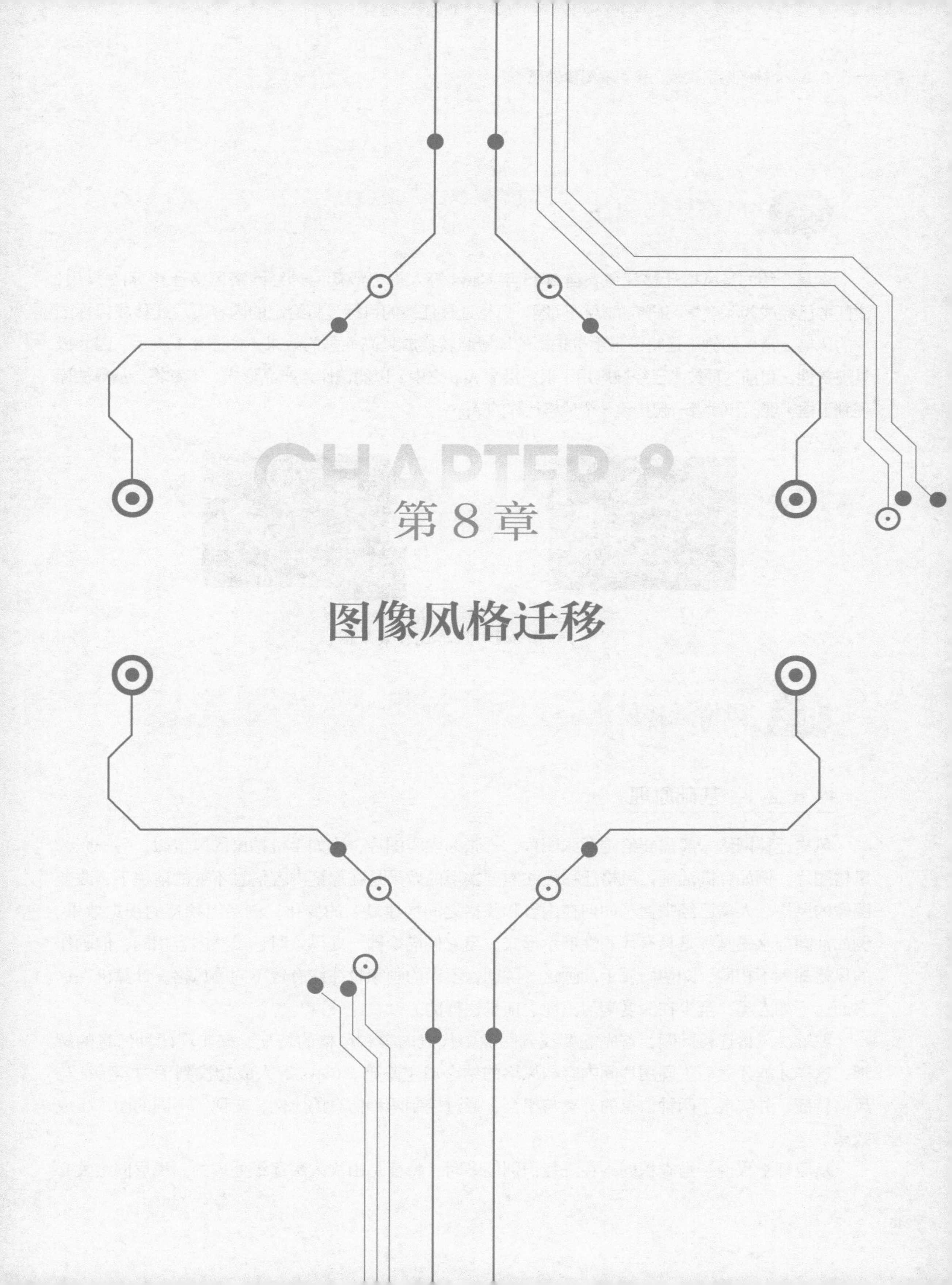

第8章 图像风格迁移

8.1 风格迁移概述

本章介绍的是风格迁移任务，自 2015 年 Gatys 等人提出最初的神经网络风格迁移算法[23]后，该任务已经成为深度学习研究的热门问题。风格迁移任务的目标是将给定的内容图片迁移成目标图片的风格。常见的例子是将一张手机拍摄的风景照转换成梵高油画的效果，如图 8.1 所示。因为极具观赏性，目前这项技术已经被应用于很多摄像 App 之中，以滤镜作为产品形式。本章将会从算法原理到工程实现，和读者一起构建一个风格迁移的 App。

• 图 8.1　风格迁移效果图

8.2 风格迁移网络

8.2.1 基础原理

风格迁移网络一般需要给定两张图片，一张为内容图片，比如手机拍摄的风景照，另一张为风格图片，例如梵高油画。风格迁移最终需要实现的效果是在保证内容信息不变的前提下，改变图像的风格。人类已经掌握了如何在内容和风格之间构建复杂的变化，创造出独特的视觉效果。例如油画与水墨画都是具有代表性展示形式，当它们描绘同一处风景时，虽然内容相同，但画作的风格却大不相同，即使同属于油画这一类别，不同的画家也往往有着不同的风格。计算机在这方面远不如人类，至少在深度学习出现之前是这样的。

要解决风格迁移问题，首先需要找到图像中代表内容和风格的特征，来实现两种信息的解耦，这样才能为之后不同图片间内容与风格的结合奠定基础。Gatys 等人成功找到了内容特征与风格特征，并实现了两种信息的分离与组合，通过控制两种信息的比例，实现了不同的图片生成效果。

从原理上来说，当卷积网络在进行识别任务时，特征是由浅入深逐级处理的。浅层网络关心的是实际的像素值，高层网络则关注的是图像中物体的类别，而非像素值。通过图 8.2 所示的风格迁移网络框架图以及后续章节将介绍的重建方法可以看到，当试图从不同层深的卷积特征图中重建原图时，使用越底层的特征重建出来的图像越接近原图，高层特征的重建效果则比较模糊。但即使是最高层特征重建出来的图像，其类别并没有改变，所以网络中高层的特征含有图像的内容信息，将其称之为内容特征。

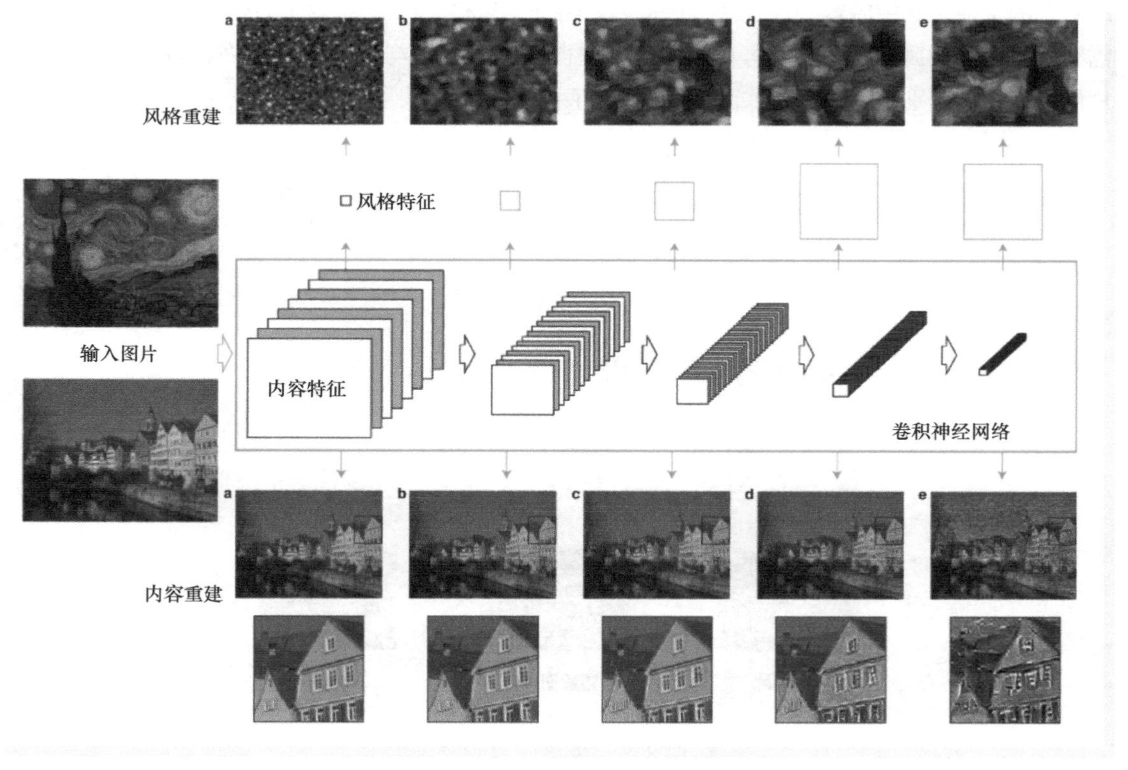

● 图 8.2　风格迁移网络框架图

风格迁移中还使用了一种提取纹理信息的方法，来捕获图像的风格，具体而言该纹理特征表示的是同一卷积层中不同卷积核响应之间的相关性。利用纹理特征以及重建算法就可重建出风格与输入图片相匹配的重建图片。从图 8.2 中可以看到，从不同深度重建出来的生成图片都产生了和输入图片相类似的纹理表现。且重建图像的纹理复杂性随着深度增加，浅层特征重建出来的纹理范围较小且形态单一，而深层特征重建出来的图像中纹理范围更大更复杂，过渡也更为自然。这其实是由于深层特征的感受野增加和复杂性增加导致的，这种多尺度的纹理特征定义为风格特征。

8.2.2 内容特征

了解了基础原理后，接着来分析内容特征以及重建方法的实现细节。如图 8.3 所示，这是风格迁移网络的原理图。图中为了表示方便，一共分为三列，这三列共用同一网络。该风格迁移网络包含了三个输入，分别是内容图片、重建图片以及风格图片，它们依次被输入到网络中，并提取对应的特征。其中内容图片是为了提取内容特征，风格图片是用来提取风格特征，重建图片则需要计算自身的风格特征与内容特征，并且使得这两个特征与内容图片的内容特征以及风格图片的风格特征分别保持一致，如图 8.3 中左右两边的双向箭头所示。

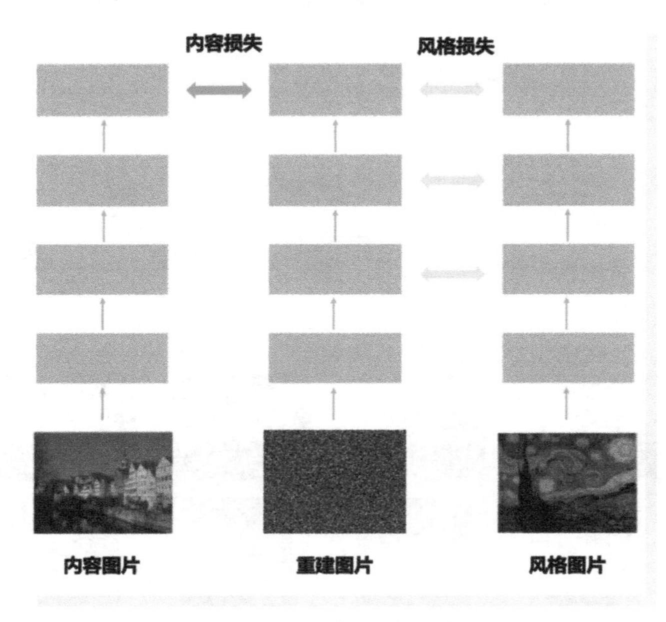

图 8.3　风格迁移网络原理图

为了方便描述，这里定义了一些数学化符号。令输入图片为 x，位于第 l 层的卷积层有N_l个卷积核，所以图片 x 在经过第 l 层后会产生N_l个特征响应。每个特征响应的尺寸为M_l，这里的M_l等于特征响应的长乘以宽。所以，可以将第 l 层的特征表示为$F^l \in R^{N_l \times M_l}$，$F^l_{ij}$也就代表了图片经过第 l 层产生的特征响应在第 i 个通道上位置 j 处的值。

内容特征其实就是网络中高层的特征响应。令内容图片为 p，对应的第 l 层特征也就是P^l，重建图片为 x，对应的第 l 层特征也就是F^l。网络优化的目标之一是使得P^l与F^l越接近越好，这就是内容损失，公式化描述如下所示：

$$L_{\text{content}}(p,x,l) = \frac{1}{2}\sum_{i}^{N_l}\sum_{j}^{M_l}(F^l_{ij} - P^l_{ij})^2$$

要想使得网络的高层特征表示内容特征，还有一个必备的条件，即该网络的参数必须要有意义。试想如果网络参数均为 0，那么对于所有的输入图片，计算得到的内容特征都是相等的，则内容损失始终为 0。所以在风格迁移任务中，迁移网络其实是在分类任务上训练好的模型，一般使用 VGG 的网络结构作为风格迁移网络。本任务和之前章节的任务相比有个不同之处：在前面的任务中为了实现损失下降，是采用反向传播算法对模型参数进行更新；但在本节中，网络参数始终保持不变，反向传播优化的对象是重建图片，通过不断改变重建图片，使得内容损失越来越小。

8.2.3 风格特征

风格损失的计算相对于内容损失的计算更加复杂一些。这里使用了一个提取纹理的方法进行风格特征计算，称之为 Gram 矩阵。风格特征计算的是同一层中不同通道间特征响应的相关性。该特征相关性用G^l表示，有$G^l \in R^{N_l \times N_l}$。$G^l$中的每一个数值$G_{ij}^l$则代表第 l 层中第 i 个卷积核的特征响应和第 j 个卷积核特征响应间向量相乘之后的结果，公式化描述如下：

$$G_{ij}^l = \sum_k F_{ik}^l F_{jk}^l$$

因为文字描述过于抽象，图 8.4 所示的风格特征计算示意图则表示得更加清晰。

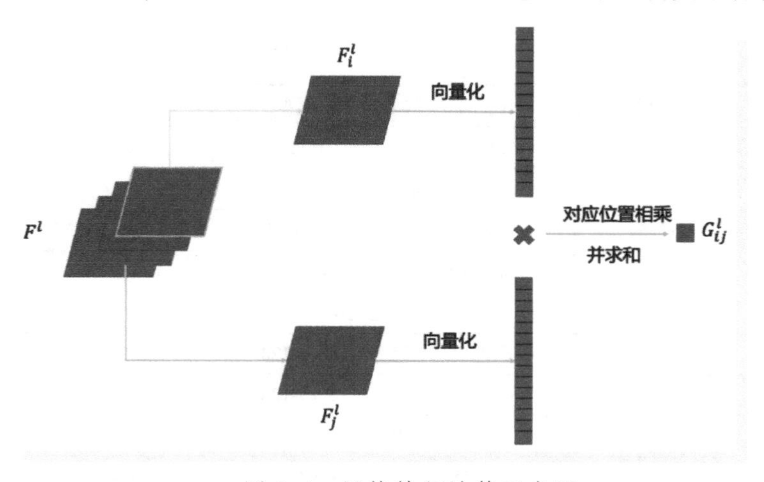

图 8.4　风格特征计算示意图

假设风格图片与重建图片分别为 a 和 x，对应的第 l 层风格特征分别为A_l和G_l，则该层的风格损失就是两者之间差距的平方和，公式化描述如下：

$$E_l = \frac{1}{4N_l^2 M_l^2} \sum_{i,j} (G_{ij}^l - A_{ij}^l)^2$$

这里仅仅是第 l 层的特征，如图 8.3 所示，其实会在不止一层使用到风格损失，所以总的风格损失应该为多层风格损失的加权求和，w_l是不同层对应的权重，公式如下：

$$L_{\text{style}}(a,x)=\sum_{l=0}^{L} w_l E_l$$

至此本章已经介绍了内容损失与风格损失。网络最终优化的目标也就是两个损失的加权和，权重α和β能够决定重建图片所侧重的方向，比如α/β越大，重建图片将会更多地保留内容，反之，重建图片的风格则更接近风格图片，公式化描述如下。

$$L_{\text{total}}(p,a,x)=\alpha L_{\text{content}}(p,x)+\beta L_{\text{style}}(a,x)$$

8.2.4 重构网络

风格迁移模型一般采用的网络架构是 VGG。有研究表明其他网络结构大都需要一些额外操作才能获得和 VGG 相媲美的表现，因此本章也直接使用 VGG 来进行风格迁移。

VGG 是 2014 年 ILSVRC 比赛的亚军。它的网络架构非常简单直接，只通过反复地堆叠 3×3 的卷积层和 2×2 的最大池化层，以及应用全连接层来构建深层神经网络。VGG 架构一共有 11 层、13 层、16 层、19 层这几种不同的实现。这里统计的层数只包含了具有参数的层，因此最大池化层和 Softmax 层将不计入内。其结构如表 8.1 所示，其中使用较多的为 16 层的 VGG16 和 19 层的 VGG19。

表 8.1 VGG 网络架构

A 模型	A-LRN 模型	B 模型	C 模型	D 模型	E 模型
11 层	11 层	13 层	16 层	16 层	19 层
输入图片					
conv3-64	conv3-64	conv3-64	conv3-64	conv3-64	conv3-64
—	LRN	conv3-64	conv3-64	conv3-64	conv3-64
最大池化层					
conv3-128	conv3-128	conv3-128	conv3-128	conv3-128	conv3-128
—	—	conv3-128	conv3-128	conv3-128	conv3-128
最大池化层					
conv3-256	conv3-256	conv3-256	conv3-256	conv3-256	conv3-256
conv3-256	conv3-256	conv3-256	conv3-256	conv3-256	conv3-256
—	—	—	conv3-256	conv3-256	conv3-256
—	—	—	—	—	conv3-256
最大池化层					
conv3-512	conv3-512	conv3-512	conv3-512	conv3-512	conv3-512
conv3-512	conv3-512	conv3-512	conv3-512	conv3-512	conv3-512

（续）

A 模型	A-LRN 模型	B 模型	C 模型	D 模型	E 模型
—	—	—	conv3-512	conv3-512	conv3-512
—	—	—	—	—	conv3-512
最大池化层					
conv3-512	conv3-512	conv3-512	conv3-512	conv3-512	conv3-512
conv3-512	conv3-512	conv3-512	conv3-512	conv3-512	conv3-512
—	—	—	conv3-512	conv3-512	conv3-512
—	—	—	—	—	conv3-512
最大池化层					
全连接层-4096					
全连接层-4096					
全连接层-1000					
Softmax 层					

如前所述，重建网络需要经过分类任务的训练才具有提取内容和风格特征的基础，即见过的图片类别足够多，网络得到的内容特征将更加精准。因此，本章将基于 ImageNet 数据集训练重建网络。但因为 ImageNet 数据集过于庞大，需要耗费大量资源从头训练，不适合普通用户。所以本章将直接使用 torchvision 库中实现的 VGG19 和 VGG16，其网络权重也可以通过调用官方 API 加载。

8.2.5 风格迁移代码实现

下面来实现内容损失与风格损失。因为需要多次用到两个损失函数，这里对其进行封装。可以将自定义损失类抽象化一个网络层，这样方便将其直接嵌入到网络中的不同位置。自定义损失类是 nn. Module 的子类，只需要复写其中的 forward 方法。

如前所述，内容损失其实是重建图片高层特征与内容图片高层特征的均方损失，可使用 nn. MSELoss 进行损失的计算，代码如下。这里需要注意的是，target 变量是内容图片对应的高层特征，它是通过将内容图片输入重建网络中提取到的。因此，在前向得到 target 的过程中，网络累积了梯度。而内容图片对应的内容特征对网络来说只是一个标签，不应该具备梯度，所以需要使用 detach 函数来分离梯度。这里并没有直接返回损失值，而是将损失值作为对象的成员变量，forward 方法返回的仍然是输入。这样能够方便将损失层嵌入到原有网络中，而不影响原有网络的前向过程。

```
1.  class ContentLoss(nn.Module):
2.      def _init_(self, target):
3.          super(ContentLoss, self)._init_()
4.          # 必须要用 detach 来分离出 target,否则会计算目标值的梯度
5.          self.target = target.detach()
6.          self.criterion = nn.MSELoss()
7.
8.      def forward(self, inputs):
9.          self.loss = self.criterion(inputs, self.target)
10.         return inputs
```

实现风格损失之前，先要实现 Gram 矩阵的算法。因为 Python 的循环运算比较慢，这里直接给出向量化的写法。注意对于风格迁移算法，批大小也就是如下代码中的变量 a 其实始终为 1，因为在风格迁移任务中，网络只需要对一张重建图片反复优化。

```
1.  class GramMatrix(nn.Module):
2.      def forward(self, inputs):
3.          a, b, c, d = inputs.size()
4.          features = inputs.view(a * b, c * d)
5.          G = torch.mm(features, features.t())
6.          return G.div(a * b * c * d)
```

有了 Gram 矩阵之后，风格损失实现起来就比较简单了，采用和内容损失相似的写法，代码如下。

```
1.  class StyleLoss(nn.Module):
2.      def _init_(self, target):
3.          super(StyleLoss, self)._init_()
4.          self.gram =GramMatrix()
5.          self.target = self.gram(target).detach()
6.          self.criterion = nn.MSELoss()
7.
8.      def forward(self, inputs):
9.          self.G = self.gram(inputs)
10.         self.loss = self.criterion(self.G, self.target)
11.         return inputs
```

接下来，实现重建网络。如前所述，本章将直接使用 torchvision 中实现的 VGG19。重建网络命名为 Transfer，使用了 conv_4 层的特征作为内容特征，使用 conv_1 ~ conv_5 层的特征计算风格损失。

```
1.  class Transfer(nn.Module):
2.      def _init_(self, style_img, content_img, device):
3.          super(Transfer, self)._init_()
```

```
4.         self.device = device
5.         self.style_img = style_img
6.         self.content_img = content_img
7.         self.content_layers = ['conv_4']
8.         self.style_layers = ['conv_1', 'conv_2', 'conv_3', 'conv_4', 'conv_5']
9.         self.content_losses = []
10.        self.style_losses = []
11.        basenet = torchvision.models.vgg19(pretrained=True).features.to(device)
12.        self.basenet = self.build_model(basenet)
```

因为需要在不同层进行损失计算，所以需要重新读取 VGG19 的结构将损失层嵌入其中。这部分的逻辑实现于初始化代码最后一行的 build_model 方法中。这里有两个需要注意的地方。一个是在网络最开始加入了数据归一化层，这是为了和 ImageNet 预训练的 VGG19 的输入处理保持一致，其实也可以像前面章节一样，将数据归一化放在 transforms 列表中。另外一个是在加载 ReLU 层的时候，这里特意使得 inplace 参数为 False。这是因为在 VGG19 中，卷积层之后便是 ReLU 层，卷积层在进行反向梯度计算的时候是需要原始输出的。如果在 ReLU 层中令 inpalce 参数为 True，则会导致原始输出被更改。这就导致了卷积层得到的梯度是错误的，为了避免这一点令该项为 False。

```
1. def build_model(self, net):
2.         i = 1
3.         normalization = Normalization(mean=(0.485, 0.456, 0.406), std=(0.229, 0.
224, 0.225), device=self.device)
4.         model = nn.Sequential(normalization)
5.
6.         for layer in list(net):
7.             if isinstance(layer, nn.Conv2d):
8.                 name = "conv_" + str(i)
9.                 model.add_module(name, layer)
10.
11.            if isinstance(layer, nn.ReLU):
12.                name = "relu_" + str(i)
13.                #注意这里需要将 inplace 修改为 False
14.                model.add_module(name, nn.ReLU(inplace=False))
15.                i += 1
16.
17.            if isinstance(layer, nn.MaxPool2d):
18.                name = "pool_" + str(i)
19.                model.add_module(name, layer)
20.
21.            if isinstance(layer, nn.BatchNorm2d):
22.                name = "" + str(i)
```

```
23.                 model.add_module(name, layer)
24.
25.             if name in self.content_layers:
26.                 target_feature = model(self.content_img)
27.                 content_loss = ContentLoss(target_feature)
28.                 model.add_module("content_loss_" + str(i), content_loss)
29.                 self.content_losses.append(content_loss)
30.
31.             if name in self.style_layers:
32.                 target_feature = model(self.style_img)
33.                 style_loss = StyleLoss(target_feature)
34.                 model.add_module("style_loss_" + str(i), style_loss)
35.                 self.style_losses.append(style_loss)
36.
37.             if i == 6:
38.                 return model
```

模型搭建完成后，便可以开始进行测试了。注意在这一节中，测试阶段其实也是训练阶段，因为在训练中将不断计算前向计算损失，然后利用反向传播算法将梯度传导到图像上，执行图像的更新。随着训练的进行，生成图像的质量不断变优。下面基于以上工具来加载图片与模型，代码如下。

```
1.  import torch
2.  from torch import optim
3.  from model import Transfer
4.  from utils import get_image_shape, get_image, show_image, save_image
5.
6.  device = 'cuda:0' if torch.cuda.is_available() else 'cpu'
7.
8.  #加载图片
9.  CONTENT_IMAGE_PATH = "./images/content.png"
10. STYLE_IMAGE_PATH = "./images/style.png"
11.
12. w, h = get_image_shape(CONTENT_IMAGE_PATH)
13. new_h, new_w = 256, int(256 / h * w)
14.
15. content_image = get_image(CONTENT_IMAGE_PATH, new_h, new_w).to(device)
16. style_image = get_image(STYLE_IMAGE_PATH, new_h, new_w).to(device)
17.
18. #加载模型
```

```
19. model = Transfer(style_image, content_image, device)
20. net = model.basenet.to(device).eval()
21.
22. #定义损失
23. style_losses = model.style_losses
24. content_losses = model.content_losses
```

接着定义需要优化的图片，也就是输入图片。输入图片有两种定义方式，一种是使用随机数生成，另一种就是直接复制内容图像。这两种初始化方式的生成效果会略有不同，读者可以使用如下代码进行尝试。

```
1.  # 定义输入
2.  input_image = torch.randn(content_image.data.size()).cuda()
3.  # input_image = content_image.clone().to(device)
```

这里使用的是 LBFGS 优化器，优化对象是输入图片，使用如下代码进行定义。

```
1.  optimizer = optim.LBFGS([input_image.requires_grad_()])
```

LBGFS 与其他方法不同的是，Adam 以及 SGD 等优化算法只需要调用一次前后向就能完成参数更新，但是 LBGFS 需要完成多次前后向计算，才会做一次参数更新。所以下面定义了一个 closure 函数，在这个函数内，需要完成梯度清空、前向传播、损失计算以及后向传播的操作。之后将 closure 函数作为形参，传递给优化器 optimizer 的 step 函数。optimizer 在执行 step 函数时，就会自动多次调用 closure 函数。读者可以在 closure 函数中添加输出，用以观察 closure 函数在一次循环中被调用了多少遍。具体实现代码如下。

```
1.  print("Start training.....")
2.  step = 0
3.  while step < 500:
4.      def closure():
5.          global step
6.          input_image.data.clamp_(0, 1)
7.          optimizer.zero_grad()
8.          net(input_image)
9.          style_score = 0
10.         content_score = 0
11.         for style_loss in style_losses:
12.             style_score = style_score + 100000 *  style_loss.loss
13.         for content_loss in content_losses:
```

```
14.             content_score = content_score + content_loss.loss
15.         loss = style_score + content_score
16.         loss.backward()
17.         if step % 10 == 0:
18.             print("step:", step, " style_loss:", style_score.data, " content_loss:", content_score.data)
19.         step += 1
20.         return loss
```

最后查看训练的成果。因为没有对输入图片的值的范围做约束，经过网络的迭代优化后，一些值可能超出了范围。因此，需要将像素值裁剪到 0~1 的范围内。如图 8.5 所示，可以看到生成图片在没有变化内容的基础上，成功迁移到图 8.5 所示的 3 种不同的油画风格上。

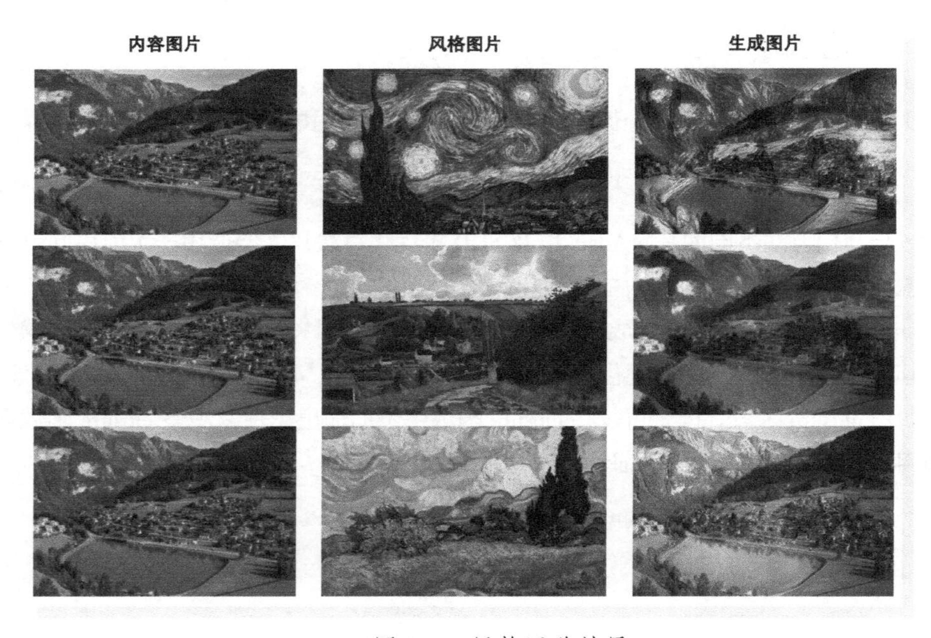

● 图 8.5　风格迁移效果

```
1.  input_img = input_image.clamp(0, 1)
2.  show_image(input_img)
3.  save_image(input_img, "output")
```

在以上的例子中使用的 $\alpha/\beta=1/100000$。下面尝试使用不同的比值，观察生成图片在内容和风格上的不同侧重。如图 8.6 所示，其中图片上方的数值代表 β，α 始终为 1。可以看到当 α/β 大于 1/100 时，风格特征并不明显。随着 α/β 不断减小，风格特征越发明显。最后当 $\alpha/\beta=1/1000000$时，生成图片中已经无法看出原图的内容，只剩下抽象的风格。

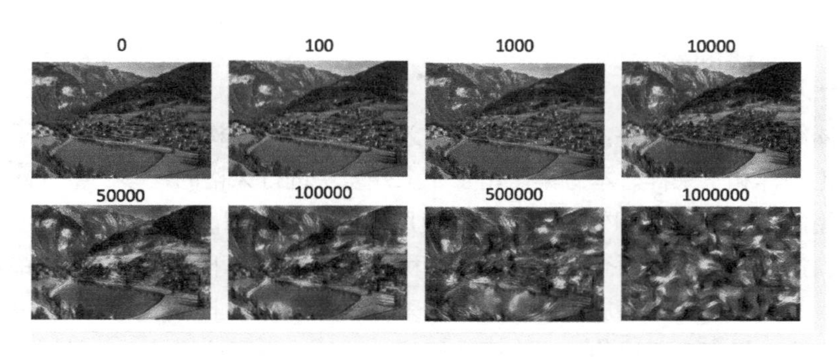

● 图 8.6 α/β 在不同比例下的生成效果（见彩插）

8.3 快速风格迁移

前文已经实现了风格迁移，但是想要将该算法移植到手机 App 上还需要解决三个问题。一是目前的重建方法依赖训练过程，而大多数的移动端深度学习框架只支持推理而不支持训练，难以部署；二是目前的生成需要完成几百个迭代的训练，这在算力不够的移动端上是较为耗时的，可能需要数十分钟乃至数小时；三是重建网络为预先训练的 VGG19，它拥有百兆级别的权重，这对于移动端应用来说也是一项非常大的资源占用。因此，下面介绍一种快速风格迁移[24]的方式。在快速风格迁移中，只需要将图片输入到生成网络执行推理过程就能够得到需要的生成图片。

本节遵循论文“Perceptual losses for real-time style transfer and super-resolution”中设定的方法进行实现。如图 8.7 所示，快速风格迁移网络由两个部分组成：图像风格转换网络f_W和损失网络 Φ。图像风格转换网络是一个深度残差网络，它的作用是将内容图片 x 转换为合成图片$\hat{y}$。损失网络的作用是计算生成图片$\hat{y}$与内容图片 x 以及风格图片y_s之间的差异。和上一节相同，这里同样有内容损失l_{feat}^{Φ}和风格损失l_{style}^{Φ}。在训练过程中，输入图片 x 是不同的，但风格图片y_s始终不变。该方法的原理是对每一种风格训练一个图像转换网络，当训练完毕，它就拥有了将任何输入转换为对应风格的能力。

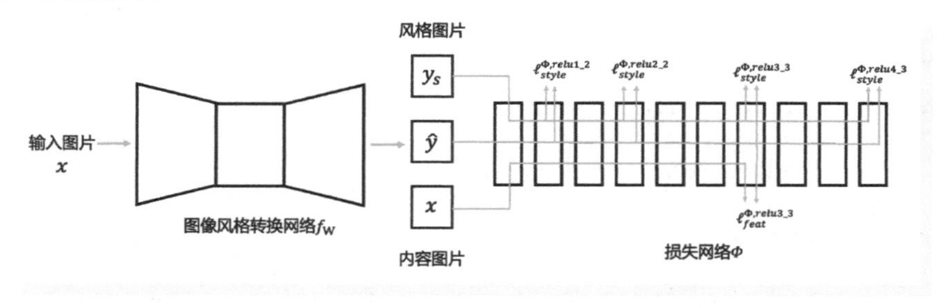

● 图 8.7 快速风格迁移网络架构

8.3.1 生成网络

设计生成网络遵循的原则是：使用残差块作为网络的基础结构，使用步长大于 1 的卷积替代池化层来进行上采样和下采样。本方案使用了 5 个残差块进行风格的迁移。整个网络除了第一层和最后一层使用的是 9×9 的卷积外，其他层都使用的是 3×3 卷积。

具体来说，这里会先使用两个步长为 2 的卷积来对输入进行下采样，之后便跟着 5 个残差块进行风格迁移。最后使用两个缩放因子为 2 的上采样层进行特征上采样，用以恢复到和输入相同的大小。这种先降采样再升采样的方式有两个好处，一是减小了计算量，二是增大了感受野。因为高质量的风格迁移需要以连贯的方式改变图像，所以网络具有大的有效感受野是有利的。这种架构在生成类任务以及分割类任务上很常见。

8.3.2 损失网络

损失网络 Φ 是一个在 ImageNet 上预训练的 VGG16。这里的内容损失定义如下所示，其含义与 8.2 节中所介绍的相同，也是计算内容图片和生成图片对应特征间差值的平方和。如前所述，令输入图片为 x，生成图片为$\hat{y}$。$\Phi_j\ (x)$ 也就代表了生成网络 Φ 中第 j 层的响应，其响应大小为 $C_j \times H_j \times W_j$。这里同样强调了 j 需要为高层，因为使用底层特征会导致生成图片和输入图片在像素上很接近，也就不具备风格迁移的效果。

$$l_{\text{feat}}^{\Phi,j}(\hat{y},x)=\frac{1}{C_j H_j W_j}\sum_{k}^{C_j}\sum_{m}^{H_j}\sum_{n}^{W_j}(\Phi_{j,k,m,n}(\hat{y})-\Phi_{j,k,m,n}(x))^2$$

在风格损失上，仍使用之前的 Gram 矩阵，$G_j^{\Phi}(y)$代表图片 y 经过 Φ 的第 j 层得到的特征的 Gram 矩阵，其大小为$C_j \times C_j$。第 j 层的风格损失如下式所示，这里同样也会在多层计算风格损失。

$$l_{\text{style}}^{\Phi,j}(\hat{y},y_s)=\frac{1}{C_j C_j}\sum_{m}^{C_j}\sum_{n}^{C_j}(G_{j,m,n}^{\Phi}(\hat{y})-G_{j,m,n}^{\Phi}(y_s))^2$$

8.3.3 快速风格迁移代码实现

生成网络分为 3 大块，前 3 个卷积块起到了下采样和升维的作用，接着使用 5 个残差块进行风格转换，最后使用 3 个卷积块来进行下采样和升维。

```
1.  class TransferNet(torch.nn.Module):
2.      def _init_(self):
3.          super(TransferNet, self)._init_()
4.
5.          # 初始卷积块
6.          self.conv1 = ConvLayer(3, 32, kernel_size=9, stride=1)
7.          self.in1 = nn.InstanceNorm2d(32)
8.          self.conv2 = ConvLayer(32, 64, kernel_size=3, stride=2)
```

```
9.          self.in2 = nn.InstanceNorm2d(64)
10.         self.conv3 = ConvLayer(64, 128, kernel_size=3, stride=2)
11.         self.in3 = nn.InstanceNorm2d(128)
12.
13.         # 残差块
14.         self.res1 =ResidualBlock(128)
15.         self.res2 =ResidualBlock(128)
16.         self.res3 =ResidualBlock(128)
17.         self.res4 =ResidualBlock(128)
18.         self.res5 =ResidualBlock(128)
19.
20.         # 上采样层
21.         self.deconv1 = UpsampleConvLayer(128, 64, kernel_size=3, stride=1, upsample=2)
22.         self.in4 = nn.InstanceNorm2d(64)
23.         self.deconv2 = UpsampleConvLayer(64, 32, kernel_size=3, stride=1, upsample
=2)
24.         self.in5 = nn.InstanceNorm2d(32)
25.         self.deconv3 = ConvLayer(32, 3, kernel_size=9, stride=1)
26.
27.         self.relu = nn.ReLU()
28.
29.     def forward(self, X):
30.         y = self.relu(self.in1(self.conv1(X)))
31.         y = self.relu(self.in2(self.conv2(y)))
32.         y = self.relu(self.in3(self.conv3(y)))
33.         y = self.res1(y)
34.         y = self.res2(y)
35.         y = self.res3(y)
36.         y = self.res4(y)
37.         y = self.res5(y)
38.         y = self.relu(self.in4(self.deconv1(y)))
39.         y = self.relu(self.in5(self.deconv2(y)))
40.         y = self.deconv3(y)
41.         return y
```

上述代码中有个细节，没有采用批归一化层，而是使用了实例归一化层。这是因为研究表明实例归一化在风格迁移任务中，能够取得较批归一化更优的表现。因此，网络中所有的批归一化层都被替换为实例归一化层，即使在残差块中也是如此，代码如下。

```
1.  class ResidualBlock(torch.nn.Module):
2.      def _init_(self, channels):
3.          super(ResidualBlock, self)._init_()
4.          self.conv1 = ConvLayer(channels, channels, kernel_size=3, stride=1)
5.          self.in1 = nn.InstanceNorm2d(channels)
6.          self.conv2 = ConvLayer(channels, channels, kernel_size=3, stride=1)
```

```
7.          self.in2 = nn.InstanceNorm2d(channels)
8.          self.relu = nn.ReLU()
9.
10.     def forward(self, x):
11.         residual = x
12.         out = self.relu(self.in1(self.conv1(x)))
13.         out = self.in2(self.conv2(out))
14.         out = out + residual
15.         return out
```

此外，在整个网络中，边缘填充选用了 ReflectionPad2d 方法。此镜像填充方法常见于图像生成任务，如 GAN 图像生成以及风格迁移等，代码如下。

```
1.  class ConvLayer(torch.nn.Module):
2.      def _init_(self, in_channels, out_channels, kernel_size, stride):
3.          super(ConvLayer, self)._init_()
4.          reflection_padding = int(np.floor(kernel_size /2))
5.          self.reflection_pad = nn.ReflectionPad2d(reflection_padding)
6.          self.conv2d = nn.Conv2d(in_channels, out_channels, kernel_size, stride)
7.
8.      def forward(self, x):
9.          out = self.reflection_pad(x)
10.         out = self.conv2d(out)
11.         return out
```

上采样则使用的是 PyTorch 自带的 torch. nn. Upsample。这里选用的放大因子为 2，正好与下采样过程相反。经过 Upsample 处理后，通道数保持不变，特征的长和宽将会变为原来的两倍。

```
1.  class UpsampleConvLayer(torch.nn.Module):
2.      def _init_(self, in_channels, out_channels, kernel_size, stride, upsample=None):
3.          super(UpsampleConvLayer, self)._init_()
4.          self.upsample = upsample
5.          if upsample:
6.              self.upsample_layer = torch.nn.Upsample(scale_factor=upsample)
7.          reflection_padding = int(np.floor(kernel_size /2))
8.          self.reflection_pad = nn.ReflectionPad2d(reflection_padding)
9.          self.conv2d = nn.Conv2d(in_channels, out_channels, kernel_size, stride)
10.
11.     def forward(self, x):
12.         if self.upsample:
13.             x = self.upsample_layer(x)
14.         out = self.reflection_pad(x)
15.         out = self.conv2d(out)
16.         return out
```

损失网络选用的是 VGG16，并取第 3 层、第 8 层、第 17 层、第 26 层的特征作为内容特征和风格特征计算的基础。

```
1.  class LossNet(torch.nn.Module):
2.      def _init_(self):
3.          super(LossNet, self)._init_()
4.          device ="cuda:0" if torch.cuda.is_available() else "cpu"
5.          vgg16 = models.vgg16(pretrained=True).to(device)
6.          self.module_list = list(vgg16.features)
7.          self.need_layer = [3, 8, 17, 26]
8.
9.      def forward(self, inputs):
10.         result = []
11.         x =self.module_list[0](inputs)
12.         for i in range(1, len(self.module_list)):
13.             x =self.module_list[i](x)
14.             if i in self.need_layer:
15.                 result.append(x)
16.         return result
```

上述代码构建好了生成网络和损失网络，接下来只需要指定训练流程即可。在风格损失上，这里以递减的方式来指定不同层对应的风格损失权重，读者也可以尝试使用其他参数来观察生成图像的变化。在训练数据方面，内容图片由一批数据构成。为方便起见，仍然使用之前的 **Intel Image Classification** 数据集。值得注意的是，风格图片只有一张，最后生成网络能够生成的也就是这一张风格图片对应的风格。如果需要得到不同的风格，那么需要替换风格图片，重新进行网络训练。因此，在本地部署的时候，可以内嵌多份生成网络的参数以支持多个不同风格的滤镜。

```
1.  LR = 0.001
2.  EPOCH = 2
3.  BATCH_SIZE = 4
4.  IMAGE_SIZE = 224
5.  STYLE_WEIGHTS = [i *  2 for i in [1e2, 1e4, 1e4, 5e3]]
6.  DATASET = "../datasets/Intel_image_classification/seg_train/seg_train"
7.
8.  m_transform = transforms.Compose([
9.      transforms.Resize((IMAGE_SIZE, IMAGE_SIZE)),
10.     transforms.ToTensor(), transforms.Normalize([0.485, 0.456, 0.406], [0.229, 0.
    224, 0.225])])
11. train_dataset = datasets.ImageFolder(DATASET, m_transform)
12. train_loader = data.DataLoader(train_dataset, batch_size=BATCH_SIZE, shuffle=
    True, drop_last=True)
13.
14. device = "cuda:0" if torch.cuda.is_available() else "cpu"
15. style_img = get_image("./images/style image.jpg", m_transform).to(device)
```

接下来使用预先定义的模块，进行网络的初始化以及优化器的指定。内容损失和风格损失都使用的是 **MSELoss**，并使用 **Adam** 作为优化器。因为风格特征一直固定，只计算一次是效率更高的方法。同时因为训练采用批数据，所以风格特征也需要复制到同样的批大小，以满足 **MSELoss** 计算时需要的同一维度。值得注意的是，这样一来也就需要丢弃掉训练数据集中最后一批数据，因为数据集的大小不一定是批大小的整数倍。**PyTorch** 也提供了对应的接口，只需要将 **train_loader** 中的 **drop_last** 设置为 **True** 即可。此外，需要记得将生成网络切换到训练模式，而损失网络则需要置于评估模式。具体实现代码如下。

```
1. #定义网络
2. transferNet = TransferNet().to(device)
3. lossNet = LossNet().to(device)
4. #定义损失
5. mse = nn.MSELoss()
6. #定义优化器
7. optimizer =optim.Adam(transferNet.parameters(), LR)
8. style_feature =lossNet(style_img.repeat(BATCH_SIZE, 1, 1, 1))
9. style_target = [gram_matrix(f).detach()for f in style_feature]
10. #生成网络可训练,损失网络固定
11. transferNet.train()
12. lossNet.eval()
```

以下是训练的代码块，这里选用了第 8 层的特征作为内容特征，目标的内容特征如前所述，需要将其从计算图中分离出来以消除梯度。

```
1. step =0
2. for i in range(EPOCH):
3.     for contents_imgs, _ in train_loader:
4.         contents_imgs = contents_imgs.cuda()
5.         optimizer.zero_grad()
6.         generate_imgs = transferNet(contents_imgs)
7.         generate_features =lossNet(generate_imgs)
8.         style_generate = [gram_matrix(f)for f in generate_features]
9.         content_generate = generate_features[1]
10.        content_features =lossNet(contents_imgs)
11.        content_target = content_features[1].detach()
12.        content_loss =mse(content_generate, content_target)
13.        style_loss =0
14.        for j in range(len(STYLE_WEIGHTS)):
15.            style_loss += STYLE_WEIGHTS[j]* mse(style_generate[j], style_target[j])
16.        loss = content_loss + style_loss
17.        loss.backward()
18.        if step % 100 == 0:
19.            print(step," content loss:", content_loss.data, "   style loss:", style_loss)
```

```
20.         if step % 1000 == 0:
21.             save_network("storage", transferNet, step)
22.         optimizer.step()
23.         step +=1
```

随着训练的进行能够观察到内容损失和风格损失的下降。这里也对内容损失和风格损失进行了可视化，如图 8.8 所示。可以看到内容损失除了一开始剧烈上升外，之后便不断波动，而风格损失则从接近 30 衰减到 3 后不断波动，整体损失呈现和风格损失相似的趋势。可以发现这 3 个损失在不同数据上大都呈现类似的下降趋势，但最终都不会衰减到一个极小值。因此，在风格迁移的模型训练中，如果发现损失下降到一个较大值后不再下降时，不用太过担心训练是否出现问题，更合适的方法是在训练过程中保存不同阶段的生成效果图，用肉眼判断训练是否有效，因为这是一个更加侧重于视觉感官的任务。

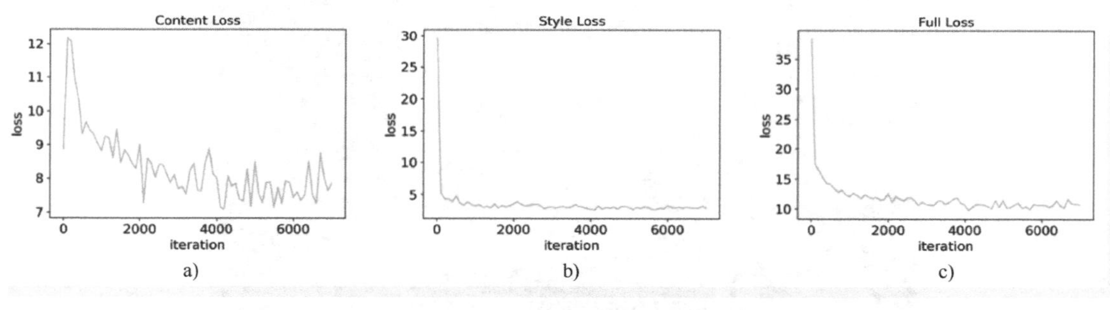

图 8.8　训练过程中的损失变化
a) 内容损失　b) 风格损失　c) 整体损失

下面对生成效果进行查看，如图 8.9 所示。在测试时，快速风格迁移方法只需要生成网络而不需要损失网络，这样就无须在移动端加载参数量巨大的 VGG16。同时因为风格迁移网络参数量较小，这对于移动端设备的存储友好。在实际测试中发现，使用 CPU 也能完成对 224×224 尺寸图像的快速推理，因此移动端也能够满足该方法对推理性能的要求。如果将要部署的设备仍然在参数量和计算量上难以满足要求，那么可以尝试减少残差块的数量或减小卷积层的通道的方式。当然如果接受分辨率降低，缩小输入图片的尺寸是最简单的方法。

```
1.  net =TransferNet()
2.  net = restore_network("storage", "7000", net)
3.
4.  m_transform = transforms.Compose([
5.      transforms.Resize((224, 224)),
6.      transforms.ToTensor(), transforms.Normalize([0.485, 0.456, 0.406], [0.229, 0.224,
    0.225])])
7.
8.  content_img = get_image("./images/test image.jpg", m_transform)
```

```
9.
10. start_time = time.time()
11. output_image = net(content_img)
12. infer_time = time.time() - start_time
13. print("推理时间为:", infer_time)
14. show_image(output_image.cpu().data)
```

● 图 8.9　快速风格迁移效果（见彩插）

8.4 图像风格化 App

8.4.1 风格化功能界面设计

图像风格化应用在界面设计上与前面介绍的 LLCNN 基本保持一致，用户首先选择需要进行

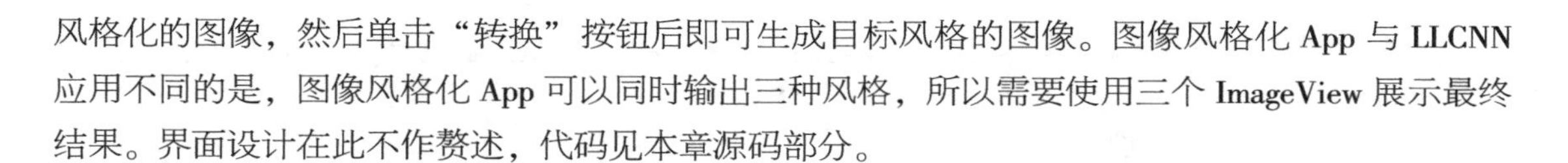
风格化的图像，然后单击“转换”按钮后即可生成目标风格的图像。图像风格化 App 与 LLCNN 应用不同的是，图像风格化 App 可以同时输出三种风格，所以需要使用三个 ImageView 展示最终结果。界面设计在此不作赘述，代码见本章源码部分。

8.4.2 三种风格的生成与解析

风格化过程中，首先需要加载三个风格化模型并准备原始输入，这部分代码在本章源码中。然后通过 fastTransNet01、fastTransNet02 以及 fastTransNet03 三个网络进行风格化推理过程，并获得输出图像的数组 Arr01、Arr02 以及 Arr03。接下来在数值解析过程中需要对生成图像 Img01、Img02 以及 Img03 的三个通道分别进行数值变换，即乘以 {0.229f, 0.224f, 0.225f} 后，再加上 {0.485f, 0.456f, 0.406f} 其中 f 代表浮点数。此外，需要进行数值截断，通过 Math 模块的 min 和 max 函数将数值定位在区间 0~255 中，具体代码如下。

```
1.  private void fastTrans(String imagePath) {
2.      // fastTrans 的模型文件名称,对应三种风格的模型
3.      String ptPath01 = "trans_01.pt";
4.      String ptPath02 = "trans_02.pt";
5.      String ptPath03 = "trans_03.pt";
6.
7.      // fastTrans 网络的输入和输出图像尺寸
8.      int inDims[] = {224, 224, 3};
9.      int outDims[] = {224, 224, 3};
10.
11.     // 模型加载与数据准备代码略
12.
13.     float[] meanRGB = {0.485f, 0.456f, 0.406f};
14.     float[] stdRGB = {0.229f, 0.224f, 0.225f};
15.     // 构建原始图像的 Tensor 输入
16.     Tensor oriT = TensorImageUtils.bitmapToFloat32Tensor(scaledBmp, meanRGB, stdRGB);
17.
18.     try {
19.         // 完成风格转换网络的前向推理,并获得三种风格的输出
20.         Tensor transT01 = fastTransNet01.forward(IValue.from(oriT)).toTensor();
21.         Tensor transT02 = fastTransNet02.forward(IValue.from(oriT)).toTensor();
22.         Tensor transT03 = fastTransNet03.forward(IValue.from(oriT)).toTensor();
23.         float[] Arr01 = transT01.getDataAsFloatArray();
24.         float[] Arr02 = transT02.getDataAsFloatArray();
25.         float[] Arr03 = transT03.getDataAsFloatArray();
26.
27.         // 存储风格转换后的三张图像
28.         float[][][] Img01 = new float[outDims[0]][outDims[1]][outDims[2]];
29.         float[][][] Img02 = new float[outDims[0]][outDims[1]][outDims[2]];
```

```
30.            float[][][] Img03 = new float[outDims[0]][outDims[1]][outDims[2]];
31.
32.            int index = 0;
33.            //g 代表第二个通道的索引相对于第一个通道的偏移
34.            int g = outDims[0]* outDims[1];
35.            //b 代表第三个通道的索引相对于第二个通道的偏移
36.            int b = 2 * g;
37.            for (int k = 0; k < outDims[0]; k++) {
38.                for (int m = 0; m < outDims[1]; m++) {
39.                    //进行第一个通道的数值变换与数值截断
40.                    Img01[k][m][0]= clip((Arr01[index]* 0.229f + 0.485f) * 255.0f);
41.                    Img02[k][m][0]= clip((Arr02[index]* 0.229f + 0.485f) * 255.0f);
42.                    Img03[k][m][0]= clip((Arr03[index]* 0.229f + 0.485f) * 255.0f);
43.
44.                    //进行第二个通道的数值变换与数值截断
45.                    Img01[k][m][1]= clip((Arr01[index+g]* 0.224f + 0.456f) * 255.0f);
46.                    Img02[k][m][1]= clip((Arr02[index+g]* 0.224f + 0.456f) * 255.0f);
47.                    Img03[k][m][1]= clip((Arr03[index+g]* 0.224f + 0.456f) * 255.0f);
48.
49.                    //进行第三个通道的数值变换与数值截断
50.                    Img01[k][m][2]= clip((Arr01[index+b]* 0.225f + 0.406f) * 255.0f);
51.                    Img02[k][m][2]= clip((Arr02[index+b]* 0.225f + 0.406f) * 255.0f);
52.                    Img03[k][m][2]= clip((Arr03[index+b]* 0.225f + 0.406f) * 255.0f);
53.
54.                    index+=1;
55.                }
56.            }
57.
58.            //将三种风格的图像显示到手机界面
59.            Bitmap transBitmap01 = Utils.getBitmap(Img01, outDims);
60.            Bitmap transBitmap02 = Utils.getBitmap(Img02, outDims);
61.            Bitmap transBitmap03 = Utils.getBitmap(Img03, outDims);
62.            transStyleImageView01.setImageBitmap(transBitmap01);
63.            transStyleImageView02.setImageBitmap(transBitmap02);
64.            transStyleImageView03.setImageBitmap(transBitmap03);
65.        }catch (Exception e) {
66.            Log.e("LOG", "fail to predict");
67.            e.printStackTrace();
68.        }
69.    }
```

图像风格化 App 的执行界面如图 8.10 所示。选择一张雪山图像作为输入后，将生成三种画风的新图像，并保持图像的整体内容不变。

● 图 8.10　图像风格化 App 的执行界面

8.5 本章小结

本章从 Gatys 基于神经网络的图像风格迁移论文[23]出发，在 8.2 节中分析介绍了其原理，并使用 PyTorch 构建了生成网络，展示了该方法在不同风格图像以及不同重建比例下的生成效果。同时考虑到原始风格迁移方法难以在移动端部署的问题，在 8.3 节中介绍了后续快速风格迁移的改进措施，并根据该工作原理，完成了快速风格迁移方法的实现。最后在 8.4 节中将模型部署到了 Android 手机上，读者可以使用自己的照片体验风格迁移的神奇效果。

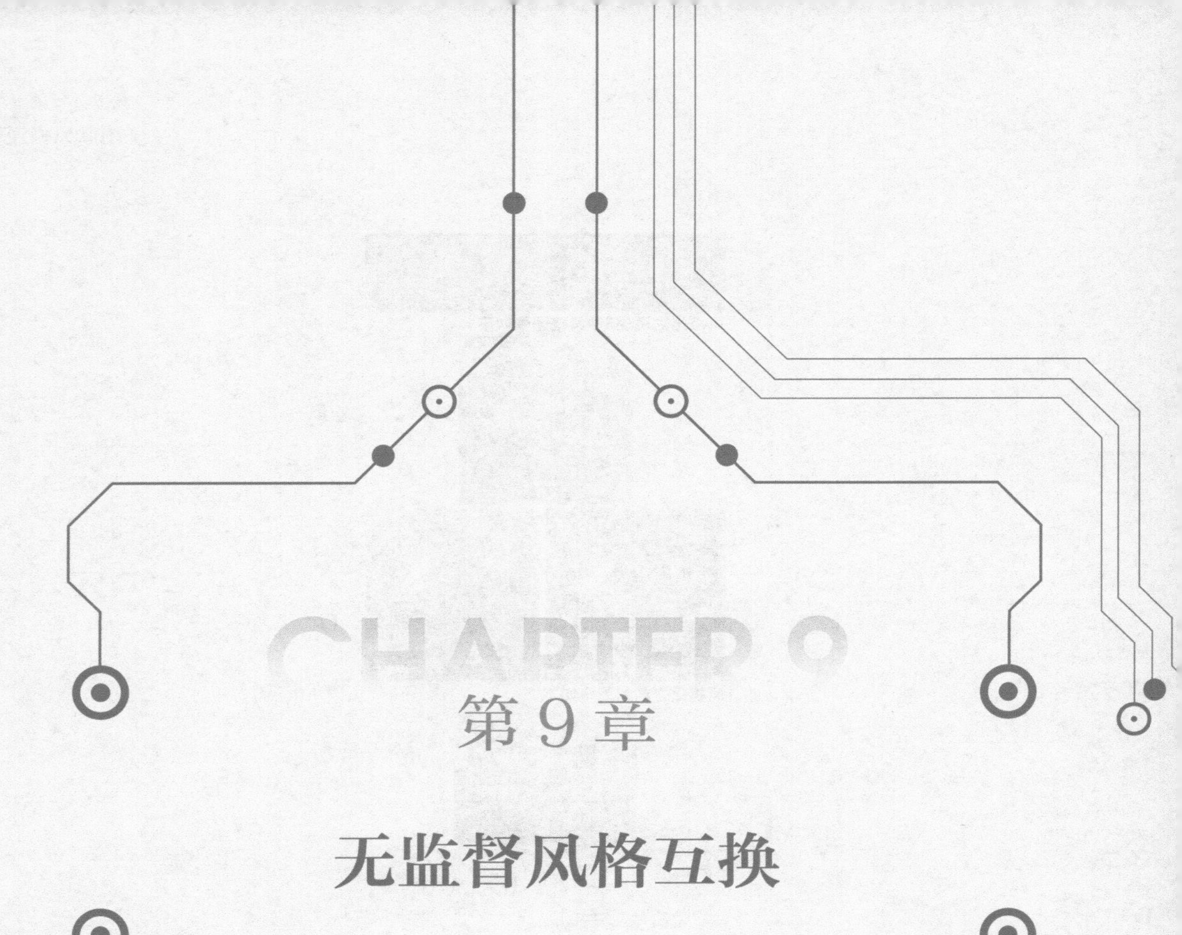

CHAPTER 9

第9章

无监督风格互换

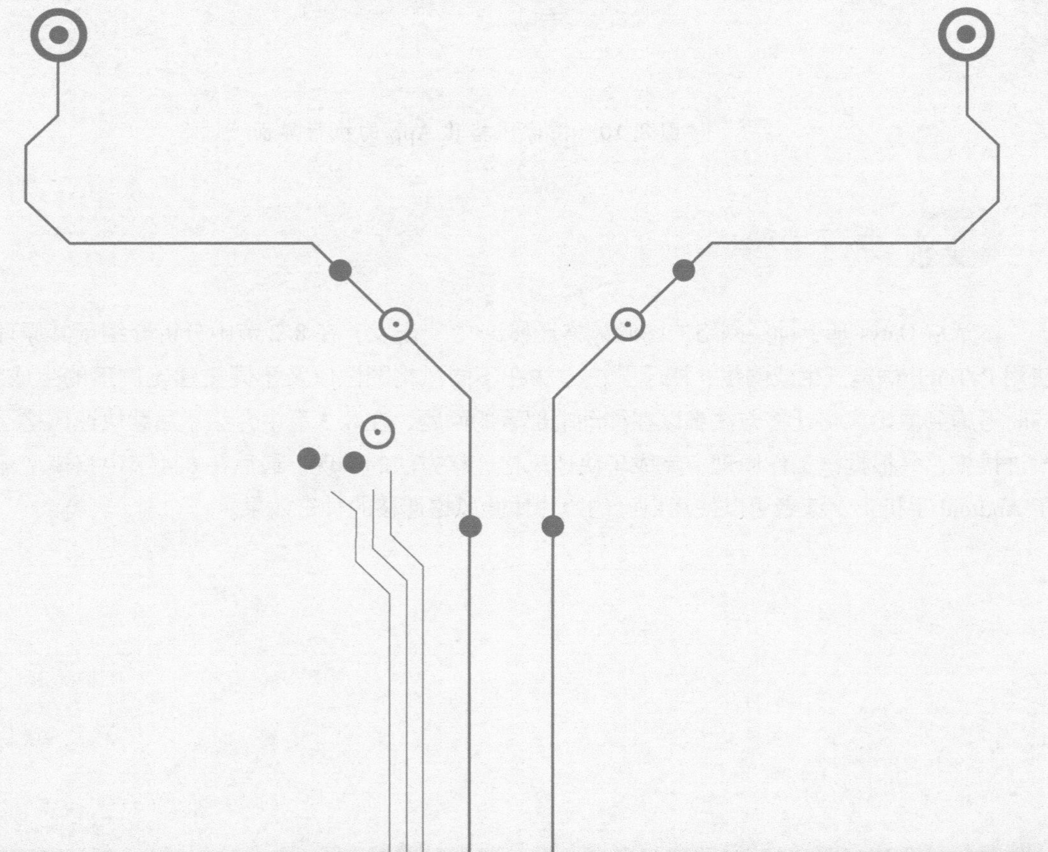

第 8 章中介绍了风格迁移算法，通过风格迁移网络将一张图像的风格应用到另一张图像上。本章将介绍风格的“互换”算法——cycleGAN[25]。cycleGAN 可以实现两种风格图像之间的转换，比如斑马具有黑白相间的条纹，普通的马并不具备条纹特征，所以可以把斑马视为一种风格 A，把普通的马视为一种风格 B。cycleGAN 的目标是在保证图像内容信息不变的情况下，将风格 A 的图像迁移到风格 B 的图像，并将风格 B 的图像迁移到风格 A 的图像，可以把这个过程看作是风格的互换。

图 9.1 中左图是三只斑马，将左图作为算法的输入，可以生成右图。生成的右图中包含三只普通马，这三只普通马和三只斑马在形态和轮廓上是一致的，但是它们并没有黑白条纹。也就是说 cycleGAN 算法能够保持马的形态不变，只改变它的皮毛颜色和纹理，即进行风格的变换。

• 图 9.1　斑马到普通马的风格转换

图 9.2 中左图是一只普通马，将左图的普通马作为算法的输入可以获得右图的斑马，这匹斑马在形态上和左图的普通马是一致的，只是它的风格变化了。

• 图 9.2　普通马到斑马的风格转换

上面介绍的普通马和斑马风格相互转换的功能，可以通过 cycleGAN 算法来实现。

9.1 成对数据与不成对数据

为了理解 cycleGAN 的无监督思想，需要首先区分成对数据和不成对数据的概念。在

cycleGAN 之前已经有了类似的算法，不过这些算法一般需要成对数据，这样就给数据的搜集带来的极大的难度。图 9.3 展示了两个图像域的样本，左边是素描鞋的图像域，右边是真实鞋的图像域，素描鞋和真实鞋在内容上是对应的。

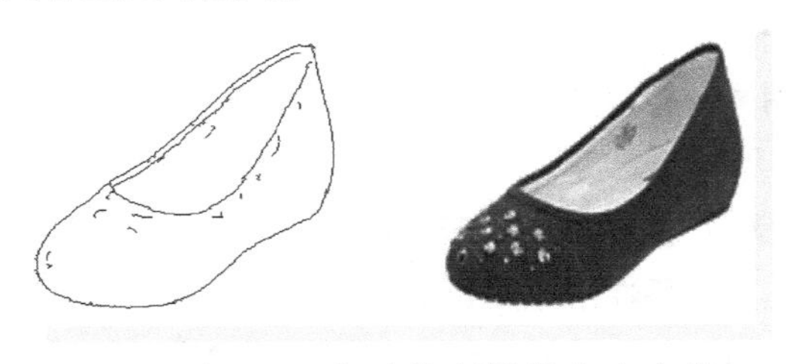

图 9.3　成对的素描鞋和真实鞋

要想构建这样的数据集难度比较大，因为要保证内容的一致性。甚至在某些情况下，根本无法构建包含成对图像的数据集。cycleGAN 作为一种无监督的转换模型，则不需要这种成对数据，只需要图 9.4 所示的非成对数据。

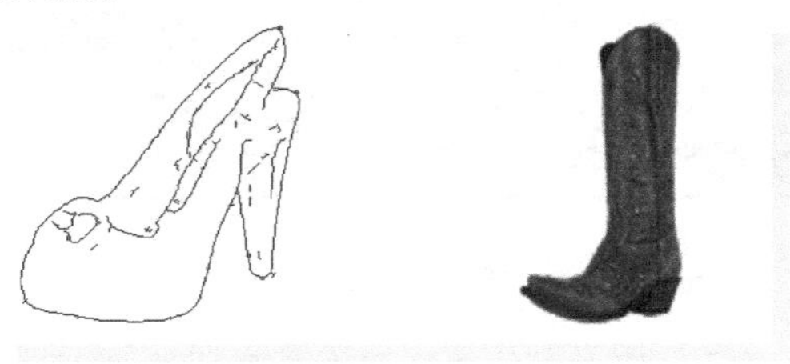

图 9.4　不成对的素描鞋和真实鞋

cycleGAN 算法的优点不仅是它能够实现高质量的风格转换，更在于它极大地降低了搜集数据的难度。cycleGAN 的训练需要不同风格的数据集 A 和数据集 B，研究人员可以拍摄一些苹果的图片作为数据集 A，再拍摄一些橘子的图片作为数据集 B，构建这样的数据集是相对容易的。

9.2 cycleGAN 原理与实现

9.2.1 无监督设计原理

根据第 7 章的介绍可知，最初的 GAN 包含两个网络模块：生成器和判别器。cycleGAN 一共包含四个网络：两个生成器 G 和 F，以及两个判别器 DX 和 DY。两个生成器的结构是完全一致的，两个判别器的结构也是完全一致的。

图 9.5 展示了 cycleGAN 的结构图，生成器 G 的作用是根据图像域 X 中的样本生成图像域 Y

中的样本，生成器F的作用是根据图像域Y中的样本生成图像域X中的样本。判别器DX负责判断它的输入数据是否来自图像域X，判别器DY负责判断它的输入数据是否来自图像域Y。

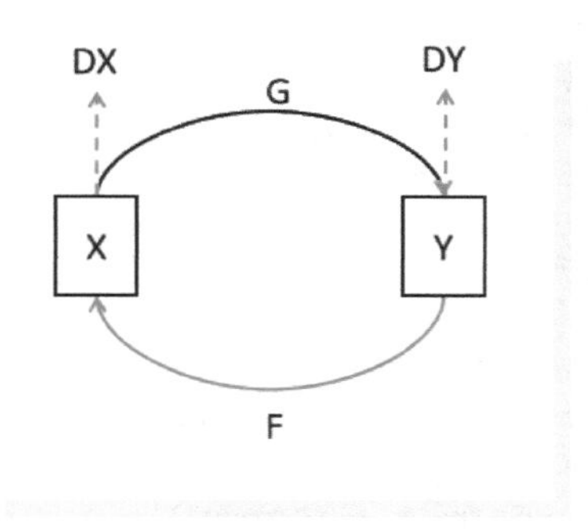

● 图9.5 cycleGAN原理图

9.2.2 对称生成器与判别器的设计及实现

cycleGAN使用了pix2pix网络的判别器，这种判别器一般被称为patchGAN[26]。直接使用L1和L2损失训练的网络所生成的图像可能会模糊问题，这是因为它们可能会漏掉高频信息，但是与此同时，它们可以有效地捕捉到低频信息。所以，pix2pix网络指出判别器的设计应该能够同时对高频信息和低频信息有效。低频信息的矫正可以通过L1损失实现，对于高频信息需要通过局部图像块来处理。所以，pix2pix设计了一种新型的判别器结构——patchGAN。原始GAN的判别器最后一层是一维的分类输出，而pathGAN代表的判别器的最后一层输出是特征图patch（块）。

基于patch（块）思想设计的判别器具有两方面的好处。一方面它的参数少、运算块，节约了计算的资源和时间；另一方面它能够适用于任何尺寸的图片。如果判别器网络的最后一层是全连接的分类输出，那么就必须要预先计算出此判别器网络的输入尺寸。

基于patch的判别器采用全卷积网络构成。本节实现的判别器初始化函数中包含了三个参数。第一个参数in_ch代表输入的通道数，使用RGB图像训练时in_ch等于3；第二个参数ndf代表判别器中间层的基本通道数，从第三层开始，每一层的通道数是前一层的两倍；第三个参数n_layers是判别器中间层的数量，代码中这个参数设定为3。判别器的最后一层卷积输出通道数固定为1，这一层的输出用于对抗性损失的计算，具体代码如下。

```
1.  class Discriminator(nn.Module):
2.      def _init_(self, in_ch, ndf=64, n_layers=3):
3.          super(Discriminator, self)._init_()
4.
5.          #定义首层卷积
```

```
6.          model = [nn.Conv2d(in_ch, ndf, 4, stride=2, padding=1),
7.                   nn.LeakyReLU(0.2, inplace=True)]
8.          # 定义中间层卷积
9.          for i in range(n_layers):
10.             model += [nn.Conv2d(ndf, ndf* 2, 4, stride=2, padding=1),
11.                       nn.BatchNorm2d(ndf),
12.                       nn.LeakyReLU(0.2, inplace=True)]
13.             ndf = ndf * 2
14.
15.         # 定义最后一层卷积,输出通道数为 1
16.         model += [nn.Conv2d(ndf, 1, 4, padding=1)]
17.
18.         self.model = nn.Sequential(* model)
19.
20.     def forward(self, x):
21.         x = self.model(x)
22.         return x
```

9.2.3 对抗性损失和循环一致性损失

cycleGAN 的训练主要由对抗性损失和循环一致性损失实现。现在正式定义各个符号，两个图像域分别用 X 和 Y 表示，从图像域 X 中采样获得的样本记作x_i，从图像域 Y 中采样获得的样本记作y_i，分别记作 $x\sim p_{\text{data}}(x)$、$y\sim p_{\text{data}}(y)$。映射 G 的方向是 $X\to Y$，映射 F 的方向是 $Y\to X$。判别器D_X的作用是区分$\{x\}$和$\{F(y)\}$，判别器D_Y的作用是区分$\{y\}$和$\{G(x)\}$，对抗性损失计算公式如下：

$$L_{\text{GAN}}(G,D_Y,X,Y)=E_{y\sim p_{\text{data}}(y)}[\log D_Y(y)]+E_{x\sim p_{\text{data}}(x)}[\log(1-D_Y(G(x)))]$$

上式代表的训练目标是：生成器 G 产生的样本与 Y 属于相同的分布，生成器 F 产生的样本与 X 符合相同的分布。但是，对抗训练无法保证生成器获得的样本内容是什么，它可能是目标域的任何图像。为了进一步地约束生成器 G 和生成器 F，cycleGAN 提出了循环一致性损失。循环一致性是指：对于图像域 X 中任一样本x_i，经过 G 和 F 的映射后，能够重构为x_i，即应该符合下式：

$$x_i\to G(x_i)\to F(G(x_i))\approx x_i$$

如图 9.6 所示，左图代表x_i，中间图代表 $G(x_i)$，右图代表 $F(G(x_i))$。从x_i到 $G(x_i)$代表第一次图像域的转换过程，从 $G(x_i)$到 $F(G(x_i))$代表第二次图像域的转换过程。循环一致性的目标是x_i和 $F(G(x_i))$尽可能地接近，即完成图像的重构。

同理，对于图像域 Y 中任一样本y_i，经过 G 和 F 的映射后，能够重构为y_i，即应该符合下式所代表的循环一致性：

● 图9.6 普通马-斑马-普通马的重构

$$y_i \rightarrow F(y_i) \rightarrow G(F(y_i)) \approx y_i$$

上面介绍的两个图像域的样本重构过程所对应的循环一致性理念，可以表达为下面的损失函数，即循环一致性损失：

$$L_{cyc}(G,F)=E_{x\sim p_{data(x)}}[\|F(G(x))-x\|_1]+E_{y\sim p_{data(y)}}[\|G(F(y))-y\|_1]$$

cycleGAN 的整体损失函数是对抗性损失和循环一致性损失的加权，公式如下：

$$L(G,F,D_X,D_Y)=L_{GAN}(G,D_Y,X,Y)+L_{GAN}(F,D_X,Y,X)+\lambda L_{cyc}(G,F)$$

$$G^*,F^*=\arg\min_{G,F}\max_{D_X,D_Y}L(G,F,D_X,D_Y)$$

cycleGAN 的判别器是基于 patchGAN 的，基于 patch 计算的对抗性损失可以使用分类损失，也可以使用回归损失。cycleGAN 的源码中提供了多种损失函数，本章的案例代码简化了 cycleGAN 的设置，使用了最简单的 L1 损失和 MSE 损失作为对抗性损失和循环一致性损失的实现。L1 损失和 MSE 损失在 PyTorch 中分别为 nn. L1Loss 和 nn. MSELoss。在 cycleGAN 的训练中，通常还会结合 Identity 损失，在 9. 4 节将提供 Identity 损失的实现。

9.3 两种风格数据集的构建与读取

9.3.1 数据集获取

本章的试验数据不需要任何标注过程，读者只需要搜集具有两类风格的数据即可，并尽量保证两个数据集的样本数量较为接近。下面是一些常见的两类风格转换任务。

1）卡通动漫的头像与真人拍摄的头像。

2）猫的照片与狗的照片。

3）灰度图像与彩色图像。

在此读者可以充分发挥自己的想象力，构造出更多有趣的应用。本书展示的是 cycleGAN[25] 论文中提到的苹果和橘子转换的例子。数据集下载地址是 Index of /~taesung_park/CycleGAN/

datasets（berkeley. edu），图 9. 7 展示了一部分可以用于风格转换的数据集。

Name	Last modified	Size	Description
Parent Directory		-	
NOTICE	2019-08-12 20:45	227	
ae_photos.zip	2017-04-03 22:06	10M	
apple2orange.zip	2017-03-28 13:51	75M	
cezanne2photo.zip	2017-03-28 13:51	267M	
cityscapes.zip	2019-08-12 20:45	325	
facades.zip	2017-03-29 23:23	34M	
grumpifycat.zip	2020-08-03 20:58	19M	
horse2zebra.zip	2017-03-28 13:51	111M	
iphone2dslr_flower.zip	2017-03-30 12:05	324M	
maps.zip	2017-03-26 19:17	1.4G	
mini.zip	2018-06-07 16:05	1.8M	
mini_colorization.ta..>	2019-01-01 16:38	303K	
mini_colorization.zip	2019-01-01 16:44	304K	
mini_pix2pix.zip	2018-06-07 16:08	1.5M	
monet2photo.zip	2017-03-26 19:17	291M	
summer2winter_yosemi..>	2017-03-26 19:17	126M	
ukiyoe2photo.zip	2017-03-26 19:17	279M	
vangogh2photo.zip	2017-03-26 19:17	292M	

● 图 9.7　可用于风格转换的数据集

9.3.2 数据读取

cycleGAN 的训练是无监督的，所以用于数据读取的 data_loader 只需要完成图像数据集的循环迭代即可。下面的代码使用了 ImageFolder 函数完成图像数据的读取。

```
1.  def get_data_loader(basic_dir, batch_size,image_size, shuffle=True):
2.      transform = []
3.      transform.append(T.Resize(image_size))
4.      transform.append(T.ToTensor())
5.      #批归一化操作
6.      transform.append(T.Normalize(mean=(0.5, 0.5, 0.5), std=(0.5, 0.5, 0.5)))
7.      transform = T.Compose(transform)
8.      dataset =ImageFolder(basic_dir, transform)
9.      data_loader = data.DataLoader(dataset=dataset, batch_size=batch_size,
10.                                   pin_memory=True, shuffle=shuffle,
11.                                   num_workers=0, drop_last=True)
12.     return data_loader
```

接下来需要编写测试代码，测试 get_data_loader 所返回的 data_loader 能否随机地从数据集中读取到指定 batch_size 的图像数据。下面的代码包含了 data_loader 的创建和使用，读者可以多次运行下面的代码，每次得到的图像应该是随机的。

```
1.  if _name_ == "_main_":
2.      batch_size = 3
3.      data_loader = get_data_loader(basic_dir="data/apple2orange/train_A",
4.                                    batch_size=batch_size,
5.                                    image_size=(256, 256), shuffle=True)
6.      data_loader = iter(data_loader)
7.      image, _ = next(data_loader)
8.      image = image.numpy().transpose(0, 2, 3, 1)
9.      plt.figure(figsize=(10, 4))
10.     for i in range(batch_size):
11.         plt.subplot(1, batch_size, i+1)
12.         plt.axis("off")
13.         plt.imshow((image[i, :, :, :]+1)/2)
14.     plt.savefig("data.png")
15.     plt.show()
```

9.4 无监督训练与验证

9.4.1 项目构建

首先需要设定训练过程的超参数，cycleGAN 训练过程的计算量比较大，针对本书使用的1080Ti 显卡，需要将 batch_size 设置为 1。为了提升网络的训练效果，使用了 0.5 作为 Adam 优化器的 beta1 的值，并且使用了较低的学习率 0.0001，具体设置如下。

```
1.  # 训练和验证超参数定义
2.  BETA1 =0.5
3.  BETA2 =0.999
4.  EPOCHS =100
5.  IMAGE_SIZE =256
6.  LR =0.0001
7.  BATCH_SIZE =1
8.  RESULTS_DIR ="results"
9.  IMG_SAVE_FREQ =100
10. PTH_SAVE_FREQ =2
11.
12. # 生成器和判别器通道数基础值
13. NGF =64
14. NDF =64
15. # 生成器残差块数量
```

```
16. NUM_RES =6
17. #判别器卷积层数
18. NUM_LAYERS =3
19.
20. VAL_FREQ =1
21. VAL_BATCH_SIZE =1
```

9.4.2 无监督 cycleGAN 训练

cycleGAN 的训练过程相对复杂，对于初学者来说读懂基于 cycleGAN 的开源项目并不容易。为了降低读者的理解难度，本节提供了相对简化版本的一种 cycleGAN 训练流程实现。cycleGAN 包含两种风格的数据，每次迭代需要两种风格的图像各一张，下面代码展示了 dataloader 的构建。由于训练的目标是实现两种风格的相互转换，所以使用苹果数据还是橘子数据作为 train_A 或 train_B 均可。

```
1.  device = torch.device('cuda')
2.
3.  #准备两个图像域的训练和验证数据
4.  dataloader_train_A = get_data_loader("data/apple2orange/train_A", BATCH_SIZE,
5.                                       (IMAGE_SIZE, IMAGE_SIZE))
6.  dataloader_train_B = get_data_loader("data/apple2orange/train_B", BATCH_SIZE,
7.                                       (IMAGE_SIZE, IMAGE_SIZE))
8.
9.  dataloader_val_A = get_data_loader("data/apple2orange/val_A",VAL_BATCH_SIZE,
10.                                    (IMAGE_SIZE, IMAGE_SIZE))
11. dataloader_val_B = get_data_loader("data/apple2orange/val_B", VAL_BATCH_SIZE,
12.                                    (IMAGE_SIZE, IMAGE_SIZE))
```

使用 patchGAN 进行训练时，需要生成正负样本的标签，根据前面的介绍可知正样本的标签是 1，负样本的标签是 0。需要注意的是，这里“正”与“负”是相对的概念，需要根据生成器网络和判别器网络的训练目标来确定，同第 7 章介绍的 DCGAN 是一致的。具体地说，在训练生成器网络时，训练的目标是判别器网络将生成器的输出判定为真实图像（正样本）；在训练判别器网络时，训练的目标是判别器网络将生成器的输出判定为生成图像（负样本），并且令判别器网络将原始数据集中的图像判定为真实图像（正样本）。具体实现代码如下。

```
1.  #创建标签数据,real_label 代表正样本,fake_label 代表负样本
2.  #这里的 real_label 和 fake_label 也可以使用标签平滑策略来构建
3.  real_label = torch.ones(size=(BATCH_SIZE,1, 32, 32), requires_grad=False).to(device)
4.  fake_label = torch.zeros(size=(BATCH_SIZE,1, 32, 32), requires_grad=False).to(de-
vice)
```

cycleGAN 包含了两个生成器和两个判别器，根据 9.4.1 节介绍的超参数设置，可以定义生

成器和判别器网络如下（生成器中残差块数量 NUM_RES 是一个重要的超参数，如果设置得太大可能导致模型所需要的计算太多，从而造成移动端推理速度较慢，读者可以根据移动端算力调节此超参数）。

```
1.  #定义生成器网络 G(generator_x2y),生成器网络 F(generator_y2x)
2.  #定义判别器网络 DX(discriminator_x),判别器网络 DY(discriminator_y)
3.  generator_x2y = models.Generator(in_ch=3, out_ch=3, ngf=NGF, num_res=NUM_RES).to
(device)
4.  generator_y2x = models.Generator(in_ch=3, out_ch=3, ngf=NGF, num_res=NUM_RES).to
(device)
5.  discriminator_x = models.Discriminator(in_ch=3, ndf=NGF, n_layers=NUM_LAYERS).to
(device)
6.  discriminator_y = models.Discriminator(in_ch=3, ndf=NDF, n_layers=NUM_LAYERS).to
(device)
```

两个生成器的参数使用优化器 optimizer_G 进行优化，两个判别器的参数使用优化器 optimizer_D 进行优化。根据 cycleGAN 的论文使用 nn. L1 损失作为 cycle_loss 和 identity_loss，并使用 nn. MSELoss 作为 gan_loss。具体实现代码如下。

```
1.  #给生成器和判别器分别定义优化器
2.  optimizer_G =optim.Adam(itertools.chain(generator_x2y.parameters(),
3.                                          generator_y2x.parameters()),
4.                           lr=LR, betas=(BETA1, BETA2))
5.  optimizer_D =optim.Adam(itertools.chain(discriminator_x.parameters(),
6.                                          discriminator_y.parameters()),
7.                           lr=LR, betas=(BETA1, BETA2))
8.
9.  #循环一致性损失 cycle_loss 可以使用 L1 损失或者 MSE 损失
10.  #对抗性损失 gan_loss 采用 MSE 损失
11.  cycle_loss = nn.L1Loss()
12.  identity_loss = nn.L1Loss()
13.  gan_loss = nn.MSELoss()
14.
15.  loss_writer =LossWriter(os.path.join(RESULTS_DIR, "loss"))
16.  make_project_dir(RESULTS_DIR, RESULTS_DIR)
```

第一部分是生成器的训练。两个生成器的损失计算策略是相同的，均需要计算 gan_loss、identity_loss 以及 cycle_loss。以生成器 generator_x2y 为例，具体说明如下。

- gan_loss 的作用是令生成的图像的数据分布尽可能接近真实图像。原始图像 image_x 输入 generator_x2y 后可以生成 generated_x2y，生成器的训练目的是让判别器认为 generated_x2y 是图像域 Y 中的样本，所以它期望判别器 discriminator_y 将 generated_x2y 判别为正样本。
- identity_loss 的作用是保证本域图像作为本域生成器的输入时，所输出的图像保持风格与内容不变。

- cycle_loss 的作用是提供循环一致性的重构。前面生成的 generated_x2y 经过另一个域生成器 generator_y2x 以后将生成重构版本的 cycle_x2y2x，然后通过 cycle_loss 计算原始图像 image_x 与重构图像 cycle_x2y2x 的差异。

两个生成器采用同样原理进行损失计算，完成的各项损失计算并相加获得总损失 g_loss 后，通过 optimizer_G 进行参数更新，代码如下。

```
1.  iteration =0
2.  for epo in range(EPOCHS):
3.      # 遍历两个图像域的 dataloder 中含有的图像
4.      for data_X, data_Y in zip(dataloader_train_A, dataloader_train_B):
5.          # 数据准备,分别取出图像文件
6.          image_x = data_X[0].to(device)
7.          image_y = data_Y[0].to(device)
8.  
9.          ####################################################
10.         # 第一部分:训练生成器
11.         optimizer_G.zero_grad()
12.         # 计算生成器 G_X2Y 生成样本损失
13.         generated_x2y = generator_x2y(image_x)
14.         d_out_fake_x2y = discriminator_y(generated_x2y)
15.         g_loss_x2y = gan_loss(d_out_fake_x2y, real_label)
16.         identity_x = generator_y2x(image_x)
17.         identity_x_loss = identity_loss(identity_x, image_x) * 5
18. 
19.         # 计算生成器 G_Y2X 生成样本损失
20.         generated_y2x = generator_y2x(image_y)
21.         d_out_fake_y2x = discriminator_x(generated_y2x)
22.         g_loss_y2x = gan_loss(d_out_fake_y2x, real_label)
23.         identity_y = generator_x2y(image_y)
24.         identity_y_loss = identity_loss(identity_y, image_y) * 5
25. 
26.         ############################################################
27.         # 计算两个图像域的循环一致性损失
28.         cycle_x2y2x = generator_y2x(generated_x2y)
29.         g_loss_cycle_x2y2x = cycle_loss(cycle_x2y2x, image_x) * 10
30.         cycle_y2x2y = generator_x2y(generated_y2x)
31.         g_loss_cycle_y2x2y = cycle_loss(cycle_y2x2y, image_y) * 10
32. 
33.         # 计算生成器总体损失
34.         g_loss = g_loss_cycle_x2y2x + g_loss_cycle_y2x2y +
35.                   g_loss_y2x + g_loss_x2y + identity_x_loss + identity_y_loss
36. 
```

```
37.        # 更新生成器
38.        set_requires_grad([discriminator_x, discriminator_y],False)
39.        g_loss.backward()
40.        optimizer_G.step()
41.
42.        ###############################################
43.        set_requires_grad([discriminator_x, discriminator_y],True)
44.        optimizer_D.zero_grad()
```

第二部分是判别器 discriminator_x（即 DX）的训练。首先需要计算判别器 discriminator_x 对真实样本 image_x 的损失，然后计算判别器 discriminator_x 对生成样本 generated_y2x 的损失，最终的损失 d_loss_x 是这两项损失之和。具体实现代码如下。

```
1.  # 第二部分:训练判别器 DX
2.  #计算判别器 DX 对真实样本给出为真的损失
3.  d_out_real_x = discriminator_x(image_x)
4.  d_real_loss_x = gan_loss(d_out_real_x, real_label)
5.
6.  # 计算判别器 DX 对生成样本的损失
7.  d_out_fake_y2x_ = discriminator_x(generated_y2x.detach())
8.  d_fake_loss_y2x_ = gan_loss(d_out_fake_y2x_, fake_label)
9.
10. # 计算判别器 DX 总损失
11. d_loss_x = (d_real_loss_x + d_fake_loss_y2x_) * 0.5
12. d_loss_x.backward()
```

第三部分是训练判别器 discriminator_y（即 DY）。其损失的计算原理与 discriminator_x 完全相同，在此不作赘述。完成 d_loss_y 的计算以及反向传播（backward）以后，使用 optimizer_D 进行两个判别器的参数更新，代码如下。

```
1.  # 第三部分:训练判别器 DY
2.  #计算判别器 DY 对真实样本给出为真的损失
3.  d_out_real_y = discriminator_y(image_y)
4.  d_real_loss_y = gan_loss(d_out_real_y, real_label)
5.
6.  # 计算判别器 DY 对生成样本的损失
7.  d_out_fake_x2y_ = discriminator_y(generated_x2y.detach())
8.  d_fake_loss_x2y_ = gan_loss(d_out_fake_x2y_, fake_label)
9.
10. # 计算判别器 DY 总损失
11. d_loss_y = (d_real_loss_y + d_fake_loss_x2y_) * 0.5
12. d_loss_y.backward()
13.
14. # 更新判别器参数
15. optimizer_D.step()
```

上述代码记录了训练过程中模型在验证集上的表现。将苹果和橘子的验证数据放入模型中进行验证。

9.4.3 风格转换验证

现在，需要验证模型的风格转换能力。下面代码将训练好的两个生成器权重加载到 generator_x2y 和 generator_y2x 中，并对两张示例图像进行风格互换。

```
1.  if _name_ == "_main_":
2.      device = torch.device("cuda")
3.
4.      # 创建并加载两个生成器
5.      generator_x2y = models.Generator(in_ch=3, out_ch=3, ngf=64, num_res=6).to(device)
6.      generator_y2x = models.Generator(in_ch=3, out_ch=3, ngf=64, num_res=6).to(device)
7.      generator_x2y.load_state_dict(torch.load("results/pth/60_x2y.pth"))
8.      generator_y2x.load_state_dict(torch.load("results/pth/60_y2x.pth"))
9.
10.     # 切换评估模式
11.     generator_x2y.eval()
12.     generator_y2x.eval()
13.
14.     # 输入的苹果和橘子图像
15.     image_x_path ="data/apple2orange/train_A/1/n07740461_1164.jpg"
16.     image_y_path ="data/apple2orange/train_B/1/n07749192_183.jpg"
17.
18.     with torch.no_grad():
19.         image_x = Image.open(image_x_path)
20.         image_y = Image.open(image_y_path)
21.
22.         # 执行图像域 X 的转换
23.         image_x = image_x.resize((256, 256))
24.         image_x = TF.to_tensor(image_x)
25.         image_x_ori = image_x.clone()
26.         image_x = TF.normalize(image_x, (0.5, 0.5, 0.5), (0.5, 0.5, 0.5))
27.         image_x = image_x.unsqueeze(0).to(device)
28.         x2y = generator_x2y(image_x).squeeze()
29.         x2y = (x2y +1) / 2
30.
31.         # 执行图像域 Y 的转换
32.         image_y = image_y.resize((256, 256))
33.         image_y = TF.to_tensor(image_y)
34.         image_y_ori = image_y.clone()
35.         image_y = TF.normalize(image_y, (0.5, 0.5, 0.5), (0.5, 0.5, 0.5))
36.         image_y = image_y.unsqueeze(0).to(device)
```

```
37.         y2x = generator_y2x(image_y).squeeze()
38.         y2x = (y2x +1) / 2
39.
40.         # 获取转换后的图像,并执行拼接操作
41.         result_a = torch.cat((image_x_ori.cpu(), x2y.cpu()), dim=2) * 255
42.         result_b = torch.cat((image_y_ori.cpu(), y2x.cpu()), dim=2) * 255
43.         result_a = result_a.cpu().detach().numpy().transpose(1, 2, 0).astype(np.uint8)
44.         result_b = result_b.cpu().detach().numpy().transpose(1, 2, 0).astype(np.uint8)
45.         result = np.concatenate((result_a, result_b), axis=0)
46.
47.         plt.imshow(result)
48.         plt.savefig("demo.jpg",dpi=500, bbox_inches="tight")
49.         plt.show()
```

根据上述代码以及训练好的模型，可以获得图 9.8 所示的风格互换效果，左上为原始橘子图像，右上为生成苹果风格的橘子图像；左下为原始苹果图像，右下为生成橘子风格的苹果图像。

图 9.8　橘子-苹果风格互换结果

9.5 水果风格互换应用

9.5.1 水果风格转换界面设计

本章的示例是水果风格转换应用，用户可以将拍摄的苹果转换为橘子风格，也可以将拍摄的橘子转换为苹果风格。除了基本的图像保存和风格互转功能外，需要添加如下功能。

1）两个图像选择按钮，分别用于选择苹果图像和橘子图像。单击按钮将调用系统相册，读者可以将此功能由系统相机实现；“互转”按钮将同时调用两个转换模型，执行两次转换操作。

2）四个 ImageView，其中两个用于显示原始的苹果和橘子图像，另外两个用于显示转换后

的橘子和苹果图像。

上述功能对应的 xml 代码见本章源码，在此不再赘述。

9.5.2 两种风格模型的前向推理

cycleGAN 应用示例实现了苹果和橘子的风格转换功能。在手机端需要实现的核心功能是“互转”的前向推理过程，在 Java 代码中同时加载两个模型 generatorA 和 generatorB。首先调用两个模型的 forward 方法获得两个目标域的图像，然后进行基本的图像解析过程即可，核心代码如下。

```
1.  private void cycleGAN(String imagePathA, String imagePathB) {
2.      int dims[] = {256, 256, 3};
3.      String x2y ="60_x2y.pt";
4.      String y2x ="60_y2x.pt";
5.
6.      // 模型加载与数据准备见源码
7.
8.      float[] meanRGB = {0.5f, 0.5f, 0.5f};
9.      float[] stdRGB = {0.5f, 0.5f, 0.5f};
10.     Tensor inputTensorA = TensorImageUtils.bitmapToFloat32Tensor(scaledBmpA,
11.         meanRGB, stdRGB);
12.
13.     Tensor inputTensorB = TensorImageUtils.bitmapToFloat32Tensor(scaledBmpB,
14.         meanRGB, stdRGB);
15.
16.     try {
17.         //两个生成器的前向推理以及数值类型转换
18.            Tensor outTensorA  = generatorA. forward (IValue. from (inputTensorA)).
toTensor();
19.            Tensor outTensorB  = generatorB. forward (IValue. from (inputTensorB)).
toTensor();
20.         float[] outArrA = outTensorA.getDataAsFloatArray();
21.         float[] outArrB = outTensorB.getDataAsFloatArray();
22.
23.         int index = 0;
24.         //同时解析转换后的两张图像
25.         float[][][] tempA = new float[dims[0]][dims[1]][dims[2]];
26.         float[][][] tempB = new float[dims[0]][dims[1]][dims[2]];
27.         for (int j = 0; j < dims[2]; j++) {
28.             for (int k = 0; k < dims[0]; k++) {
29.                 for (int m = 0; m < dims[1]; m++) {
30.                     tempA[k][m][j] = outArrA[index]*  127.5f + 127.5f;
31.                     tempB[k][m][j] = outArrB[index]*  127.5f + 127.5f;
32.                     index++;
```

```
33.                }
34.            }
35.        }
36.
37.        //将转换后的两张图像显示到手机界面上
38.        Bitmap tarBmpA = Utils.getBitmap(tempA, dims);
39.        Bitmap tarBmpB = Utils.getBitmap(tempB, dims);
40.        showPredictImageA.setImageBitmap(tarBmpA);
41.        showPredictImageB.setImageBitmap(tarBmpB);
42.
43.    }catch (Exception e) {
44.        Log.e("Log", "fail to predict");
45.        e.printStackTrace();
46.    }
47. }
```

根据界面的xml代码和Java代码，最终的App效果如图9.9所示。用户需要首先选择原始输入的苹果和橘子图像，然后单击“互转”按钮运行App。

● 图9.9　水果风格转换App（见彩插）

9.6 本章小结

本章介绍了无监督的图像风格转换算法 cycleGAN。9. 1 节分析了使用成对数据和非成对数据的两种思路，并指出了 cycleGAN 的无监督设计思路能够降低模型对数据的依赖性；9. 2 节分析了 cycleGAN 的原理并给出了代码实现；9. 3 节和 9. 4 节对训练前的准备工作和训练过程进行了介绍，指出了两个生成器和两个判别器是如何进行交替训练的；9. 5 节设计了橘子和苹果的风格转换应用，带领读者进行了界面设计和移动端代码编写。

参考文献

[1] TURING A M, HAUGELAND J. Computing machinery and intelligence [M]. Cambridge, MA: MIT Press, 1950.

[2] IOFFE S, SZEGEDY C. Batch normalization: Accelerating deep network training by reducing internal covariate shift [C] //International conference on machine learning. PMLR, 2015: 448-456.

[3] GLOROT X, BENGIO Y. Understanding the difficulty of training deep feedforward neural networks [C] //Proceedings of the thirteenth international conference on artificial intelligence and statistics. JMLR Workshop and Conference Proceedings, 2010: 249-256.

[4] HE K, ZHANG X, REN S, et al. Delving deep into rectifiers: Surpassing human-level performance on imagenet classification [C] //Proceedings of the IEEE international conference on computer vision. 2015: 1026-1034.

[5] CANZIANI A, PASZKE A, CULURCIELLO E. An analysis of deep neural network models for practical applications [J]. arXiv preprint arXiv: 1605. 07678, 2016.

[6] HOWARD A G, ZHU M, CHEN B, et al. Mobilenets: Efficient convolutional neural networks for mobile vision applications [J]. arXiv preprint arXiv: 1704. 04861, 2017.

[7] SANDLER M, HOWARD A, ZHU M, et al. Mobilenetv2: Inverted residuals and linear bottlenecks [C] // Proceedings of the IEEE conference on computer vision and pattern recognition. 2018: 4510-4520.

[8] HE K, ZHANG X, REN S, et al. Deep residual learning for image recognition [C] //Proceedings of the IEEE conference on computer vision and pattern recognition. 2016: 770-778.

[9] LONG J , SHELHAMER E , DARRELL T . Fully convolutional networks for semantic segmentation [J]. IEEE Transactions on Pattern Analysis and Machine Intelligence, 2015, 39 (4): 640-651.

[10] RONNEBERGER O, FISCHER P, BROX T. U-net: Convolutional networks for biomedical image segmentation [C] //International Conference on Medical image computing and computer-assisted intervention. Springer, Cham, 2015: 234-241.

[11] SHEN X, TAO X, GAO H, et al. Deep automatic portrait matting [C] //European conference on computer vision. Springer, Cham, 2016: 92-107.

[12] TAO L, ZHU C, XIANG G, et al. LLCNN: A convolutional neural network for low-light image enhancement [C]. 2017 IEEE Visual Communications and Image Processing, 2017, pp. 1-4.

[13] SZEGEDY C, LIU W, JIA Y, et al. Going deeper with convolutions [C] //Proceedings of the IEEE conference on computer vision and pattern recognition. 2015: 1-9.

[14] SILBERMAN N, HOIEM D, KOHLI P, et al. Indoor segmentation and support inference from rgbd images [C] //European conference on computer vision. Springer, Berlin, Heidelberg, 2012: 746-760.

[15] GOODFELLOW I, POUGET-ABADIE J, MIRZA M, et al. Generative adversarial nets [J]. Advances in neu-

ral information processing systems, 2014, 27.

[16] RADFORD A, METZ L, CHINTALA S. Unsupervised representation learning with deep convolutional generative adversarial networks [J]. arXiv preprint arXiv: 1511.06434, 2015.

[17] MIRZA M, OSINDERO S. Conditional generative adversarial nets [J]. arXiv preprint arXiv: 1411.1784, 2014.

[18] ODENA A, OLAH C, SHLENS J. Conditional image synthesis with auxiliary classifier gans [C]. 2017 International Conference on Machine Learning, 2017: 2642-2651.

[19] GUI J, SUN Z, WEN Y, et al. A review on generative adversarial networks: Algorithms, theory, and applications [J]. IEEE Transactions on Knowledge and Data Engineering, 2021.

[20] GULRAJANI I, AHMED F, ARJOVSKY M, et al. Improved training of wasserstein GANs [C] // Proceedings of the 31st International Conference on Neural Information Processing Systems. 2017: 5769-5779.

[21] ZHANG H, XU T, LI H, et al. Stackgan: Text to photo-realistic image synthesis with stacked generative adversarial networks [C] //Proceedings of the IEEE international conference on computer vision. 2017: 5907-5915.

[22] BROCK A, DONAHUE J, SIMONYAN K. Large scale GAN training for high fidelity natural image synthesis [J]. arXiv preprint arXiv: 1809.11096, 2018.

[23] GATYS L A, ECKER A S, BETHGE M. A neural algorithm of artistic style [J]. arXiv preprint arXiv: 1508.06576, 2015.

[24] JOHNSON J, ALAHI A, FEI-FEI L. Perceptual losses for real-time style transfer and super-resolution [C] //European conference on computer vision. Springer, Cham, 2016: 694-711.

[25] ZHU J Y, PARK T, ISOLA P, et al. Unpaired image-to-image translation using cycle-consistent adversarial networks [C] //Proceedings of the IEEE international conference on computer vision. 2017: 2223-2232.

[26] ISOLA P, ZHU J Y, ZHOU T, et al. Image-to-image translation with conditional adversarial networks [C] // Proceedings of the IEEE conference on computer vision and pattern recognition. 2017: 1125-1134.